移动设备数据挖掘技术

（美）杰西·梅纳 著

谭春波 李 强 译

清华大学出版社

北 京

内 容 简 介

本书详细阐述了与移动设备数据挖掘相关的基本解决方案，主要包括移动网站、移动应用程序、移动数据、移动人群，以及移动分析等内容。此外，本书还提供了相应的示例，以帮助读者进一步理解相关方案的实现过程。

本书适合作为高等院校计算机及相关专业的教材和教学参考书，也可作为相关开发人员的自学教材和参考手册。

Data Mining Mobile Devices 1ˢᵗ Edition/by Jesus Mena/ISBN:978-1-4665-5595-2

Copyright © 2013 by CRC Press.

Authorized translation from English language edition published by CRC Press, part of Taylor & Francis Group LLC;All rights reserved;

本书原版由 Taylor & Francis 出版集团旗下 CRC 出版公司出版，并经其授权翻译出版。版权所有，侵权必究。

Tsinghua University Press is authorized to publish and distribute exclusively the **Chinese(Simplified Characters)** language edition.This edition is authorized for sale throughout **Mailand of China**.No part of the publication may be reproduced or distributed by any means,or stored in a database or retrieval system,without the prior written permission of the publisher.

本书中文简体翻译版授权由清华大学出版社独家出版并限在中国大陆地区销售。未经出版者书面许可，不得以任何方式复制或发行本书的任何部分。

Copies of this book sold without a Taylor & Francis sticker on the cover are unauthorized and illegal.

本书封面贴有 Taylor & Francis 公司防伪标签，无标签者不得销售。

北京市版权局著作权合同登记号 图字：01-2014-3583

版权所有，侵权必究。侵权举报电话：010-62782989 13701121933

图书在版编目（CIP）数据

移动设备数据挖掘技术/（美）杰西·梅纳（Jesus Mena）著；谭春波，李强译. —北京：清华大学出版社，2018
　（书名原文：Data Mining Mobile Devices）
　ISBN 978-7-302-48592-6

Ⅰ. ①移… Ⅱ. ①杰… ②谭… ③李… Ⅲ. ①互联网络-数据采集 Ⅳ. ①TP274

中国版本图书馆 CIP 数据核字（2017）第 249821 号

责任编辑：钟志芳
封面设计：刘　超
版式设计：魏　远
责任校对：马子杰
责任印制：李红英

出版发行：清华大学出版社
　　　网　　址：http://www.tup.com.cn, http://www.wqbook.com
　　　地　　址：北京清华大学学研大厦A座　　　　邮　　编：100084
　　　社 总 机：010-62770175　　　　　　　　　邮　　购：010-62786544
　　　投稿与读者服务：010-62776969, c-service@tup.tsinghua.edu.cn
　　　质 量 反 馈：010-62772015, zhiliang@tup.tsinghua.edu.cn
印 装 者：三河市铭诚印务有限公司
经　　销：全国新华书店
开　　本：185mm×230mm　　　印　　张：19.25　　　字　　数：332千字
版　　次：2018年5月第1版　　　　　　　　　　印　　次：2018年5月第1次印刷
印　　数：1～4000
定　　价：99.00元

产品编号：056983-01

译　者　序

  Jesus Mena 是前美国国税局人工智能专家，他经验丰富，作品众多。其著作涵盖了数据挖掘、网站分析、执法、国土安全、取证、营销等领域。他在专家系统、规则归纳、决策树、神经网络、自组织映射、回归、可视化、机器学习等方面有 20 多年的经验。参与过的数据挖掘项目涉及集群、分割、分类、政府分析与个性化、网络、零售、保险、信用卡、金融与医疗数据集等。但 Jesus Mena 的作品在国内却非常少见。一次偶然的机会使本人有幸翻译他的作品。虽然翻译过程没有想象的顺利，但还是收获颇丰。

  本书较为系统地介绍了移动设备数据挖掘的方法，详细介绍了移动网站、移动应用、移动数据、移动人群以及移动分析等，内容丰富，信息量大，引用了案例和统计数据。现在相关的图书资料还比较缺乏，本书作者显然想在第一时间和大家分享他的知识，因此本书还有一定的改进空间。

  本书的翻译由谭春波组织完成，李强、吴骅、陈玉水、刘志强、徐兴林、姜宝华、周丽慧、顾东洋、刘华等参与了本书修订工作，盛青、刘增妍、王泽馨、杨晓磊、张童、张艳、李英、马静媛、崔学善、刘颖等参与了部分章节的翻译工作，感谢这些同行的支持。

  由于本书内容包罗万象，跨度较大，涉及计算机、通信、管理、营销、金融等方方面面的知识，为本书的翻译增加了不少难度，因此，尽管译者始终谨慎动笔，仔细求证，但难免存在疏漏。恳请广大读者批评指正。

译　者

致

"法官"塞尔吉奥·阿米霍，"大胡子"乔治·布斯塔曼特，
"八字脚"安东尼奥·迪亚兹，"大个子"尤西比奥·古铁
雷斯和"罗马人"维克多·穆尼奥斯

前　言

本书介绍了如何对成千上万的移动设备进行数据挖掘。这些设备与人们形影不离，详细记录着生活中的每个细节。人们可以利用这些设备，通过各种方式随时随地传递信息，还可以获得想要的一切，如产品、目录、游戏、新闻、电影、联系、书籍、搜索、服务、兴趣、位置、娱乐等。

本书从第 1 章的创建和使用移动网站开始讲述，紧接着是第 2 章的移动应用程序战略使用。这两章都很重要，因为它们形成了重要的移动数据，也就是第 3 章的主题。

第 4 章论述了移动人群，可以根据不同的市场来区分，包括苹果、谷歌、脸书、亚马逊和推特等。最后，第 5 章通过聚类、文本以及人工智能分类软件和技术，详细论述了移动分析。

数据挖掘、行为跟踪、大数据、商业智能、网站分析以及最重要的人工智能已经被企业、品牌和营销商限制在了固定设备上。然而，从近期趋势来看，这一局面将会改变。将来是移动的世界，这就是作者写这本书的原因。以下是几个需要考虑的数字：

❑ "2014 年前，移动营销收入将增长到 580 亿美元。"——Gartner（http://www.gartner.com/technology/home.jsp）。

❑ "到 2015 年，可能会有更多的移动互联网用户，并且数量将超过个人计算机用户。"——IDC（http://idc.com/）。

❑ "到 2016 年，全球移动营销将增长 30%，达到 1047 万亿美元。"——Ovum（http://ovum.com/section/home/）。

目　　录

第 1 章　移 动 网 站

1.1　为什么做移动网站

十多年前，经销商和品牌商就已经深刻地意识到，要像企业一样为客户建立交互式网站。历史总会重演，移动爆炸时代正在来临。截至 2013 年，利用移动终端上网的用户人数已经超过了使用个人计算机的用户人数。这一转折发生在 2011 年。这一年中，消费者使用移动终端上网的时间超过了台式机和便携式计算机的使用时间。在节假日，人们在商场、购物中心使用随身携带的移动设备搜索、购物、比价。

移动网站的一个主要特征是可以通过不同的分段模型和操作系统、物理位置和兴趣点，为移动设备数据挖掘提供大量信息。在为建立模型、预测消费者习惯和喜好提供重要移动数据时，建立和维护移动网站就变得至关重要了。如果说移动设备是消费者，那么移动网站就是利用终端上的数据信息和其他机制跟踪划分其用户行为的手段。

在这种情境下，传统网站的设计和使用都在大体积的固定设备上进行，很少应用在逛街、逛商场或进入商店时所使用的小型移动设备上。在移动网站的建设过程中，需要考虑一些新的网站设计风格（由于访问者使用了小型移动设备，对其新特性必须予以重视），诸如基于位置和兴趣等因素。移动网站包含的特征有别于零售商、企业和品牌，因为消费者浏览页面时，将不再使用鼠标和键盘，取而代之的是拇指滑动和指尖触碰。

使用移动设备浏览传统网站时，通常会遇到的一个问题就是加载时间相对较长；其次是页面显示太小，通常需要多倍放大来浏览。另外，某些特定移动设备并不支持传统网站的一些表格和机制（如 Adobe® Flash®[1]等），Apple®[2]设备就是一个例子。不超过两年时间甚至可能更短,移动设备终将取代台式计算机。那时，人们从 Google®

---

[1] Adobe 和奥多比徽标，使用时后面一般会按字母顺序加奥多比的其他标识，这些都是注册商标，已经被奥多比系统软件公司在美国和其他国家注册。

[2] Apple® 是苹果公司的注册商标，已经在美国和其他一些国家注册。

或者 Facebook®获取本地信息的首选方式将会是移动设备,而这些网站的月访问量将会突破 2000 万人次。

据 KISSmetrics(http://www.kissmetrics.com)调查,88%的移动用户更倾向于通过移动网站从汽车经销商处购买商品。对汽车配件商店来说,使用移动网站购买的比例是 65%、家具商的比例是 62%、花商的是 61%等,竞争非常激烈。据 eMarketer(http://www.emarketer.com)显示,近 65%的美国 B2B 决策者每天通过移动设备收发邮件、搜索网络。他们使用移动设备快速决策,其中二分之一的人使用社交网络,特别是通过安装移动设备上 LinkedIn®或 Twitter®的一些地方产业论坛,另外三分之一的人通过阅读博客和收听播客来获取每日决策支持信息。

没有移动网站的企业或品牌正在淡出主要决策者的视线。没有移动网站将会导致如下后果:访问者不得不放大阅读,可能会出现多次重复的情况;最有可能发生的是,因文本太多导致访问者根本没有耐心去阅读;网站没有亮点,最终会导致没有人愿意通过层层导航,花长时间去浏览传统的网站。移动网站必须快速准确地提升人气,相关企业也要立即行动起来,赶在竞争对手之前抢占先机。

1.2　建立移动网站

根据 Compuware(http://www.compuware.com)的一项调查,40%的移动设备用户在经历了一段糟糕的移动体验后,会转向竞争对手的网站。然而,目前大部分公司和品牌并没有专门为移动用户优化网站。Google 移动广告 Google Mobile Ads™①一项关于 2011 年经销商和企业的调查指出,只有 21%的企业建立了移动网站。Google 也一直期望将其在线广告帝国向移动金融系统领域更深层次扩张,并建立了 GoMo® ②(http://www.howtogomo.com/en/d/)系统以帮助商家、经销商和品牌取得移动领域的主动权。

从建立移动网站这个话题讲,Google howtogomo.com(http://howtogomo.com/en/d/#homepage)就像一个有关构建移动网站的信息清算所,经销商、品牌和企业从中

---

① Google Mobile Ads™ 是谷歌公司的商标,已经在美国和其他国家注册。
② GoMo®是谷歌公司的商标,已经在美国和其他国家注册。

可以看到各自的网站在移动设备上如何显示。为了使访问者快速找到合适的服务，Google 提供了一份关于建立移动网站的详细清单（访问者可以明确项目花费，建立站点，并可以每年 100 美元的价格运行网站）。

　　移动设备中引入了传统网站难以提供的新功能，以适应对跨平台功能和小屏幕的支持。至少，移动网站要支持原生的 Android^{TM①} 和 Apple 浏览器。移动网站的优化需要简化内容、提高可读性，并充分利用音频和视频的优点来替代长文本（对移动设备来说，就像看电视广告而不是浏览静态网页）。移动网站需要以生动、直观的方式吸引消费者，请注意它还是一种将全新理念传递给成千上万消费者的全新广告渠道。

　　经销商、企业和品牌商还需要考虑移动网站结构的组织以及在网络上的索引问题。对移动网站来说有 3 种方式：一是专门为移动设备建立独立站点；二是为移动站点建立子域或子目录；三是建立传统和移动网站的混合型网站。

　　独立的移动网站建立在不同于主站的域之上，以完全独立于传统主站的方式运行。相对其他结构来讲，这种方式增加了独立网站建立、维护和升级的费用。另外，独立移动网站不能共享传统网站的流量、链接和排名。新的独立网站必须通过移动搜索引擎排名来和其他高排名的网站竞争。

　　第二种方式是为移动网站创建子域或子目录方式，用 URL 统一资源定位符可以表示为 name-subdominio.domino.com。子目录又称文件夹或子文件夹，在统一资源定位符中有不同的表示。这种方式的一个最大优点是，可以根据移动网站的需求定制主站内容。这意味着需消除不必要的组件和控件，最重要的是消除了降低移动网站加载速度的多媒体信息。另一种方式是简化移动网站的设计，即把移动网站设计成正确标记标头的单个栏目。

　　混合型网站基于多重层叠样式表（Cascading Style Sheet，CSS）的应用，将传统网站的描述和内容在移动设备上进行改写。层叠样式表允许网站开发者自行决定网页内容在移动设备上的显示方式。如果移动浏览器自动检测到移动设备表格类型发生改变，网站开发者需要在传统类型表格后按顺序在每页移动层叠样式表中插入一个链接。

---

① Android^{TM} 是谷歌公司的商标，已经在美国和其他国家注册。

目前，大多数移动设备都支持由 Wi-Fi Alliance（http://wi-fi.org/）开发的安全协议和安全认证程序 WPA2（Wi-Fi Protected Access II）。WAP2 技术同样支持图片、XHTML 和 CSS 的浏览。另外，WAP2 提供了单色或者高分辨率显示屏来支持 CSS 和 Java™①。这种技术的使用非常简单，特别是决定页面类型的主机代码存储于单独的文件服务器时。该设计方式可以使网站快速自动地升级，这些升级通常由移动浏览器执行，并把页面以最佳的方式展示出来，可以大大缩短移动网站的加载时间。因为开发者访问网站时，只需要加载必要的类型，随后访问其他页面时，就不需要再加载。

Keynote Systems 公司（http://keynote.com）发布了一些移动网站的性能指标，具有重要的行业实践价值。该移动指标机构指出，顶尖的移动网站在经营和发展方面都恪守着一些关键的理念。最重要的理念是"少即是多"。这可以简单地理解为：移动网站上的对象越少，加载的时间就会越短。在移动设备的小屏幕上，用户体验的是直观性、可用性和快捷性。图像和对象在台式计算机上看起来效果更好，但在移动设备上却需要很长的时间来加载。对移动网站来说，最好的方法就是在移动主页上减少大图片、使用简洁文本来减少加载内容。

以下是开发者、公司、经销商和品牌商在他们的移动网站中应避免的一些问题：

❑　避免多重表单。把表单内容集中在一个页面，使移动用户在填写表单的过程中能看到他们确切的位置。

❑　避免不相干的功能。把注意力集中在快捷功能上，如点击调用或点击发送文本。

❑　避免所有的弹窗广告。当公司选择将传统网站同步到移动网站时，容易陷入这种困境。

对于所有的移动特定选项来说，简洁和高效是至关重要的。

当公司、品牌商和经销商通过其移动网站和应用程序扩展业务时，应该谨慎使用特定移动策略，不要把最终用户体验放在首位。排除一切障碍，使移动网站和应用程序更易吸引用户。移动网站支持访问者与关键业务流程之间进行交互，这样可以显著增加品牌商、企业和经销商的商业价值。传统意义上，这种高级别的移动交

---

① Java™ 是太阳计算机系统公司（Sun Microsystems, Inc.）的注册商标。

互需要构建原生移动应用程序。这种构建过程耗时多、成本高，还会导致数据阻塞，缺乏弹性。

然而，像 UR Mobile（http://urmobile.com/）这样的公司现提供了一些有吸引力的替代品，就是移动网站应用程序。通过 Accelerate™ 平台，UR Mobile 可以使企业快速整合移动网站应用程序，并可以将其植入到他们的移动网站。使用移动网站应用程序时，移动终端用户不必下载或管理任何软件。企业、品牌商或经销商随时可以利用应用程序解决方案，快捷、高效地更新和编辑网站，而不必经过重新发布或应用程序商店批准等过程。该选项支持两种数据聚合器（移动网站与移动应用程序）的创建和演化，这两种聚合器都有各自的战略方法。

1.3 移 动 商 务

移动终端数量增长迅速。2011 年，由于 Apple iPad® 和 Kindle Fire™①（Amaazon 发布的一款平板电脑）的影响，平板电脑市场呈现出爆炸式的增长态势。移动终端的加速发展，将多方面大幅提升商业水平，包括内容消费、客户触点、移动商业等。目前，成千上万的应用程序、出版物、网站、社交网络和其他数字媒介，都可以通过手指的滑动和点击轻松使用。经销商、开发者和品牌商面临的问题是：如何利用移动设备所带来的这些机遇来培育良好的客户关系和广阔的市场前景。

移动网站在支持"始终在线，永远联网"生活方式的同时，也以不可思议的方式帮助人们度过每一天。除了移动网站和应用程序，消费者还在使用互联网进行搜索。Google 发现有关产品和服务的搜索每月有 40 亿条，其中 61% 的搜索会转化为实际的购买行为。这对小零售商来说非常重要，因为 55% 的消费者表示会使用移动设备购买本地服务和产品。

每笔生意可能会略有差别，但有一点已经逐渐明晰：在销售周期中的某一刻，人们会转向互联网以获取更多信息。所以，对于经销商、企业或品牌商来说，首要任务是理解本地移动搜索优化的基本要素，并将这些技巧应用到实际工作中。首先，从优化移动网站的所有搜索引擎开始，通过单击调用功能，使用大量的地图、指南、

---

① Amazon，Kindle，Kindle Fire，Amazon Kindle 徽标，Kindle Fire 徽标都是 Amazon 及其子公司的注册商标。

折扣信息来接触触点。

　　企业、零售商、开发商和品牌商同样需要考虑移动支付的被接受程度，并把它作为移动网站开发的选项来进行规划。如预期的一样，移动支付的使用率在不断增长。移动网站访问者开始寻找移动选项（部分是来自像 Amex^{TM①}、Paypal^{TM②}、VISA^{®③}、Intuit®和 Google 等大公司的持续压力），再加上 Square^{®④}和 Dwolla^{®⑤}公司，加速了移动支付业务的启动。

　　人们喜欢看视频（其实 YouTube^{TM⑥}是仅次于行业巨头 Google 的第二大搜索引擎），他们并不会介意在移动设备上观看视频广告。当 Hulu^{TM⑦}、Netflix^{TM⑧}和 YouTube 的应用程序以低廉的价格提供高品质的内容时，消费者就已经开始习惯这种便携式的视频观看方式。有部分用户已经转向使用 YouTube 进行搜索和娱乐。经销商、品牌商和开发者要为移动网站制定切实的发展战略。对于社交网站来说，可以借鉴 Facebook^{TM} 和 Twitter。而对于搜索网站，Google、Bing®和 YouTube 则是很好的借鉴案例。

　　创建商业移动网站时，还有其他几个问题需要注意：不要试图缩减传统网站的内容到小屏幕上，相反，要用移动过程开发方式简化网站。用导航的方式把内容表达清楚，因为没人关心一个企业的组织结构图，所以要利用屏幕直接表达内容，而不是通过层层链接。要考虑访问者最需要什么，然后确定如何实现，即从客户需求出发，而不是自身资源。

　　设计网站时要坚持速度第一原则。一般地，人们是在工作间隙使用移动设备，所以他们不愿再花时间等待。查看访问者平时在移动网站做些什么，尤其是在他们的行为发生变化时。不要猜想访问者如何使用网站，而要以移动网站分析数据作为依据。就设备甚至操作系统来说，移动环境也是不断演化的，所以使用 HTML5 和

---

① Amex^{TM} 是美国运通公司注册的商标。
② Paypal^{TM} 是贝宝公司注册的商标。
③ VISA®是维萨卡公司在美国和其他国家注册的商标。
④ Square®是 Square 公司注册的商标。
⑤ Dwolla®是 Dwolla 公司注册的商标。
⑥ YouTube^{TM} 是谷歌公司注册的商标。
⑦ Hulu^{TM} 是美国线上影音网站葫芦注册的商标。
⑧ Netflix^{TM} 是 Netflix 公司注册的商标。

其他网络标准是不过时的。

移动设备前端支持页面能力越来越强大，所以可以利用这种能力让每台设备独立运行，从而限制服务器调用。最后，提高屏幕对内容的利用率的方式是将导航选项叠在图标下方，并允许用户展开选项和深层访问。开发者可以通过为移动快讯设置首选项来隐藏导航。访问者可以更快地获取内容，同时开发者也会了解到他们的实际需要。

1.4 将品牌装进口袋

使用移动设备与外界接触的消费者越来越多，经销商们也正在寻求与他们进行沟通的方式：究竟是通过应用程序还是他们所查找信息的移动网站？Avatarlabs（http://avatarlabs.com）近期就建立了一系列移动网站，供其在 Best Buy® 和 AT&T™ 的分销合作伙伴为消费者提供店内帮助。从销售层面讲，员工可以通过网站获得产品和资源的即时信息来更好地为客户提供服务。

与此同时，iBuildApp（http://ibuildapp.com）发布的新产品可以帮助创建有关品牌移动产品的微件。他们的新微件在移动网站上演示品牌的应用程序，这样，潜在客户能看到应用程序和提供的信息类型，可以帮助他们决定是否下载应用程序（决策信息越多，意味着这些应用程序被利用的可能性越高，而非下载后被忽略或删除）。这是接触客户和访问者的最好方式，即从他们的口袋中赢得品牌。

最终，为了给这些客户提供合适的解决方案，Hipcricket®[①]（http://www.hipcricket.com）发布了一种增强现实技术程序，可以给运动员提供训练技巧、体育运动和相关信息。在移动广告活动中，消费者用移动设备获得一个互动训练卡。该卡片能够"贴近生活"，为用户提供引人入胜的体验。这是另一个通过移动体验赢得访问者和消费者的实例。

mytaGGle（http://mytaggle.com）为经销商和开发者提供完全免费的移动建站网络应用。这家公司为企业和个人创造机会，使他们能够快速创建适合用户使用的应用程序和站点。目前，已经有半数互联网用户使用移动设备（这个比例还会进一步

[①] Hipcricket 是 Augme 科技公司的全子公司。

提高）。同时，只有一小部分传统网站可用移动设备浏览。当使用 mytaGGle 应用时，能够迅速体验到应用程序包功能的完整性。

除了当前可广泛选用的模板和图标以外，开发者还可以自己设计图标、定义移动网站结构。开发者和经销商可以简单地定位图层、移动网站社交媒体的 YouTube 电影、简易信息源格式的 RSS 网页或者 Google 网页，甚至可以把应用程序整合到他们品牌的 Facebook 属性中。mytaGGle 是一项完全免费的服务，开发者只需要几分钟就可以为移动设备开发出一个很炫酷的应用程序。

另一公司 myhosting.com®，已经发布了它的 Mobile Website Builder 平台，可使开发者轻松、快捷地建立一个专业的移动网站。Mobile Website Builder 平台包含了一系列属性，客户可以通过"所见即所得"界面，添加类似于 Products、Contact Forms、Find Us、Reviews、Image Gallery 等的更多属性，轻松创建传统网站的移动版本。goMobi 安装助手可以基于已经存在的传统网站自动生成一个移动网页，帮助访问者和开发者快速开始开发。

鉴于移动设备的浏览器已成为大多数用户上网的首选方式，当前正是为移动设备建立网站的最佳时机。goMobi Mobile Website Builder 和安装助手允许开发者针对移动设备的小屏幕建立网站，使经销商通过自定义的浏览体验轻松地与移动站点访问者取得密切联系。类似 Google 这样的搜索引擎给我们很大启示，网站管理人员应意识到移动网站的未来趋势，而现在是最佳介入时期。移动用户与搜索结果以及网站之间的互动，与传统台式机用户大不相同。

ConnectMe QR（http://connectmeqr.com）提供了移动网站以及 QR Code 打包订阅服务，这种服务使个人和小微企业自己经营移动销售网站成为可能，为他们提供了一个在大公司主导的移动销售领域参与竞争的机会。ConnectMe QR mCard™ 具有唯一的 Quick Response（QR）Code 和 URL，增加了开发者和经销商同时吸引移动用户和在线访问者的灵活性。

ConnectMe QR 为每个用户分配一个移动网站 mCard，可以通过添加图片标题、编辑按钮图标和文本来控制定制内容。同样还包括：开发者可以用来裁剪页面的 9 种不同链接，如电话、网站、地图和社交媒体等。唯一的 ConnectMe QR 码可以在商业卡和销售资料中打印，还可以在剪辑、估价、联系人信息和市场变化时，用户可以享受全无候服务（24/7），随时登录 mCard 网站并迅速做出调整。

下面是从消费者口袋或钱包中赢得品牌的几个要点：根据人们如何使用移动设备来制定移动市场战略；开展市场调研或者让用户填写关于他们使用移动设备习惯的调查表，如他们的搜索目标或者期望、兴趣和位置等。开发者应对目标市场如何使用移动技术以及如何让销售达到预期目标做出评估。一个简单应用实例就是，利用设备的 GPS 和 Wi-Fi 定位功能，给设备附近的餐厅或者其他商业网点定位。

1.5 移动搜索引擎优化（SEO）

如果想要用户选择自己的网站，就要确保该网站的在线目录清单是最新的、准确的，并且是被搜索引擎优化的。如果还没有生成在线目录清单，那么请先生成这些信息。比如，有一个餐馆要加入类似 Yelp^{TM}（http://www.yelp.com）、Google Places^{TM}（http://www.google.com/places）、Zagat.com（http://www.zagat.com）、Citysearch.com、Opentable.com 或者 Insiderpages.com 这样的在线目录。一旦建立了移动网站，不管是否符合市场战略，都需要整合移动市场。要充分利用大众传媒和户外市场，在人们空闲时间常去的场所安放横幅和参考移动友好网站的广告，如公共车站、地铁、咖啡店或公告牌上。

开启移动网站的一种最简单方法是，保证移动网站可通过移动搜索引擎定位，并且可以在移动设备上使用。首先需要一个针对移动设备而专门优化的网站。动态传统网站的基本原理不同于移动网站。其中的窍门就是要让网站对这两类访问者都有吸引力和实用性，不过需要谨记，移动访问者的数量将会越来越多。务必要在所有的主流平台上进行测试，确保网站能够正常运行。这些主流设备包括 Android 和 Apple。微格式（Micro-formats）是一类更新的开放数据格式，可用来修改已经存在的数据，所以在跨复合平台中使用起来更具弹性。

随着移动设备的流行，在设计移动网站时，充分考虑移动专用搜索引擎优化尤为重要。不能错误地认为，移动搜索引擎优化和应用与在 PC 机等固定设备上的搜索引擎优化相同。二者之间绝对不能等同。起初，为固定设备设计的传统网站和为移动设备设计的网站，在内容和表述方法上就有很大的区别，主要在于屏幕的尺寸。但固定设备和移动设备之间的环境也不相同（移动设备的 Web 网站浏览行为会发生在以下两种情况当中："移动着"或者是"坐下来"）。

为在移动设备上使用而专门建立的搜索引擎，仍然不同于在固定设备上使用的搜索引擎。对搜索引擎优化来说，用户所在位置的信息、所使用移动设备的类型和内容格式要比移动搜索引擎中的关键字更重要。然而，这并不代表传统的搜索引擎优化技术不能应用于移动网站。移动网站也可以将关键字包含在标题标签、标题内容中，并且传统网站 SEO 原则也可以包括在内。

移动网站搜索引擎优化在许多方面不同于传统网站，包括：最重要的内容需要放在页面顶部，以确保搜索引擎爬虫和用户能轻易发现它；当表格不能完美表达信息时，就必须要为移动网站中的布局使用 CSS 样式表；虽然 WML 是针对移动设备的编程语言，但也必须使用有效的可扩展超文本标记语言（eXtensible HyperText Markup Language，XHTML），该标记语言更具可读性。最后，建议任何移动设备页面的设计最大不超过 20KB。

确保移动网站专注于本地化的搜索引擎战略同样重要。其中的原因列举如下：通常在移动搜索网站排名中，定位信息非常重要。在移动网站上，基于位置搜索引擎优化能确保得到更好的结果（因为人们最经常用到移动设备的情况通常发生在不停地急切寻找附近某些事物时）。本地化的搜索引擎优化将确保潜在访问者发现那些基于位置的网站、用来浏览的移动设备类型及内容格式。移动搜索引擎优化将属性从小的关键字标签扩展到了移动设备的位置、类型以及内容。

1.6　移动网站需求

开发者和经销商需要牢记，移动访问者与所有主流搜索引擎互联网的使用方式和目的都不同（毕竟移动设备不是个人计算机）。移动用户使用小键盘访问网站，大多数情况是只用一只手（也许还包含某种点触设备，像手指或者触笔等）；而且经常是在交通高峰期，单脚站立在拥挤的交通工具中的情况下。这往往会影响他们的耐心，从而使搜索引擎优化、可用性和搜索成为移动网站营销努力的关键。

移动网站设计的目标是使之带来简洁的用户体验。

要牢记访问者可能使用各种不同屏幕、不同浏览器浏览移动网站。这类似于 Apple 设备的全功能组合，或者较便宜移动设备上的剥离功能。移动访问者一次能接收到的内容量和开发者所能够提供的内容量起到了非常关键的作用。这意味着，随着调试和测试用户体验不再仅仅局限于 Microsoft® Internet Explorer®（IE）、Google Chrome™、Apple Safari® 和 Mozilla Firefox® 等浏览器上的快速完整性检查，移动网站产品开发会变得更复杂。

像前面提到的一样，是处于活动状态的用户在访问移动网站。活动状态是指用户可能在执行多项任务，如查找某一特定餐馆或特定信息（如一个航班的起飞时间）。同时，移动网站访问者也可能是处于静止状态的，正在享受私人的、虚拟的浏览体验，如看电影、与朋友交流或者看热点新闻。正如移动网站用户是多样的，大多数移动专用搜索引擎也是用不同方式建立的，如 Google Mobile™（http://www.google.com/mobile）、Jumptap（http://www.junptap.com）、Medio™（http://www.mediosystems.com）和 Taptu®（http://www.taotu.com）等。

移动搜索引擎优化所处的层面不同：由于搜索引擎一直在此基础上运行，所以关键字仍然很重要。但是，表征移动体验的这些更新的因素对它来说更重要，如位置、设备类型和内容格式等。表 1.1 列出了它们之间的一些差别。

表 1.1 移动与固定桌面的区别

搜 索 范 围	移 动	固 定	移动搜索引擎优化面临的问题
关键字	受限制	很多	确保相关内容基于有限的用户输入
位置和兴趣	关键	非关键	简化与移动设备即时位置以及需求有关的结果内容形式
浏览器	多样化	标准化	不管有多少移动设备和浏览器，都要有各自内容的访问形式，并确保良好的用户体验
内容	贫乏	丰富	用低格式化、原始的移动网站源资料，交付高品质移动体验
内容格式	特定	通用	通过提供相关内容格式，使用设备信息改善结果

下面结合以上内容，介绍搜索引擎如何利用少数受限关键字来进行移动搜索。根据 Google 搜索统计，Google Mobile 的平均查询搜索长度为 15 个字符（这大约需要 30 个按键输入以及 40 秒的时间进入）。这意味着，当为用户提供等同于桌面搜索品质的体验时，搜索引擎并没有多少工作可做。然而，搜索引擎正在逐步去适应移动网站，因为那是流量所指向的最终目的地。

Google 以及其他公司弥补此类关键字行为缺陷的一种方式是，通过提供所谓的"预见性搜索"或者基于文本挖掘和聚类技术的预见性阶段查询建议来实现。这可以帮助用户更轻松地解决问题，同时也有助于交付更确切的搜索结果。例如，在移动设备上的一个关于"圣弗朗西斯科，披萨餐厅"关键字的搜索，可以触发一系列试图完成具有很多选项搜索问题的预见性建议，如"披萨餐厅""北滩披萨""外卖披萨"等。

此类文本挖掘应用是一种实现方式，使搜索引擎辅助移动用户更快捷地搜索，并确保搜索的结果是基于位置以及兴趣相关的。对移动网站开发者和经销商来说，这项新功能带来了一种新的搜索引擎优化机遇。因为可以在关键分类中，用正确的元标签和关键字集对站点进行妥善的设计处理，能够使得自身的业务、品牌、公司或位置信息与最常见的"预见性搜索短语"明确相关。

由于大部分移动搜索都是关于位置、兴趣和特定任务的，所以搜索引擎开始使用一种新的方式来展现其内容，可以使移动设备更易获得搜索结果。以 Google Mobile 为例（其搜索结果页面通常限制在 5 个网站），调查显示，移动设备用户不会试图浏览两个以上的页面。所以更像之前所提到的新预测搜索功能那样，如今的搜索引擎所做的就是去尝试一些用户行为的某些引导性猜想，并尽可能快速引导用户向 Google 所认为的预期结果转变（记住这些搜索者可能当时正沿街道行走）。

就搜索结果的形式而言，Google（借助 GPS 和 Wi-Fi 三角定位）发现，当海湾地区的一台移动设备搜索关键词"披萨店"时，搜索结果更倾向于满足"位置""兴趣"这类参数的移动网站。当移动网站与移动用户和 Google 客户端关联性较大时，搜索引擎就会赋予这些网站更高排名的"特殊表现"待遇。另外，为了弥补屏幕小的缺点，搜索引擎正在分离它们的结果内容形式至新的基于位置和兴趣的设计层中。

此外，从搜索引擎的角度来看，如果诸如 Google 的企业正试图在移动平台上重现桌面体验的弊端，会使移动环境面临一个挑战。为了弥补相关混乱状态，这些引擎正在利用一些技术解决问题，如网站转码和用户代理检测。为了给用户提供一种更一致的体验，Google Mobile、AOL®、Windows Live™ 以及其他一些公司正在使用转码软件。在实践中，这意味着它们已经决定使用自己的移动页面显示标准。如果网站不符合要求，它们将接纳网站的内容并按照其所认为的最适合用户的设计、布局和格式重新调整。移动网站的转码版本意味着页面将被临时托管在搜索引擎服务器和域上，而不是在开发者的网站上，此时的 URL 以及链接同样要被转码。

用户代理检测是另一种转码形式。它接受网站的内容，如果必要，可以根据对不同移动设备提供统一浏览体验的要求，对网站进行重新调整。当涉及搜索引擎和排名时，所有这些转码工作的意义在于：通过与更标准的移动表现形式保持一致也许会更好。

如今，移动用户使用了大量不相称的品牌名以及基于位置和兴趣的短语来进行更明显的搜索。如前所述，移动网站是一个"另类的怪兽"，人们正在通过不同的语言和技术，用它来搜索不同种类的事物，达到不同目的。对移动网站开发者和经销商来说，有几种重要的衍生：新的检索能力由更直接的因素决定，如位置或者垂直产品、服务或品牌合适程度。出于这种原因，移动网站开发者理解移动专有搜索语句和兴趣变得非常重要。移动网站运营商正是围绕这些关键词组，利用"搜索语句"和"兴趣"来优化移动网站的内容。

这一点非常重要，因为根据 Nielsen 提供的 iOS® 和 Android™ 移动用户购买习惯跟踪报告，消费者更倾向于通过公司或品牌的移动网站购物，而不是应用程序。Nielsen.com 发现零售移动网站比零售应用程序更受欢迎。在所有这些零售移动网站中，Amazon 是最受欢迎的。此外，购买行为也可以通过性别稍作划分。调查发现，男性通常比女性更有可能尝试零售应用程序。

对移动网站来说，Taget® 和 Walmart® 倾向于女性，而 Best Buy 倾向于男性，Amazon® 和 eBay® 对两性都有吸引力。零售商需要考虑使他们的业务尽可能地涵盖移动设备、在线商店和实体店。要赢得购买者，需要通过移动网站的一致体验来强化零售品牌的价值，如价格、服务、评论、选择、类型或其他关键属性等。

同时，与早期的互联网桌面用户类似，消费者们也乐于接受某些指导来克服一些导航问题，如时间匮乏、规格尺寸小以及屏幕尺寸限制等。虽然已经看到了"预见性搜索查询"带来的诸多便捷之处，但对于辅助导航来说这些并不值得一提，因为搜索控件绝对不是其中唯一的组件。当用户试图在移动网站定位信息时，搜索甚至不能作为其活动清单的首要操作；面对用户的主要接口可能是它们的运营商门户，也可能是一系列的目录导航。这种类型的网络浏览服务在目前来看至少和 Google 同等重要。

要确保移动网站能在代码级（使用正确的标题；不要对 IP 范围进行不必要的限制；使用正确的 robots.txt 文件指令格式）进行内容的抓取，并确保所有被索引网页处在公共域中。为了帮助 Google、Bing 和 Yahoo!® 等搜索引擎网站找到移动网站，并在这些搜索引擎抓取和索引时为其提供指引信息，可以事先向这些引擎提交移动网站地图。开发者应该确保导航方案容易通过简洁的编码进行抓取，并确保位于各处的所有关键内容能很方便地到达顶层网页。确保所抓取的内容中包含出站链接，该链接可以与其他相关移动网站的页面形成互补。

上述内容是传统搜索引擎优化的一种非常基本的方法。但是，该方法应用到移动网站时，却容易被忽视。通过"屏幕经济"解释起来很简单（桌面网站通常能够提供更大的屏幕空间，可以显示输出链接，然而在移动端的屏幕中显示时会大大溢出）。将移动网站提交到 DMOZ（http://www.dmoz.org），开放式目录管理系统在开源的基础上由人工编辑者维护，并被许多主流搜索引擎作为技术指标。如果提交的文件被接受，将提升移动搜索引擎发现该域并抓取网站的机会。鼓励其他相关的网站链接到该站点，使用标记对整体的关键字市场营销战略有帮助。就搜索引擎而言，正如通过 Google PageRank™（http://www.google.com/technology/）专有算法所解释的那样，网页排名理论将继续在移动网站领域蓬勃发展。

确保内容布局对移动用户来说简单而又适合。不要使用 Flash、Ajax 或是在桌面设备上可以理解的其他表现方法，因为这样会带来令人生厌的移动体验，应该尽量避免。移动爬虫将基本上遵循人类的浏览模式和体验（在移动页面的隔离层隐藏关键内容，可能会给搜索引擎爬虫带来一些麻烦）。不要让移动网站内容的访问成为一种障碍，不同移动设备、不同浏览器会使用不同的方式去拼接这些内容。

有些搜索引擎会对网站进行转码，使内容触手可及的最好方式是保持其简洁性（使页面标题、子标题、内容摘录、图片和正文合适、简洁、扼要，并对移动爬虫可读），符合新的 W3C mobileOK（http://validator.w3.org/mobile）标准，这些标准提供构建移动站点内容的所有代码级指令，其中涵盖了从移动友好样式表（CSS）的创建，到复杂内容要素正确翻译的方方面面，如表格和影像地图等。

更多信息，请参阅 http://www.w3.org/TR/mobileOK-basic10-tests。创建这些标准的目的是帮助移动网站管理者确定其网站对移动设备可访问性。同时，这也是搜索引擎优化策略的关键部分，因为它代表了大多数主流搜索引擎创建索引算法的标准。对于一个移动网站而言，如果其代码符合 mobileOK 标准，那么该移动网站将更容易被识别、索引以及评分。

使用标准的标记语言，确保尽可能多的移动设备可以访问、读取、使用网站内

容。这里所说的标准标记语言是指 WML（网站元语言，http://thewml.org）、WAP 1.0
（无线应用协议，http://www.wapgutu.inwap-technologies.php）、xHTML"移动配置
规范"（http://www.w3.org/TR/SVGMobile）、WAP 2.0（http://www.wapforum.org/
what/WAPWhite/_paper1.pdf）、cHTML（http://www.w3.org/TR/1998/NOTE-compactHTML-
19980209）。恰当地使用标准兼容代码，将会再次确保搜索爬虫可以轻易发现并索
引移动网站，进而可以找到搜索结果的更好候选。创建面向移动设备的网站内容，
务必要牢记访问网站的用户通常都是活动中的。这意味着，需要更加重视诸如 URL、
页面标题以及元数据此类更短形式的搜索引擎优化的内容片段（所有这些内容都将
在搜索结果页面重新使用，因此需要在问题中对搜索查询设置合适的相关关键字），
同时这些内容还要足够简洁，以便在移动设备屏幕上使用和阅读。

　　许多移动搜索引擎有助于实现上述需求，它通过在 URL 字符串中删除一些标准
元素来完成（如 http://），这样可最大限度地使用移动页面内容。所有主流的移动搜
索引擎目前都开始为其索引方法构建新的移动元素和结果形式，如位置指示器、类
似铃声的内容格式以及其他与移动相关或友好的一切。开发人员识别这些站点内容
的一种关键方法是使用新的"微格式"和"语义"标记标准。例如 hCard（详细内容
请参见 http://microformats.org/wiki/hcard），它可以使得移动网页内容作为一个 hCard
轻易被抓取（例如，移动网站上包含"马上联系我们"按钮的信息），这样就使移
动浏览器为拨号重新配置源数据成为可能。有关这部分内容的详细信息，请参阅
http://microformats.org。

1.7　移动网站检查清单

❑　使用 100%有效的 XHTML 1.0 代码。很多传统 WWW（万维网）上的优化
　　器并不会将使用有效代码作为首选。然而，移动搜索引擎处理无效代码可
　　能会遇到很多困难。所以，要证实搜索引擎处理网站不存在任何问题。

❑　遵循可访问性的最佳实践。这将确保内容对任何用户都是可访问的，而不用
　　去考虑他们的平台。这包括了移动用户所使用的浏览器和移动搜索引擎。The
　　W3C Web Accessibility Initiative（http://www.w3.org/WAI）是查询可访问性的
　　最新信息的好去处，而 Dive Into Accessibility（http://diveintoaccessbility.org）同

样是很好的教程。

❑ 遵循传统搜索引擎优化的最佳实践,在标题标签、H1 标签和正文文本、富关键字链接锚文本等之中使用主要的关键字。

❑ 通过移动搜索引擎进行爬取和索引。将移动网站提交到主流的搜索引擎进行快速映射,如 Google Sitemaps^{TM}(BETA)、Yahoo@和 Submit Your Mobile Site 等。确保每个移动网页至少有一个入站链接,也是一种好办法。

❑ 使用诸如 WordPress@(http://wordpress.org)之类的内容管理系统来构建网站的移动版本,就如同在其中安装一个插件那么简单。这可以通过输入 mobile 进行简单搜索,从中选择一个最适合的插件来实现。

❑ 很多服务可以用于为移动设备创建应用程序或建立网站,这主要取决于预算的情况;这些应用程序运用起来可能非常复杂,也可能会像使用基本信息登录页面一样简单。

❑ 如果没有使用内容管理系统,就可能需要在现有的网站上输入某些代码,以便在使用移动设备访问时,提醒使用不同的处理方式。

❑ 注意检查兼容性(至少要保证能够在 Apple 和 Android 设备上运行),因为市场上不同类型的移动设备有很多。

❑ 考虑使用 goMobi^{TM}(http://gomobi/),这是一种专门为中小企业量身定制的服务,使用该服务能够轻松创建用户友好的移动网站,并且能在所有主流移动设备上运行。

❑ 研究发现,应用程序主要被用户用来浏览网站和搜集信息,而移动网站更多被用于娱乐和搜索查询。它取决于不同的内容和行业,应该是品牌、零售商和公司战略决策的一部分。

❑ Jumptap(http://www.emarketer.com/Article.aspx?cR=1008825)的报告指出,要提升网站搜索引擎优化的商家,应该关注自身移动网站的建设。研究表明,用户在搜索过程中更倾向于去访问移动网站,而非下载应用程序。

❑ 应当考虑使用类似图 1.1 所示的移动矩阵策略。

❑ 基于用户使用移动设备的方式制定移动市场战略,做一些市场调研或是关于客户移动习惯的调查。例如,一种非常流行的应用就是,利用移动设备的 GPS 功能给用户周围的企业定位。

图 1.1 通向品牌的移动渠道

❑ 策略、接口设计和可视移动网站应支持网站的可发现性和共享能力，同时也应该同样支持应用程序链接平台的属性。

❑ 消费者已经养成了活动着寻找商机的习惯，查找联系人、位置、比较产品、询价和购买。因此，要使网站保持简约，把最重要的信息放在前面或中间位置，确定移动网站上出现的每条信息都是必要的。

❑ 移动网站开发者正在使用基于 JavaScript®①的工具，如 jQuery（http://jquery.com）等，来模拟与 Adobe Flash 制作的运行在台式机网站上的页面相同的交互页面。这样使移动应用更为生动，而不失简洁。

❑ 对所有的网站来说，缩减表单字段的数目是一种不错的方法。这在移动网站中更为重要，但要注意信用卡的表单，可参阅 Stripe & Square（https://squareup.com）。

❑ 最后，思考一个重要的问题（或者说是实用技术）：移动网站能否在进行购买决策时获得即时信息、位置、价格和时间等，并从中获益。

1.8 构建移动网站

构建移动网站最简单的方法就是将 JavaScript 添加到现有的网站中，用于检测移动用户使用的设备类型，并把他们引导至移动网站。这种方法的优点是，公司或者

---

① JavaScript®是甲骨文公司的注册商标。

品牌可以有完全独立的内容、布局和设计，使得访问者易于导航和获取移动相关内容。其中的策略就是重新考虑网站吸引移动客户问题，并把访问者转化为潜在客户。更重要的则是能获取联系信息（如移动设备号码）、行为召唤、导航方向，以及引导客户转向对应的零售商、餐厅、品牌、商店或公司的地图。

　　尽管桌面和移动网站使用同一种互联网络，但在技术、审美标准和用途方面存在一些基本差异，使得这二者在设计和功能方面有所不同。移动网站允许用户在移动、搜索和分享时做不同的事情，而传统网站可能会包含复合视频、大图片和 Flash 动画，但由于带宽和浏览器的限制，这并不为移动设备所支持（正如 Apple 设备不支持 Flash 一样）。不过，移动网站有其独特的功能：能够定位一个商店的位置，这可以精确到几英尺；用户可以点击电话号码，很快就能接通商家。

　　因为传统网站已经存在很长时间，设计和布局标准经过了时间的考验。大多数用户对浏览这样的网站非常熟悉，只需自然地查找页面顶端的导航选项，因为页面周围已经被大量广告占据。然而，移动网站还处于前沿，所以通过设计和布局引导移动用户变得非常重要。例如，由于空间限制，在页面顶端添加完整的菜单并不适用于移动网站。同样，移动网站不能像传统网站那样解决文本超载问题。把较少的文本放大，使用户阅读起来更方便，这样用户才更有可能把它看完。

　　由于屏幕越来越大、网速越来越快，传统网站变得能够包含更多环节、更多内容。然而，移动设备受显示区域的限制，也就意味着每个移动页面只有一个关注点才是最重要的。移动网站应该直观且简洁。用户通常会希望与页面互动，并且能够逐步完成指引。例如，一个销售鞋类商品的零售商，在其移动网站上可能会有不同类型的鞋子列表清单。一旦用户点击了其中一种类型，就可以把范围缩小到鞋码、品牌、颜色等。在每个页面只给用户设置单一任务，使用户更容易访问，这样的网站也更容易成功。

　　移动 Web 指标分析能够定位用户退出站点的位置。正确使用技术、设计和布局，商家可以利用移动网站吸引消费者，通过点击和滑动获得移动友好的互动体验。其关键设计理念是：任何时刻都要为移动用户着想。切记这些用户是活动着的，也就是说移动网站必须反应迅速、切中要害。移动网站需要快速地加载主页，为用户提供几个特定且明确的访问选择。布局设计必须适合移动用户活动式的特点；牢记移动用户通常都是在很小的屏幕上，用手指进行导航。为了保证简洁性和快速性，移动网站应该用最新的 HTML5 标准开发，尽量缩减浏览者需要加载的页面。

设计应该小而简，图片需要适度优化，并且在必要时才能使用，同时还要保持简洁。开发者需要考虑使用"响应式设计"的方法，这是一种基于屏幕尺寸、平台和定位的方法，建议移动网站的设计和开发应该反映用户习惯和环境。实际操作由弹性网格、布局、图片以及 HTML CSS 媒体查询等智能应用混合而成，这些 CSS 媒体查询目前支持媒体依赖 CSS，该样式表能够针对不同设备定制不同媒体类型。

媒体查询（Media Queries）通过创建不同类型的样式表标签来扩展媒体类型的功能。它由一个媒体类型和一些用于检查特定媒体属性特征（media features）的条件表达式（非必要）组成。能用于媒体查询的媒体属性特征有 width（宽度）、height（高度）和 color（颜色）。这样，媒体查询的表示就可以针对特定范围的移动设备，而不用改变其自身的内容。如需有关 CSS 媒体查询的权威指南，请登录 W3C 网站查看（http://W3.org/TR/css3-mediaqueries）。

在处理与网站有链接结构的导航时，移动网站和传统网站有很大的区别。在移动网站上的按钮必须足够大，以便用户进行点击；选项占据空间要尽量小，并且要具有相关性。还需牢记一点：移动访问者通常是在活动着的。当访问者到达一个登录页时，他们需要查看便于做出快速选择的主要选项（这通常不超过 2～3 个选项）。这些选项涉及用户起初访问这个移动网站的缘由。如果用户扫描了一个二维码（Quick Response Code，QR Code），或者使用 SMS（短消息业务）短代码（http://ussshortcodes.com/，短代码就是发送 SMS 或文本信息，如一个移动页面的链接的一串数字代码），这样的决定需要立即确认才会生效；访问者也随之会获得该页面并明白需要马上做什么。例如，一家公司或者品牌可能考虑使用短信服务加大营销力度，通过发送"编辑产品或服务信息发送到 12345"此类消息进行推广。这样，当用户发送指定文本时，会收到一个回复链接或者是一条短消息，引导他们去观看该产品的视频宣传剪辑，或者是登录 www.link.com 等相关网站。如果访问者使用时点击的是链接，那么就会离开该移动网站的登录页面。

移动网站和传统网站的设计有很大区别。移动网站导航通常通过手指的触摸和点击完成，所以一个最佳移动链接的最小面积不应该小于 44 像素×44 像素。这恰好就是使用拇指进行有效链接选择所需的平均面积。如果一个移动网站链接很小并且聚集在一起，访问者点击到正确的链接将会花较长时间，这会使其产生挫败感，带着糟糕的用户体验迅速离开网站，从而使网站的营销和推广前功尽弃。要为链接提供足够的操作空间并注重效率，确保访问者能轻松选择他们需要的链接，这需要非常高明的设计和布局，使用颜色和空间布置，尽可能提供给用户最佳的导航结构。

其次，文本要易于阅读。移动设备通常都比较小。开发者必须考虑到，用如此小的设备阅读要比在传统网站阅读困难得多，所以内容应该保持最简，文字要够大且容易阅读。

把响应式设计因素真正包含进去。移动网站编码要尽量确保跨平台用户体验是最佳的。移动网站开发者需要确保同一个访问者的体验是一致的，至少也要保证在 Android 和 Apple 设备上一致。任何移动网站的建立都需要经过努力营销、调研、计划，有明确的目标和全面的测试，但要记住，不同的 iOS 和 Android 操作系统版本需要区别对待。网站开发者应该花时间建立支持公司和品牌营销目标的移动体验。建立移动网站的最终目标是获取移动数据、建立模型并实施数据分析。

移动网站设计者和开发者必须为移动用户考虑可用性概念。这些因素包括屏幕尺寸、内嵌图像、超链接、字体大小以及页面导航。为移动设备设计的这些项目应该比标准网站中设计得更简单。设计者和开发者要更多地基于作业的方式完成工作，因为这些访问者可能搜索特定而又紧急的对象，如附近的拖车公司、水暖工、车库或者商店。

同样，设计一种优秀的用户体验，意味着开发者应考虑移动访问者如何同网站互动。在传统的网站中，访问者可以用鼠标和键盘进行互动操作。但在移动设备上，访问者只能通过点、触、滑动来访问移动网站。所以，在设计移动网站时，必须考虑用户怎样才能用简单的物理手势和动作获得有效的网站信息。

不论使用有线网络还是无线网络，内容永远是网站的核心。用心设计、规划和测试的网站中，每个页面都应该能为用户提供大量有用的信息，如文本、照片、内容或者视频。然而，对移动网站来说，这些应该尽量最小化，因为网页太多需要更多的加载和等待时间，会影响用户的移动体验。除非无法回避，移动网站的网页内容应该尽量简短。倘若有短动态图像或单列设计图，会对移动网站很有效。开发者的主旨是简。移动网站开发者应该尽可能避免表格、大图片，因为这些会在不同的移动设备之间产生下载问题。

Google AdWords^{TM} 现在允许用户使用移动设备专用的关键字进行搜索，帮助开发者缩减接触消费者所需的词汇。移动网站和传统网站使用的是同一种搜索引擎优化技术，利用这些关键字创建元标题、标题标签和标头。就像前面提到的，不要提供给移动访问者过量的信息，要使内容简短，确保图片大小适中，重要的导航按钮要足够大。

请谨记，移动网站上的所有内容都是在小屏幕上显示。用户可能是一边漫步，一边浏览移动网站。大多数网站有两个统一资源定位符：一个是移动网站的；另一个是互联网的。移动网站搜索引擎优化也能使移动网站获益，Google 现在有一个指定的机器人，到处寻找传统互联网的移动版本并编入索引。也就是说，同一网站的两个页面被整合成一个索引，这有很大的优越性，因为如果两个网站都被合理优化，二者将会具有同等可检索性。如果移动网站是为零售商而建，就要开发一种具有竞争优势的应用程序，阻止客户在网上浏览、查看竞争对手的网站。然而，通过应用程序，可以使访问者直接停留在零售商自己的虚拟商店。

Google 提供了一种配置工具，可以使传统网站从经典的超级文本标记语言转码成移动超级文本标记语言，但这可能会给访问者带来不一致的体验。Google 转码变换会导致糟糕透顶的访问体验，其中常见的几个问题是以不美观的方式调整了图片、复制内容，或显示错误网页。为了避免这些问题，开发者应考虑专门为移动网站建一个子域，这是搜索方向和索引的一个关键因素。

使用不同的移动统一资源定位符，可以使移动优化免受传统网站优化的干扰。这也会在小屏幕上保持同样的浏览体验，并允许 Googlebot-Mobile（http://www.google.com/mobile）访问和索引移动设备搜索的移动版本。要实现它，就要避免使用 Flash、Java、Ajax 和 Frames，而应尝试使用 XHTML（WAP 2.0）、cHTML（iMode）或者WML（WAP 1.2）。开发者应该使用 Web 服务连接器（WSC Mobile）（http://validator.w3.org/mobile，如图 1.2 所示），通过运行它来测试其移动网站，确保它是移动友好的，并且还要在多浏览器和设备上测试。

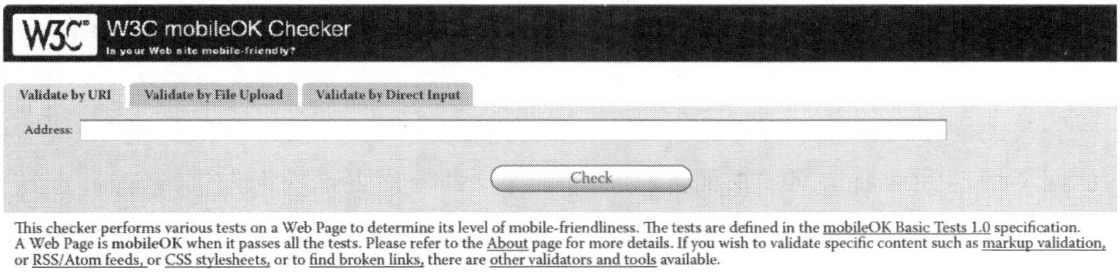

图 1.2　W3C mobileOK 检查器

同样，不要使用滚动条，用"向前"和"向后"按钮帮助访问者浏览内容和网页。移动设备可能会变得越来越小，但是搜索机会和移动消费者的选择却在不断扩张（他们现在具有给产品和服务定价的索引能力），即时购买和分享，各自开发可以从浏览器直接移植到虚拟商店的应用程序，从而把注意力集中到他们最重要的目标——转换。

功能远比形式重要，这一点在移动网站中比传统网站体现得更明显。最大的挑战是确保网站看起来一样并且能兼容各种设备，所以测试和确认极其重要。移动环境包含非常多的设计因素，从不同屏幕的尺寸和分辨率到多样的形状都要考虑。开发者需要明确当前移动设备的规格，因为最终目标是在一定的屏幕尺寸范围内适当地运行，而不必为不同的平台重建页面。表 1.2 给出了一些主流移动设备的屏幕分辨率。

表 1.2　主流移动设备屏幕分辨率

分　辨　率	移　动　设　备
320×240	BlackBerry[@]，Android，Symbian[@]
320×480	Android，Apple
480×360	BlackBerry
360×640	Symbian
480×800	Android，Maemo[@]，Windows
768×1024	iPad[@]
640×960	iPhone 4[@]
1280×800	Android，Windows，Apple

这些分辨率都可以变化，主要取决于移动设备的模式，所以需要通过 WSC Mobile 进行全面测试，以确保网站在不同的操作系统下正确显示。屏幕尺寸的多样性使为移动网站选择合适的布局图尺寸变得非常困难。根据美国环境保护署的调查，这种网站的平均生命周期在 18 个月左右。一种可能的解决方案是建立一个流布局。因为移动阅读很像一本书或者杂志，所以这样的布局应该可以在这些设备上工作。

冗长的文本段读起来很困难，所以要把它放到几个页面上，并限制滚动，使移动访问者快速到达要访问的页面。移动网站开发者应该去掉低优先权的内容，坚持使用单栏文本包裹，也因此没有水平滚动条。移动网站 CBS（http://www.cbs.com//mobile，如图 1.3 所示）和 NBC（http://www.nbc.com/mobile）就是很好的例子，在其登录页，视频、节目、进度表、体育赛事和新闻报道被分成了很多小的部分。

图 1.3　CBS 移动网站

　　简单即实用，移动访问者应该能在网站轻松无障碍地浏览。所以，要避免包括表、框在内的其他格式，因为点击链接网站的访问者越多，他们因加载等待的时间就越长。开发者需要平衡内容和导航之间的关系，压缩和简化移动网站。Best Buy（http://m.bestbuy.com/m/b）是个很好的例子，菜单中只包括最主要的产品类和缩减内容的等级层。

　　通过移动分析方法和行为模型的运用，可以了解访问者正在做什么，知道他们在寻找什么，发现他们将如何浏览移动网站。建立移动网站的主要目的是为移动分析整合重要的访问者行为数据。清晰、即时地建议访问者哪些项目可用非常重要。这可通过改变链接、按钮的字体和背景颜色来完成，或通过在链接周围添加一些衬底，使可点击区增大到 44 像素×44 像素。Geek Squad$^{@}$（http://m.geekquad.com/）为这一策略提供了很好的案例。

　　每个页面下载都需要消耗时间和系统资源，后者对移动设备来说供不应求，所以不要强迫访问者通过大量的网页发掘和搜索来获取信息。计划每个页面链接的数目和网站深度之间的平衡点。在移动网站中输入文本很困难，所以用音频按钮来代替。这样，访问者可以更快地到达其想要访问的页面。

　　开发者应该努力使网站的内容引人入胜、即时可用。当用户需要时，供其所需，因为用户不希望被迫去深层挖掘网站。可参考 FedEx® Mobile 网站（http://m.fedex.

com/mt/www.fedex.com，如图 1.4 所示），充分利用短统一资源定位符（URL）和简单的选项。

图 1.4　注意 FedEx 支持的简单链接和移动设备

移动网站可用很多方式为零售商和经销商提供主要销售线索，此处介绍的只是其中一二。我们先从利用文本信息建立电子邮件通讯开始。每部移动设备都可以即时发送短信，利用它通过一个简单的文本短信增加自动反馈和移动友好注册页面的订阅。可让游客发送特定信息到一个 5 位号码，例如，邀请游客编辑 INFO 并发送到所给的 5 位号码，该号码称为短码，因为它短于正常的全数字电话号码。

许多短信可以为开发人员解决信息发送问题，如 TextMarks（http://www.textmarks.com/）。当游客发送关键字 INFO 后，会立即收到一个预定义的应答消息，其中包含行为召唤或一个在移动设备上易读、易用的注册页面。该应答消息应该包含不超过一个或两个的字段，并说明加入该网站的益处。使用移动设备短信可以创建一个邮件列表。

使用短消息服务收集游客电话号码和他们从网站获取文本的许可。短信相对电子邮件的优势是即时性。通常来说，电子邮件大约发送 6 小时后才会被打开。相比之下，一些研究表明，一条文本消息平均在接收 4 分钟内就会被读取。此外，电子邮件活动平均响应率为 17%，也就是说绝大多数邮件并没有被阅读。相比之下，短消息服务的平均响应率超过 95%。短信还有另一个优势：注册率高得多，允许用户在准备加入一个邮件列表或与一个移动网站接触时，接收短信并立即确认。短信营销的局限性是明文消息不能超过 160 个字符。当然，这是一个更私人的渠道，不应过度使用。

也可以使用二维码来吸引移动站点访问者。当今，几乎所有的移动设备都支持二维码扫描，可以通过浏览器来吸引游客。其潜在意义是，即使一个网页包含长而复杂的跟踪代码，用户也可以快速、轻松地加载它。最重要的是，这些代码可以通过一台简单的扫描设备，很轻松地吸引和转换用户。大多数移动设备需要安装第三方应用程序才能读取条形码。然而，这将随着二维码扫描次数的迅速增长而改变。

最后，还要优化移动设备网站登录页面，保证网站至少在 Apple 和 Android 移动设备上能正常工作，并且开发人员可以使用移动 HTML5 样板作为起点。棘手的问题是如何在不同的设备和数百种不同的模型上测试。不熟悉 HTML 和 CSS 编码的开发人员的一种选择是将其外包到一个移动网站创建服务，如 Mofuse[@]（http://mofuse.com）、Wapple[@]（http:wapple.net）或 Atmio[@]（http://atmio.com）。

移动网站开发人员应该检查和衡量每种方法的结果，确保第三方开发者具有开发网站的经验，并能够达到这些标准。最后，移动网站开发人员可能同时需要二维码和短信行为召唤来实现更高的反应率。

1.9　何时建立移动网站

据 comScore（http://www.comscore.com）统计，目前，在美国超过 9000 万人拥有个人移动设备。如果这一趋势按多数分析人员和移动供应商的预计继续增长，今年美国拥有移动设备的人数将接近 1 亿，接近美国人口总数的近三分之一。这些人是谁？他们用这些移动设备做什么？他们是消费者、客户、员工或合作伙伴。超过 40%的人正在使用移动设备浏览网页、在线购物和下载应用程序。

然而，大多数企业和品牌未能"动员"自己去创建移动网站或开发应用程序。

这是否意味着每家企业或组织都需要一个移动网站？不。但是，如果一个品牌或企业目前有 B2C 或 B2B 业务存在，那么是时候制定一套移动战略了。营销人员或品牌负责人需要考虑以下问题：

❑　　目前，组织有一个客户经常使用的网站吗？

❑　　品牌正试图接触的人群经常使用移动设备吗？

❑　　相比传统网站或其他渠道，移动网站能带来更多机会吗？

❑　　在利用从移动网站获取的信息决策时，客户、员工或合作伙伴能从中受益吗？

如果两个（含两个）以上问题的答案是肯定的，那么该品牌或企业肯定需要一个移动网站。

移动网站是一个接触客户的实时系统，是一种改善关系的新方式，可以吸引更多的消费者、客户、员工和合作伙伴。例如，对于一家房地产公司，在建立移动网站之前，如果客户想获取房产信息，会打电话给房地产公司或者在互联网上查找相关信息。有了移动网站，房地产公司可以向房子附近的潜在买家发送即时信息。移动网站提供了一种接触客户和营销的新维度，使服务更快捷，对时间和距离更敏感，并与内容相关。

然而，当选择移动解决方案提供商时，开发人员或营销人员应该通过相同的审查和需求建议（RFP）过程，就像任何其他类型的软件或服务一样，都要经过严格的审查过程，例如，在不同的移动模型中，查看和测试多个移动设备网站版本或应用程序。关键问题包括：

❑　　用户的体验如何？

❑　　是否具有一个良好的用户界面？

❑　　移动网站页面加载速度快吗？

❑　　移动网站易于导航吗？

❑　　移动解决方案提供商的分析标准是什么？

开发人员或营销人员应明确，移动解决方案提供商是否可以帮助他们制定一套移动策略，而不仅仅是开发一个移动网站或者基本应用程序，这一点也非常重要——移动解决方案提供商是否既具有前端的设计和用户体验，又具有后端的整合专业知识，来为客户、企业或品牌真正开发一个成功的移动网站？

在开发移动网站或应用程序时，各组织、经销商和品牌易犯的一个大错误是，将其作为了一个独立的项目。移动网站或应用程序应该被集成到更广泛的智能业务整体战略中，包括营销、销售和客户关系管理（CRM），而不是仅仅局限于移动设备。移动设备只是一种渠道或一个强有力的新营销组件，应该考虑多种渠道。

开发人员和营销人员需要明确客户的目标及其使用的移动设备。所以，当开发移动网站或应用程序时，要确保它看起来不错，并很容易在各种设备和操作系统上运行。有别于传统网站，移动网站都是简化信息，所以应找出五六项对客户最重要的信息，摆脱一切可能减慢速度或分散注意力的无关内容，如 Flash、大图片或音频。最后，确保在移动网站或应用程序发布之前进行广泛的测试。

根据必须完成的工作量，一个合格的移动网站或本地应用的开发可能需要 3～9 个月时间。移动网站或应用程序并不是十分复杂，如果企业或品牌已经具备良好的面向服务的体系结构，只需 3 个月时间就足够了。设计和部署一个看起来很专业的定制本地应用，预计成本至少要几百美元。而开发人员和营销人员花几百美元就可以找到网站设计人员来开发只有几个页面的简单移动网站。

但是，如果开发者想要创建一个多平台的移动网站，不仅前端看起来不错，而且提供了一个积极的用户体验，并用他们的企业后端系统集成，预计支付几百美元。虽然这些看起来似乎是一笔很大的支出，但当品牌或企业想到仅在美国就有超过 1 亿部移动设备，并且这一数字还在增长时，从 ROI（投资回报率）来讲，建立移动网站就物超所值。

1.10 移动网站体验

使用个人计算机浏览网站时，访问者期望的网页平均加载时间是 2～3 秒，如果超过这个时间，他们将会放弃该网站而浏览其他网站。由 KISSmetrics（www.kissmetrics.com）2012 年的一项客户分析调查发现，移动用户仍然有耐性，因为他们需要移动网站。73%的参与者多次提出移动网站网页加载缓慢的问题，并切身感受到了这一问题。调查显示，超过 67%的移动互联网用户预期移动设备上的页面加载时间比个人计算机的要长。

11%的用户觉得移动网站的加载时间应该慢一些，31%的用户认为应稍微慢一点，而 25%的用户则认为应该几乎和个人计算机一样快。余下的 33%期望在他们移动设备上的页面加载时间等于（21%）台式机速度或者超过（11%）个人计算机体验。KISSmetrics 调查了用户等待移动网站加载页面的预期准备时间。大多数用户（30%）会等待 6～10 秒，坐立不安的人（3%）等待时间不到 1 秒。

还有一个小小的疑问，当对移动网站的浏览比较普及时，提升页面加载速度的期望将会增加。必须要优化移动网站，市场上有很多优化工具，有些是免费的，可以使优化后的移动网站速度通过测试。零售商为顾客提供令人满意的移动体验，还安排了通过其他渠道购买的方法。ForeSee（www.bizreport.com/2011/01/mobile-is-a-must-for-retailors.html）的一项调查报告发现，32%的移动客户对他们的移动体验很满意，可能继续从零售商处在线购买产品或服务，而 31%的用户更可能通过线下方式购买。

然而，ForeSee 的调查结果表明，客户不会关心设计移动体验时面临的挑战。相反，他们期望的是加载速度快、经过良好格式化的页面。实际上，零售商为顾客提供了令人满意的移动体验，还安排了其他渠道的购买方法。如果方法得当并且执行了本书的一些方针，这会是一条赢得新客户的简单而又缜密的途径。关键在于移动网站只是所有移动分析战略的一部分。ForeSee 调查发现，当客户点击率涉及开发者或者经销商的整体忠诚度和销售策略时，移动网站是提高点击率的一个很好途径。

由 ForeSee 的报告发现，假如移动体验不会影响到零售商的传统在线或者实体店生意，他们不会有意或无意地忽略移动网站的建设。零售商和品牌需要给客户制造一种好印象，吸引他们再次访问移动网站。下面是几个简单的窍门。

（1）尽量简约：对移动网站来说，越少的内容意味着越多的客户。去掉不必要的图片，赋予访问者选择权，使他们可以用想使用的点击方式搜索。

（2）减少点击次数：点击 1～2 下就可以获得需要的信息。

（3）手指友好：用户会使用手指导航，所以要确保内容和链接适合而清晰，提供"一站式"的站点导航服务。

（4）多平台测试：移动网站在一台移动设备上运行良好，可能在另一台设备上完全不能运行，所以要尽可能在多平台上测试。

在移动设备上进行网站搜索时，用户可能看到完全不同于台式机或者固定设备上的搜索结果。因为移动设备和台式机搜索的处理方式不同，明显的区别表现在搜索基于位置和时效性的信息时。

1.11 使移动网站能被 Google 搜索到

传统的优化技术仍然很重要，但要正确看待一些附加要素，如页面和图片的尺寸、文本长度、文档类型、模型类型和操作系统等，这些对移动网站的搜索排名会产生很大影响。因为移动用户的浏览量小，开发者的首要任务是保住移动网站的高排名。开始建立移动网站时，零售商和市场商需要确定他们已经创建了一个专用的网站地图，该地图只包含移动内容的 URL（统一资源定位符）。更多内容参阅 http://google.com/support/webmaster/bin/to pic.py?topic=8493。

本质上来说，Google 声明了移动网站地图只能包含服务于移动网站内容的 URL，而任何非移动内容的 URL 会被 Google 抓取机制忽略。这意味着，开发者需要为非移动内容的 URL 创建单独的网站地图。可以推断，如果<mobile:mobile/>标签丢失，移动 URL 将不会被恰当地抓取。然而，服务多标记语言的 URL 可以在一个单独网站地图被列出。

由于 Google 仍然是最主流的搜索引擎，零售商和品牌需要确切地了解其工作原理，并制定相应的策略。本质上，Google 使用了两种不同类型的程序搜索和索引网站：一类是桌面搜索，通过 Google 机器人实现；另一类是移动搜索，通过移动 Google 机器人实现。然而，假定这些移动设备产生与台式机相同的浏览体验，这并不意味着品牌应该在其营销策略中忽略移动网站。任何被移动设备访问的网站都需要为移动用途而优化，这包括使用基于位置的关键字，因为进行本地搜索的人数在增长。

点击率和跳出率是影响移动网站排名的主要因素，这对本地搜索尤其重要。这意味着，品牌和经销商需要根据移动网站关键词来响应消费者在移动设备上的搜索方式。他们可能仍然想为已支付的搜索功能制定独立的移动策略，如 Google AdWords[TM]。

开发者应该利用 Google Mobile Keyword Tool（http://www.googlekeywordtool.com）来找到更多的相关关键字，以确保他们已经移动优化了登录页面。格式化移动网站的内容非常有意义，像页面尺寸、加载速度和文件类型等，都会对移动网站索引产生影响。另一个有关移动优化的关键问题是人们如何访问到移动网站的内容。要把这些工作做得恰到好处，零售商和品牌需要有敏锐的洞察力，完全掌握客户在移动网站如何表现，以及如何使用网站。

　　尤其是零售商的移动用户，可能处在购买过程的完全不同的阶段，他们可能已经在台式机上做了调查，只是想在移动设备上快速地完成购买，甚至已经在实体店看过了意向商品，只是来这里比价。这意味着，关键字和搜索体验有很大差异。当品牌和零售商不了解他们客户的习惯、需要、位置、兴趣和目标时，移动搜索出现低级错误的概率就会上升。

　　全渠道了解客户行为，就是获取数据并通过模型进行归纳和演绎分析。理解移动网站和传统网站使用的过程一样：询问、观察、测试、分析行为数据。至少移动开发者应该了解访问者的基本使用信息。有许多免费而又简单的方法，可以帮助模拟访问者在移动网站上的表现，包括查看分析报告和使用 Google Analytics for Mobile 或者 Google Analytics Mobile Apps SDK（http://code.google.com./apis/analytics/docs/mobile/download.htmal）。

　　由于大部分移动搜索都是基于位置的，零售商和店主需要确保他们所有的搜索网站是不断更新的。开发者需要确认，像 Google Places 和 Bing Business Porttal 的相关内容也是不断更新的，需要添加联系人细节和推广内容，同时鼓励再访问行为并与访问者互动。零售商和店主需要查阅本地签约目录，像 LocalDataSerach（http://www.localdatasearch.com）、Yelp（www.yelp.com）、Frommer's（http://www.frommers.com）、Qype（http://www.qype.co.uk）和 Tipped（www.tipped.co.uk）。

　　零售商、品牌、开发者和市场商需要制定移动搜索策略，并尽可能使其在线移动网站高效运行。下面是推荐的十大窍门。

　　（1）遵循网页设计和传统搜索引擎优化的最佳实践方针。

　　（2）为基于周边位置的移动搜索设定专用的关键字。

　　（3）确定不同的移动设备如何与移动网站协调工作。

　　（4）明确访问者处在购买过程的哪个阶段。

　　（5）创建的网站内容要简短、清晰。

　　（6）理解搜索引擎如何索引移动网站。

　　（7）确保所有的本地细节和指南正确。

　　（8）了解访问者如何使用网站。

　　（9）查看访问者如何获得移动内容。

　　（10）创建移动网站地图。

1.12　移动时代已经到来

　　与之前相比，消费者更多地通过移动设备来获取网站内容，这使得信息的浏览更加迅速、快捷。用户随时随地都想获取信息，例如乘车时，排队买咖啡时，在足球场训练时，购物以及课间休息时。移动设备的流行把在线体验从桌面转移到了口袋、公文包和背包中。总而言之，移动网站已经成为信息传递的最重要媒介。所有移动网站开发者都有必要依靠其互联网平台来快速和高效地适应环境的变化。

　　移动网站开发者需要确保其内容管理系统能够交付基于屏幕分辨率的内容，而不是仅仅局限于特定的设备。屏幕分辨率的检测能力比检测特定的移动设备更重要。为了给用户提供最好的体验，开发者需要明确他们提供的可用屏幕资源数量，还需要识别最通用的屏幕分辨率，创建适合大多数移动设备的内容。

　　大多数情况下，传统网站的导航结构在移动网站上并不能很好地运行。需要优化移动设备上的导航体验来适应点触输入。为了适应小屏幕浏览，网站的设计和布局也应该优化。把移动网站的首页作为导航链接并没有什么不妥。在 Apple 和 Android移动设备上测试网站的导航，而不仅是在仿真器上。仿真器仍然需要开发者在网站上用鼠标互动，这和用户拿着移动设备用手指点击链接有很大区别。

　　创建简单直接的类。例如，对于房地产移动网站，这可能是简单房产搜索、查看附近房产、按揭计算器、GPS 搜索等。在大多数移动网站，可以轻松获取设备及其拥有者的当前地理位置。开发者需要利用这种性能，使用户能够轻松获得去办公室的最近线路导航。例如，对于房地产公司而言，这将支持用户基于其当前位置，使用"GPS 搜索"菜单项定位附近的房产。

　　然而，某些移动网站会自动检测电话号码和电子邮件地址，这需要移动网站开发者确保创建随时可点击的链接。移动网站使点击拨号、点击发送信息和在地图上定位变得简单。开发者需要使用这些移动网站独特的性能，为打算购买某些产品或服务的移动访问者创建更好的体验，并使访问快捷且令人满意。

　　在 Ipsos（http://www.ipsos.com/）调查公司的帮助下，Google 最近完成了一项关于消费者如何使用移动设备的调查。调查印证了商家和市场应该关注这种营销渠道的原因。在西班牙，移动设备持有者已经达到人口总数的 44%，在美国，达到 38%。

持有者使用移动设备更多一些，美国有 93%的用户都在日常使用。更乐观的是，绝大多数用户（在美国，有 88%的用户）表示他们使用移动设备发布消息、回应在线广告。移动设备用户仍然是在线视频、移动应用程序和社交网络服务的忠实用户。最后，超过三分之一的美国移动用户，使用移动设备通过网络购买产品和服务，这被认为是一种比较流行的活动。

调查统计数据已经很有说服力。Google 还发布了一些新工具来帮助市场商和商家创建移动网站，包括 GoMoMeter（http://www.howtogomo.com/en/d/test-your-site/#gomometer），它能展示网站如何在移动浏览器上显示。该网站还包括开发移动网站公司的清单，也就是移动广告代理、广告商和出版商的指南。

1.13　移　动　支　付

随着移动设备的普及，相比传统网络或台式计算机，用户使用手持设备反而更顺手。当今，每个行业和市场都开始转向移动网站。考虑到移动技术对交易产生的影响，我们就会看到一个很大的机遇。众所周知，运营商、初创企业 OEMs（Original Equipment Manufactures）已经着手开展这项工作。然而，几年之内，移动支付解决方案将成为极具潜力的大行业，但面临着用户往往很难接受等一系列问题，运营商和移动操作系统仍然很难步入正轨。正是出于这种原因，SCVNGR（http://www.scvngr.com/）决定剥离移动支付和奖励网络 LevelUp（http:// www. thelevelup.com）。

移动支付网络发展迅速。目前，在波士顿、纽约、费城、亚特兰大、西雅图、圣弗朗西科、圣地亚哥和芝加哥，共计有 10 万用户和 1400 个商家正在使用移动支付。LevelUp 正在努力解决的首要问题是，要为用户提供一种通过移动设备为货物付款的方法。用户只需简单地使用 LevelUp 的应用程序，在支付网络注册常用的信用卡或者借记卡，就会从中得到一个唯一的快速响应码，可以在这 1400 家商户店铺通过扫描轻松进行交易。交易完成后，用户就会收到一张电邮形式的发票。

是不是很简单？但在移动支付竞争中，规模是成功的关键。就是提供一种基于"运营商和未知信用卡"的解决方案。ISIS（http://techcrunch.com/2012/02/27/isis-carrier-led-mo bile-payments-venture-shows-off-its-new-app-announces-banking-partners/）对所有的主要运营商和信用卡公司都具有很大的影响力。ISIS 是运营商主导的合资企业，介于 AT&T、T-mobile 和 Chase^{TM}、Capital One^{TM} 以及 Barclaycard^{TM} 支付过程版本之间。根据交易条款，银行将他们的借记卡、信用卡和预付卡整合到 ISIS 的即将推出的移动钱包中。

　　然而，LevelUp 试图消除传统生态位需求对移动支付解决方案的限制，以便任何持有连接网站移动设备的用户可以看到他们最喜欢的商品并进行支付。LevelUp 已经发布了一个应用程序接口，可以使开发者通过第三方软件或 POS 平台的 LevelUp 进行支付。

　　另一方面，Sprint[@]和 Google 已经在合作开发 Google Wallet^{TM}，其中两者都有自己的未来移动支付计划。如果要全面了解移动支付技术，首先需要了解 Paypal^{TM}（https://www.papal.com）、Square（https://squareup.com）、Amex Serve^{TM}（https://www304.americanexppress.com/credit-card）、Visa PayWave[@]（http://usa.visa.com/personal/cards/paywave/index.html）、Stripe（https://stripe.com）、Master Card Paypass[@]（http://www.mastercard.us/paypass.html#home/）和 Dwolla（https://www.dwolla.com）——所有这些都是在特定移动交易中制定的支付解决方案，可使用不同的方式通过移动网站和应用程序来完成。

1.14　Adobe Shadow^{TM}移动网站测试器

　　Shadow 的 Adobe Labs 预览功能，实现了在个人计算机或其他运行 iOS 和 Android 操作系统的设备上浏览移动网站的内容。Shadow 支持移动网站开发者在桌面和多种移动设备之间同步浏览，并通过不同的平台检查内容显示情况。Adobe Shadow 解决了移动网站开发过程中一个最大的问题——移动网站上哪些内容应该被打破以及为什么被打破。如果一个运行 HTML（超文本标记语言）、CSS（级联样式表）和 JavaScript 的移动网站在个人计算机和 Apple 移动设备上显示美观，而在 Android 设备上看起来却很糟糕，开发者可以用 Google Chrome^{TM} 浏览器的内置调试工具来调整其代码，直到达到完美的跨平台状态。

　　Shadow 是一种检查和预览工具，支持前端网站开发者和设计者通过流线型预览过程更快、更高效地工作，因此使移动设备定制网站变得更加简单。Shadow 可以通过 Adobe 定期升级以保持网站标准领先，网站浏览器升级并支持新进入市场的移动设备，同时吸纳用户反馈，提供最可能的功能和体验。

要使 Adobe Shadow 应用程序正常运行，开发者必须先使之与移动设备匹配，类似给移动设备配对蓝牙耳机。开发者需要输入一个移动设备生成的密码到应用程序，以确认 Shadow 已经授权远程控制使用该设备。从该点一直到链接终断期间，开发者可以在 Chrome 浏览器和移动设备上打开网页（或者可能是一个全是移动设备的工作平台）来进行操作。开发者同样能选取其中任何移动设备，直接与它们互动。也就是说，可以检查某一屏幕的互动，恢复同步浏览到另一页面或应用程序。

在解决移动网站和程序工作方式与不同移动浏览器上不同显示方式的差异方面，Adobe Shadow 十分重要。目前，为了满足用户需求，移动开发者正在试图使用一致标准代码来快速测试和开发网站。Shadow 允许开发者使用 Chrome 的代码检查器，查看在配对移动设备上的显示变化。Shadow 选择 Chrome 是因为，它有最好最流行的 Android 移动设备代码检查和调试工具，以及最积极的 Apple 设备开源浏览器引擎 WebKit 实施计划，这种产品还可以使用 Winre（一种开源远程代码检查器）。

Adobe 通过 Adobe BrowserLab™ 模拟网站内容在不同移动设备上的显示方式，为网站开发提供类似服务，但 Shadow 允许用户在实际的移动浏览器上查看其内容。对开发者来说最重要的是，当他们在桌面浏览器上查错时，可以把它作为问题代码中定位碎片的工具。目前，Shadow 具有同样移动浏览器调试能力。要运行 Shadow 应用程序，至少需要 Apple iOS 4.2 和 Google Android 2.2 操作系统。在测试方面，Shadow 已经能模拟控制 30 多台设备，为许多制造商的测试提供了便利条件。

1.15　移动 Cookies

移动分析就是跟踪移动网站访问者设备的使用习惯，与传统网站分析的方式类似。在商业语境下，移动分析指利用访问者通过移动设备访问网站时搜集的数据来进行分析有助于确定网站的哪些方面对移动流量最有效，哪些移动营销战略（包括移动广告、移动搜索营销、信息战略）对企业和品牌最有效，并通过使用移动 cookies 和 beacons 技术，促进移动网站和服务。

目前，大多数移动网站都支持 cookie。一些类似 Umber Systems 的公司正在为标准移动网站提供 cookie 类型的解决方案。作为移动分析的一部分，搜集的数据通常包括综合浏览量、访问量、访问者数量和来源国，还有移动设备的专有信息，如设备类型、制造商、屏幕分辨率、设备属性、服务供应商和首选的用户语言等。

该数据通常与移动网站性能的关键绩效指标（KPIs）和投资回报率（ROI）作比对，用来提升移动网站的性能和移动营销策略的响应率。大部分现代移动设备能够浏览网站，有些移动设备上浏览体验与固定计算机上的差不多。W3C Mobile Web Initiative（http://www.w3c.org/Mobile）可以识别最佳方案来帮助网站支持移动设备浏览。

为了便于移动设备浏览，许多企业、经销商和品牌使用这些方针和特定的移动代码优化网站，如 WML 或者 HTML5。消费者就像他们的信息采集工具（如同传统网站的 cookies 和 beacons 是重要互联网跟踪机制），通过记录访问者的偏好和习惯来优化访问者的体验。移动网站同样有把握在这些跟踪机制中执行个性化的功能。

这些机制是可信赖的，并且是经过验证的聚合行为数据类型的方法，而这些行为数据对于移动分析和营销而言都非常理想。糟糕的是，在互联网中用固定设备通常可以接受的机制，用在某些移动设备上却不起作用。为交付相关内容给移动设备，需要创建、优化移动 cookies 方面的最佳实践指南，开发者可以参阅 W3C（http://www.w3c.org/TR/2008/REC-mobile-bp/-20080729）移动章节的内容。该网站详细说明了传递网站内容到移动设备的最佳技术和技巧，包括 cookies 和其他跟踪机制。

有了互联网，cookies 经常用到执行对话管理，来识别用户并存储用户偏好信息。然而，很多移动设备不执行 cookies 或者只提供不完整的功能。另外，许多网关剥离了 cookies，而其他的会为移动设备虚拟 cookies。毫无疑问，当跟踪成千上万的移动设备、模型和不同的操作系统时，cookies 的使用要更加复杂。

W3C 建议，在当前访问路径下，开发者进行测试以确定具体的移动设备是否支持 cookies。如果某些设备不支持 cookies，开发者可以给对话管理加上一个统一资源标识符（URI）（www.w3.org/Addressing/URL/URI_Overview.html），注意不要超出设备允许的最大字符串长度。统一资源标识符（URI）是一个包含字母的字符串，用于识别互联网上的抽象资源或者物理资源。

统一资源标识符使用专门的协议与在互联网上表示的资源进行互动。统一资源标识符用特定的语法格式结合协议来定义。另外，一些网关不用移动 cookies 设置进行用户验证，主要目的是在网站上提升移动设备访问的用户体验。W3C 的建议针对交付内容，而不是其创建过程，也不是交付的设备和用户代理，主要是针对移动网站的创建者、维护者和使用者，提供一些移动设备的 cookies 需求、交付环境、结构格式和一致性。

互联网 cookies 的跟踪机制还涉及隐私问题，但通常认为它们会被用于跟踪个人隐私，这种忧虑实际上是一种误解，因为它们真正追踪的是设备。这些机制允许移动网站搜集消费者的偏好，使营销人员、品牌和企业提高他们的反应能力，应对客户对相关内容以及产品和服务的需求。

移动网站是一种相对较新的渠道，可以访问互联网、营销和推广。移动网站引入一个新的复杂层，而这一点是传统网站很难做到的，因为需要跨平台功能和小显示屏幕。例如，Apple 移动设备甚至不接受像广告网络 DoubleClick^{TM}（<http://google.com/doubleclick）提供的第三方 cookies。使用移动分析法追踪和划分客户表明了他们对提高客户忠诚度的渴望。

移动网站开发者可能还想把第一方 cookies 的使用权外包给像 TruEfFect（http://truefTect.com/）这样的公司。他们的平台直接从企业域提供移动 cookies 和广告的服务，而不是像 DoubleClick or Microsoft Advertising Atlas（http://www.atlassolutions.com/）这样的广告服务器域。这样，他们的客户可以使用自己的顾客数据来给由客户决定的相关内容排序，这些要根据 TruEffect cookie 排序的广告情况而定。通过建立更深层的洞察来区分那些行为与客户类似的访问者，而不是像人口统计那样简单地匹配。

1.16 ConnectMe QR^{TM} 网站

ConnectMe QR（http://www.connectmeqr.com/?a=492）为开发者提供了快速响应码和可编辑的移动网站营销解决方案。他们为移动营销提供快速响应码服务，包括其 mCard 服务，这是一种不间断的可编辑服务，开发者可以用它来控制其移动网站内容。ConnectMe QR 提供了专门为移动网站开发者设计的"交钥匙"解决方案。

这家移动营销公司也提供其最新的高级移动网站编辑器，该编辑器带有快速响应码订阅服务功能。当引进旗舰产品 mCard 时，其焦点集中在订阅者的社交媒体和联系信息上。现在有了高级编辑器，通过从 200 多个图标选择 ConnectMe 快速响应点并进入自己的文本，用户可以定制其 mCards 和移动设备登录页面。当扫描订阅者的 ConnectMe 快速响应码时，这些图标会链接到订阅者希望浏览的信息上。快速响应码可以包含多达 9 个链接，如电话号码、电子邮件地址、YouTube 视频、特殊优惠券和优惠、社交媒体账户、互动定位地图等，这完全取决于订阅者。

　　网络营销公司、移动网站开发者以及共享目标或兴趣的任何访问者群可以在他们的圈内改善社交。ConnectMe QR 为兴趣相似的组织创造了这种完美的工具。该高级编辑器移动平台可以链接、保持群沟通、即时地与相关信息保持联系。这是一种易用的服务，价格合理。对所有开发者和经销商来说，这还是一种易用的营销工具。

　　ConnectMe 快速响应码赋予了移动网站开发者发布、配置视频的能力，更新销售工具的能力，以及最新定价、信息、激励材料的打印能力如图 1.5 所示。快速响应码比链接到一个单独优惠券或网站更实用。其 mCard 提供给移动网站一种控制移动营销工作的更简单有效的方法。几分钟之内，开发者就能更新销售工具、视频、议程、事件日历或联系信息。他们可以为访问者快捷地提供互动的、多媒体的、现成可用的前景信息，无论访问者此刻身在何处。mCard 服务有 30 天的免费试用期，试用结束每月收费 4.99 美元。

图 1.5　ConnectMe QR^{TM} 与可优化的移动网站服务

1.17　移动广告网络

　　移动广告网络是由媒体公司提供的一种互联网平台。利用该平台，商家可以在发布者网站上，通过移动设备宣传他们的移动网站、产品和服务。把广告放在移动网络的一个优势是，消费者分布具有高度针对性。这意味着广告迎合了观众，也就是说，通过基于特定用户标准（如年龄和性别）的移动设备，这部分人最有可能被转化为客户，或者成为产品或服务推广的对象。这些网络有不同的商业模型、地理覆盖区、出版商和广告商，有不同的目标功能、定价、销售模式等，以上都是移动网站开发者做出正确选择前需要考虑的。

　　此时，移动广告市场已经十分饱和，所以移动网站开发者和经销商有许多选择，如从哪、向谁和如何购买他们移动网站、应用、产品和服务的广告空间。许多全球广告网络都来自主要移动设备生产商，如 Google AdMob™（如图 1.6 所示，http://www.admob.com/?）和 Apple iAd®（http://advertising.apple.com/?cid=wwa-naus-seg-iadl00604-0000048%cp=brand&sr=sem）。

图 1.6　Google AdMob™ 移动广告服务

　　除此之外，也有一些独立的商家，如 Millennial Media（http://millenialmedia.com/）、Jumptap（http://www.jumptap.com，如图 1.7 所示）和 InMobi（http://www.inmobi.com/）。还有移动需求方面的广告网络平台，如 DataXu（http://www.dataxu.com）、Turn（http://www.turn.com）和 Invite Media（http://www.invitemedia.com）。

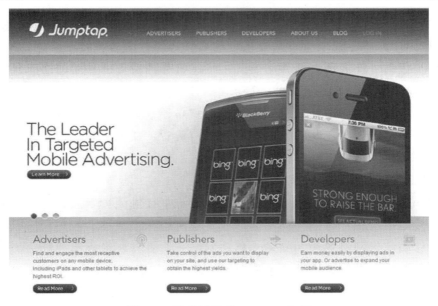

图 1.7　移动开发者 Jumptap 入门

　　然而，随着各类移动设备的不断增加、新模型数量的不断膨胀以及操作系统的不断升级，很难建立有效的广告。但是新的标准也在不断发展，如互动广告局（IAB）移动富媒体广告的接口定义（MRAID）（http://iab.net/mraid）。

　　随着移动领域逐渐成熟，开发者、经销商和出版商开始寻求突破单一广告网络系统的新方式来盈利。例如，游戏巨头 ngmoco（http://www.ngmoco.com/）已经采用了广告服务、运作和复杂的报告平台，并在其移动网站和应用程序中加强推广。类似 Backflip Studios（http://www.backflipstudios.com/）的公司已经建立了内部广告运营团队，专注于移动网站和应用程序的开发，类似的公司还将不断增加。

　　然而，还存在不同于广告网络的移动网络，因为它们知道消费者是谁，在哪里。这是一项绝对有必要的工作，所以要创建移动网络来完成这项工作：通过语音呼叫和文本消息连接世界各地的设备。移动网络与互联网的不同之处还在于，它们属于私人所有，如 Sprint（http://www.sprint.com/）、Verizon Communications（http://adage.com/directory/verizon-communications/289）、AT&T 和 T-Mobile（http://t-mobile.com/）。因为它们是私有的，网络端点是受控的，并且对开发者是完全可见的。

　　当移动设备由移动网络激活时，持有者会得到一个唯一的编号，可以直接与个人消费者关联。移动网络可以通过基站间的三角测量为这些移动设备进行地理定位，还可以使用 GPS、Wi-Fi 或者将两者结合起来对其进行更精确的定位。所以，未来的移动分析和营销可能会通过其移动方式，将广告与消费者的移动网络三角测量结合起来。移动广告泛滥的主要原因是移动广告可以高度地跟踪客户。利用移动设备用户的大量可用信息，移动广告可以通过位置和兴趣确定哪些人作为目标对象。最重要的是移动网站经销商在购物方面可以迎合消费者，在消费者正在积极进行购买决策时接触他们。而消费者在购物或浏览网站时，就已经为移动经销商提供了一个难以置信的机会——可以将这些消费者转化成客户。

移动开发者、经销商和品牌有两种关键方法来接触消费者及其移动设备：它是否能更有效地推动用户访问移动网站，或者说服用户安装移动应用程序？其次是决定与哪些移动广告网络签约的问题。移动网站开发者需要考虑寻找什么类型的移动流量：只是要建立自己的品牌，还是为基于 GPS 距离、Wi-Fi 三角或关键词搜索的移动网站寻找更多的链接？

1.18　移动网站开发者

目前，有许多开发者、企业、经销商和品牌专门从事移动网站的开发工作，用户可以将移动网站创建工作外包给他们。该行业发展迅速，以下是其中较好的一些企业。

❑　Blue Corona（http://www.bluecorona.com/）：提供移动网站、营销分析和移动标准服务。Blue Corona 可以构建一个专门为移动设备优化的网站，可以包含知名公司的徽标、点击呼叫功能、联系信息以及 Google 地图导航，还可以通过 Google Analytics Web 的分析服务提供标准。

❑　Phonify（http://www.phonify.com/）：创建适合移动购物者的移动网站。移动用户往往是走动着比较价格并查找最近商店的位置，为此，Phonify 为移动网站嵌入了 Google 地图。Phonify 在客户主站添加一个小的 JavaScript 模块，自动重定向移动流量，并提供了 3 种价格计划，其托管选项包括点击呼叫、点击发送电子邮件功能（如图 1.8 所示）。

❑　Mozeo（http://www.mozeo.com/）：提供移动网站建设、短信和广告服务（如图 1.9 所示）。客户可完全控制移动网站的风格、外观和感觉以及内容。该开发商通过其移动网站，利用移动优化的富媒体完成营销活动。他们为客户提供二维码和地理位置信息，这些都是移动营销活动所需的。开发者可以利用丰富的信用卡功能、流动富媒体来创建购物目录和购物车。Mozeo在完全集成的环境中赋予了客户利用这些特性的能力。

图 1.8　适应移动市场的移动网站作品（Phonify Inc.）

图 1.9　Mozeo 提供短消息和移动网站创建服务

❑ mobiSiteGalore（http://www.mobisitegalore.com/）：在几分钟内，用户可以免费创建移动网站。该公司还提供移动网站的托管服务。其无线应用协议（WAP）网站由专门的创建者建立，可以保证能在任何移动设备上运行。该开发商声称不需要技术知识、编程技能或网页设计经验，就可以用他们的 WAP builder 开发移动网站。无须下载或安装软件，也不需要任何插件。完全集成的 HTML 富文本编辑器可以为客户提供帮助，客户可以使用"所见即所得"模式的文本和图像创建丰富的 XHTML 内容，而不需要使用 HTML 或 XHTML 的经验。客户可以从各种现成的设计模板选择定制的颜色、字体和布局，这些 100%遵循 W3C 的移动网站开发标准。

❑ Mobile Web Up（http://mobilewebup.com/）：为移动设备提供优化的网站和免费评估服务。该开发器可以创建移动站点设计方案、托管、营销和广告等。

❑ Mobify（htttp://mobify.com/）：提供移动机网站工作室，并支持移动广告及应用程序的设计和创建。Mobify 使用 HTML5、CSS 和 JavaScript 来与传统网站充分整合。Mobify 移动网站利用触摸导航和小部件，如触觉图像木马，使用户能够通过手指友好接口和基于设备规格与功能调整的操作元素，用点击和滑动的方式访问商店。

❑ Usablenet（http://wwwusablenet.com/）：该平台不需要客户端 IT 资源、系统集成或者网站开发。支持所有移动设备和所有类型的输出，可以改变移动网站的各个方面。其开发平台制作精致，并且重新定义以支持客户的目标和所有类型的移动设备（如图 1.10 所示）。

图 1.10　被 Fast Company 杂志认可的 Usablenet（2011 年 5 月）

❑ Digby（http://www.digby.com/）：该平台支持所有主流移动设备访问移动网站和丰富的应用。使所有类型的移动设备都可以访问远程店面。支持虚拟销售代理商（可以访问产品信息、评论和推广）用最新的产品信息、视频和评论，补充零售商目录。

❑ DudaMobile（htttp://www.dudamobile.com/）：被列入 Google GoMo 服务，其网站服务的平均价格在 50～200 美元之间，包括托管和分析服务。客户输入其传统网站 URL 链接，就会立即转换、构建一个移动网站并对其进行测试，该网站"拇指友好"，且具有直观且大而饱满的按钮和"移动设备友好"的字体尺寸（如图 1.11 所示）。

图 1.11　DudaMobile 将传统的 URL 转化为移动站点

1.19　移动网站开发案例研究

1.19.1　OneIMS

OneIMS（http://www.oneims.com/）是一家专门为移动网站开发提供网页设计服务的在线营销公司。虽然标准网站可以在移动设备上浏览，但是它们的布局并不能提供全面或者用户友好的浏览体验。OneIMS 希望通过提供 Web 设计和开发专门针对移动设备定制的网站来改变这一点。

越来越多的人使用移动设备完成大部分网站浏览,甚至使用它们进行网上购物。出于对人们网上交易方式标准变化的反思,OneIMS 退出了移动网络设计服务。该开发器使所有的网站都具有完整兼容功能,包括购物、博客等。

通过移动营销和其他移动专有技术,已建立移动网站的 OneIMS 客户能够更好地接触繁忙的客户。而移动网站的布局略有不同,它们将提供与传统网站上相同的服务。其目标是让移动网站尽可能接近传统网站,但要有一个更好的用户界面。移动网站为触屏设备进行了格式化,这意味着客户通过移动网站将能够顺利进行扩大和滚动操作,不会出现类似传统网站上的差错。

1.19.2　YoMoBi

YoMobi(http://www.yomobi.com/)开发了一个免费的"DIY 移动网站开发器"平台。该平台是公司专门为小企业设计,可以使小企业快速创建移动网站,并兼容所有移动设备。组织、创建和运行移动网站是免费的。YoMobi 正在支持开发者创建自己先进的、技术精良的移动网站。大多数企业家缺乏时间、金钱或创建移动网站的员工。大多数网页难以导航,这往往会导致潜在客户的流失。

YoMobi 无编程平台为用户提供空白模板,有效地呈现移动网站开发器与对应桌面的对比,但对移动设备来说更容易访问。有了这种服务,即使小型企业尚未建立传统网站,也可以使用 YoMobi 快速地创建移动网站。YoMobi 是一个免费的平台,允许开发人员快速构建交互式、即时社交、移动优化的网站。公司的使命是消除时间障碍、金钱障碍以及小企业主不能迅速采用新盈利技术的障碍。

1.19.3　MobiTily.com

MobiTily Technologies(http://www.mobitily.com/)是一家移动应用开发公司,为设计师提供多种移动网站主题。用户可以参考这些主题,以最快的速度根据业务需要定制移动网站。MobiTily 已经洞察到移动网站成为风尚的趋势,例如,将来大多数用户都会用移动设备执行大量与网站相关的任务。看到这一趋势,越来越多的企业家期望建立移动版的网站。他们对移动应用程序开发也同样感兴趣,因为他们想要洞悉巨大的市场潜力，而该市场有数以百万计的移动互联网用户。

MobiTily 移动网站模板是基于 HTML 和 CSS 的组合，其主题可应用于各种领域，包括娱乐、旅游、消费品、汽车、房地产以及 B2B、B2C 行业的其他服务。可以进一步修改 MobiTily 移动网站主题来制作个性化移动网站。MobiTily 移动网站主题可免费下载。

最后，这些开发器支持大多数移动网站和应用的创建。根据品牌和业务需要，可以开发其中之一，或两者都开发，但移动网站非常重要，应该优先考虑。大多数消费者会通过移动设备搜索某项业务，在访问这个网站后从应用程序的选项下载。摩根士丹利的一项研究显示，2015 年之后大部分网上冲浪的人会使用移动设备。

1.20 通过唯一设备 ID 进行追踪

Apple 做出一项决定，反对其 iOS 移动设备的唯一身份标识（UDID），该决定将移动广告和分析行业置于新的跟踪技术探索中。移动分析和跟踪服务依靠 UDID 获得用户行为及其参与的信息。UDID 允许开发人员、追踪者和广告商发送个性化推送通知、提高转化率、吸引用户。开发人员正在想办法绕过 UDID 问题。

Velti（http://www.velti.com/）是一家专注移动营销和广告技术的公司，已经组建了一支工作团队，被称为 ODIN（开放设备识别号），提供前沿的分析、营销和广告服务，如 Jumptap（http://www.jumptap.com/）、mdotm（http://mdotm.com/）、Smaato（http://www.smaato.com/）、RadiumOne（http://www.radiumone.com/）、StrikeAd（http://www.strikead.com/）、Adfonic（http://adfonic.com/）和 SAY Media（http://www.saymedia.com/）。ODIN 工作团队的目标是为移动广告行业开发一种可替代的、安全匿名的设备标识符。当前 ODIN 的解决方案创建了源自 MAC 地址的 ID，使其模糊化以保护用户隐私。

ODIN 试图用方便、可互操作的方式设计一个编号用来唯一地标识用户的移动设备。ODIN 的目标是匿名、一致和安全。该工作团队认为匿名设备标识符可以使移动生态系统获益，因为 ODIN 允许匿名个性化、广告频率限制和验证应用程序的安装。ODIN 工作团队正积极与前沿的隐私组织合作，包括数字广告联盟（http://www.aboutads.info/）、TrustE（http://connect.truste.com/）和 Evidon（http://www.evidon.com/），以保护最高级别的消费者隐私。

　　Opera Software 推出了 App-Tribute（http://www.opera.com/press/release/2012/04/03/），这是一种解决方案，允许移动设备发布者和广告商接收营销和分析数据，而不必接收敏感的数据元素，如独特的 UDIDs、cookies 或 MAC 地址。Opera 还通过其广告子公司 AdMarvel（http://www.admarvel.com/）推出了 App-Tribute、Mobile Theory（http://mobiletheory.com/）、4th Screen Advertising（http://<http://www.4th-screen.com/）。App-Tribute 对 iOS 和 Android 移动设备都可用，支持基于应用的广告活动，提供按点击付费（CPC）、按下载次数付费（CPM）、安装付费（CPI）和千分率或千印象（CPM）提升。

　　App-Tribute 向应用程序开发者提供反馈，来为发布者应用程序分类，以促进应用程序下载和安装。App-Tribute 包含一个 App-Tribute 广告商 SDK，开发人员可用到他们的应用之中，来跟踪应用程序的成功下载和安装，还有一个 App-Tribute 发布者 SDK，用以在指定的应用程序跟踪推广应用和匿名消费者的兴趣。ODIN 在媒体访问控制（MAC）地址创建了一个 ID，并使其模糊化来防止个人识别，从而保护用户的隐私。

　　ODIN 使用的设计方式便于广告和分析公司识别用户的移动设备。这种方式应该是匿名的、一致的、与操作系统无关的，并且是可以安全传输的。有人认为散列的 MAC 地址并非优于 UDID，因为它不能以浏览器 cookie 的方式被删除。广告公司和货币化平台在其数据库保存 UDID，使用 UDID 跟踪用户的下载行为，并用所有支持货币化平台的应用程序交叉引用它。使用这种方式发现用户应用程序的选择、用户的位置和更多信息，这样才有可能提高转化率。

　　ODIN 不是唯一的选择，还可以选择跟踪混合应用的 HTML5 cookie。Crashlytics（http://crashlytics.com/）的 SecureUDID（http://www.secureudid.org/）是另一种选择。然后是核心基础通用唯一识别码（CFUDID），它对每个应用程序都有独立的 ID，即使应用程序存在于同一台移动设备。移动实时竞价交易平台 Nexage（http://nexage.com/）为使用该机制的行业进行了概括，如图 1.12 所示。

　　在创建可追踪 ID 的广告解决方案中，用户点击广告应用程序后会为之匹配一个 ID，用于转换跟踪和归因。在应用程序内解决方案中，应用下载通过启动浏览器下载生成一个 cookie，这个移动 cookie 就是 ID，也用于转换跟踪。

图 1.12　跟踪移动设备广告交易的平台

接下来，在设备指纹中利用属性为每台设备创建唯一的标识符。用一个设备 MAC 地址的散列版本替换 UDID，还有其他各种开源解决方案，如 OpenUDID 和 ODIN，不像网络，移动广告不通过 cookie 工作。出于这种原因，某些类型的 ID 识别对移动广告行业就显得非常重要。

1.21　移动网站与应用程序

Nielsen 的移动设备使用分析报告（Nielsen Report.com 2012）表明零售商的移动网站比移动应用更受欢迎。绝大多数用户使用他们的移动设备购物，这将随其普及率的持续上升而增长。研究数据来源于 5000 名 Android 和 Apple 设备的参与用户。尼尔森的数据显示，两种性别的移动设备用户更喜欢零售商的移动网站，男性比女性更可能尝试零售商的移动应用程序。

而报告表明，消费者倾向于在零售商移动应用程序上花费更多的时间。但在假日购物季的顶点，5 个最大的移动零售网站（Amazon、百思买、eBay、Target 和沃尔玛）的体验流量和会话长度都增加了，这有助于缩小移动应用和移动站点支持者之间的差距。在 2011 年的假期，上述 5 个卓越的在线零售商的移动用户达到近 60%。

零售行业分析人员认为，从长远来看，如果同时开发移动网站和应用程序，应用程序更可能成为移动设备购物者的首选。虽然 Nielsen 分析没有指出任何移动应用程序和移动网站之间的质量差距，但仍然有明显的差别。随着零售商制造的移动应用功能和效用的改善，移动网站最终可能会遇到一些更加激烈的竞争。

移动应用程序和移动网站的相对价值将继续是零售领域讨论的话题，两者的彻底普及（不管哪一个对大多数移动设备用户优惠）说明了零售商明智的部署，也正是将两者作为移动营销策略一部分的原因。零售商需要考虑他们的多渠道业务环境，可能包括移动设备、网络和创建实体店。赢得购物者需要跨渠道的一致体验，来增强零售品牌的价值，这些渠道可以是价格、服务、评论、选择、风格或其他关键属性。

Google 发布了一项题为"搜索广告增量点击影响"的研究（http://static.googleusercontent.com/external_content/untrusted_dlcp/research.google.com/nl//pubs/archive/37l6l.pdf，如图 1.13 所示，表明了来自广告商有机搜索结果的搜索广告流量，即流量的增量。在这项研究中，Google 提出了以下问题：停止搜索广告会发生什么？有机流量要弥补多少搜索广告损失？Google 发现，平均 89%的付费点击本质上是失败的。当搜索活动暂停时，通过增加有机点击无法恢复。该数字（Google 称为广告增量点击（IACs））与所有基准是一致的。Google 的研究仅仅测试了广告完全停止的案例。Google 发现了 3 种额外的变化情况和新的案例，为研究提供的案例超过 5300 个。

Scenario	Average IAC
Decrease search ad spend to zero (paused)	85%
Decrease search ad spend, but not to zero	80%
Increase search ad spend, from a zero base	79%
Increase search ad spend, from a non-zero base	78%

图 1.13　Google 广告增量点击（IAC）分析研究结果

暂停情况下，平均 85%的 IAC 略低于前一值 89%。在估计中，Google 发现一些逐月的波动，纯粹由选择在当月暂停广告的广告商们共同驱动。Google 发现在开销降低的情况下（而非暂停），开销减少的相关广告驱动了 80%的平均流量增量。这意味着来自这些广告 80%的流量不会弥补有机流量。这个值低于暂停情况下的 85%，可能是由于广告商选择性地拒绝部分广告，因为他们发现这些搜索广告不怎么有效。

广告商已经准备投入搜索广告并且随后增加了广告支出，在这种情况下 Google

还发现，相关广告驱动了平均 78%的流量增量。在最后的场景中，广告商之前没有搜索广告而随后开通搜索广告，其流量增量是 79%。综上所述，Google 的研究与之是一致的：广告驱动的流量增量（即当广告被取消或减少时，没有被导航从有机列表中替代的搜索流量）比例非常高。

1.22 移动社交网站

Facebook 在首次公开募股声明中表示，其网站每月移动设备活跃用户超过 4.25 亿，也就是说很多人在盯着黑色的小屏幕走来走去。当今，越来越多的内容是通过移动设备来消费的。Google Analytics 可以提供有用的移动设备流量信息——开发人员只需滚动左边菜单，并从 Audiences 栏单击 Mobile，然后单击 Devices，在主窗口中就能够看到网站访问者使用移动设备的列表。

讨论创建移动社交网站最佳实践之前，先查阅一下禁令清单。有几个禁止的正当理由，因为它们会使移动设备变慢。如果游客连接的 3G 或 Wi-Fi 信号很差，就会破坏网站访问者的体验。开发人员需要创建的是一个精简的传统网站基本版本，给移动设备站点访问者传达最重要消息。

还有一些重要的移动网站开发概念和实践的注意事项。开发人员应该避免使用表；移动网站应由垂直滚动栏构成，应该避免过度使用 JavaScript、PHP 或任何其他代码，相反，应该使用 HTML5；应该避免使用可永久加载的大图片，使用能够留下痕迹的小图片；应避免试图重建主站，移动网站应该只包含访客需要的最重要内容，如地图、优惠券和指南等。

开发人员应该使用媒体查询，可以为不同的屏幕尺寸创建不同的设计布局。另一个选择是使用重定向，这应该能够检测游客是否在使用移动浏览器。如果在使用，他们应该被发送到网站的移动版本。这不同于媒体查询，开发人员没有使用相同的内容，但是有不同的 CSS。问题是如何让它为不支持 JavaScript 的移动设备工作。答案是使用 PHP，下面是一段代码示例：

```
function mobileDevice()
{
$type = $_SERVER['HTTP_USER_AGENT'];
```

```
if (strops((string)$type, "Windows Phone") != false ||
strops((string)$type, "iPhone") !=  false ||
strops((string)$type, "Android") !=  false )
return true;
else
retur false;
}
If (mobileDevice()==true)
header
```

1.23　网页和无线站点

开发人员还可能尝试的一种选择就是把链接放到传统的网站上，以此来询问游客是否在使用移动设备。如果是，游客可以直接点击链接进行访问。在众多方式中，使用主站到移动网站的链接是一种可选的方法。在最乐观的情况下，查询或重定向工作可以完全按照计划进行。最悲观的例子是，游客在桌面看到某网站的移动版本，在移动设备上可以看到主站，却不能访问。

开发人员正在转向移动设备中网站的开发，但这并不意味着会失去潜在的广告收入，尤其是对于一个内容网站而言。过去，很多移动设备不支持 JavaScript。然而如今大有改观，Google AdSense[TM] 已经废止了他们的定制广告，包括移动设备上的定制广告。AdSense 网站（http://www.google.com/adsense/）声明，如果创建网站的目的是被高端设备访问（就像 iPhone 和 Android 移动设备），开发者可以简单地使用 AdSense 来生成广告代码。AdSense 内容的广告代码使用 JavaScript 开发，为使用高档移动设备的游客提供文本、图像和富媒体广告。有了该选项，开发人员也可以在不同的平台上使用各种形式的广告代码，不管是通常用于移动网站的 320×50 移动设备横幅，还是用于传统桌面网站的 160×600 大窗口。

Google 在 AdSense 中提供了一种 320×50 移动设备横幅广告，开发者可以在文本、图像/富媒体广告或两者之间进行选择，也可以选择配色方案，然后保存并获取代码：

```
<script type = "text/javascript"> < ! --
google_ad_client =  "ca-pub-XXXXXX-X";
```

```
/* Mobile Ad */
google_ad_slot= "XXXXXXXX";
google_ad_width=320;
google_ad_height=50;
//-->
</script>
<script type="text/javascript"
src="http://pagead2.googlesyndication.com/pagead/show_ads.js">
</script>
```

广告的放置非常重要，如果置顶的广告内容混乱，Google 将降低网站搜索排名。Google 不会关心像多少广告才算多这类细节问题。但是，如果开发者看到其网页排名开始下滑，可能会重新考虑将四分之三的置顶内容列为广告。目前，Amazon 每月的广告收入是 10 亿美元，而它只是将第三方广告简单地放置在产品页面底部。

推荐开发者将广告放置在最右侧的栏或者其内容的底部。如先前提到的，开发者不应使用表来为移动网站编码。相反，应该将其自身限定在内容的一个垂直栏内。应该确保提供足够可靠的内容来支持访问者充分参与，来保持向下滚动以接触广告。Google Analytics 代码同样可以跟踪站点访问者，Google 有专门的 iOS 和 Android 软件工具包，开发者可以使用不支持 JavaScript 的低端移动设备跟踪访问者。然而，大多数现代 Android 和 iOS 移动设备支持 JavaScript。以下是一些代码的示例：

```
</head> tag:
<script type="text/javascript">
var _gaq = _gaq || [];
_gaq.push(['_setAccount', 'UA-XXXXX-X']);
_gaq.push(['_trackPageview']);
(function() {
var ga = document.createElement('script');ga.type = 'text/javascript';
ga.asunc = ture;
ga.src = ('https: ' = = document.location.protocaol ? 'https://ssl' :
'http://www') + '.google-analytics.com/ga.js';
var s = document.getElementsByTagName('script')[0];
s.parentNode.insertBefore(ga, s);
}) ();
</script>
```

　　尽管开发人员在移动网站使用 Arial 字体非常安全，但应该意识到，大多数 Android 移动设备会默认所有字体为 Droid 字体，而 iOS 只支持数量有限的字体。因此，要在进入全面开发模式之前，测试字体能否正常工作。查找在线字体的最佳网站是 Google Web Font（http://www.google.com/webfonts/，如图 1.14 所示），用户可以用来添加字体。开发人员需要做的是，在<head>部分添加一行代码。在选择字体时，开发人员应该注意页面加载进度条。Google 会显示网站加载字体需要的时间。

图 1.14　Google Web Font 网站

　　另一个提供字体的网站是 Font Squirrel（http://www.fontsquirrel.com/，如图 1.15 所示），并有一个@font-face 生成器。然而，在 CSS 中需要大量的代码，例如：

```
/*由 Font Squirrel 生成
(http://www.fontsquirrel.com) 2012 年 2 月 28 日，下午 04:37:11，美国 纽约
*/ @font-face { font-family:
'TitilliumText22LThin'; src: url('TitilliumText22L001-webfont.woff')
format('woff'), url('TitilliumText2 2L001-webfont.
svg#TitilliumText22LThin') format('svg'); font-weight:
normal; font-style: normal; } @font-face { font-
family: 'TitilliumText22LLight'; src: url('TitilliumText22L002-webfont.
woff ') format('woff'), url
('TitilliumText22L002-webfont. svg#TitilliumText22LLight')
format('svg'); font-weight: normal; font-style: normal;}@
```

```
font-face {
font-family: 'TitilliumText22LRegular'; src:
url('TitilliumText22L003-webfont.woff') format('woff'),
url('TitilliumText22L003-webfont.svg#TitilliumText22LRegular')
format('svg'); font-weight: normal; font-style: normal;}@
font-face {font-family: 'TitilliumText22LMedium'; src: url
('TitilliumText22L004-webfont.woff') format('woff'),
url('TitilliumText22L004-webfont.svg#TitilliumText22LMedium,)
format('svg'); font-weight: normal; font-style:
normal;} @font-face { font-family: 'TitilliumText22LBold';
src: url('TitilliumText22L005
-webfont.woff') format('woff'), url('TitilliumText22L005-
webfont.svg#TitilliumText22LBold') format('svg'); font-weight:
normal; font-style: normal;} @font-face { font-
family: 'TitilliumText22LXBold'; src: url
('TitilliumText22L006-webfont.woff') format('woff'),
url('TitilliumText22L006-webfont.svg#TitilliumText22LXBold')
format('svg'); font-weight: normal; font-style: normal;}
```

图 1.15　Font Squirrel 网站

最后，还有用于预览和测试意图的 Adobe 工具，前面曾提到过，称为 Shadow。该工具允许开发人员出于测试目的查看移动网站，开发人员可以直接从 Adobe（http:success.adobe.com/en/na/sem/products/shadow.html?sdid-JRBBP&skwcid = TC | l026867|. adobe%20shadow|S|b|12430492140）下载该工具。

1.24　使用 HTML5 创建移动网站

所有企业、经销商和品牌都知道移动设备数量是激增的。在美国，移动设备的数量已经超过了 1 亿，移动互联网的使用仍在继续快速增长。在移动驱动的全新数字世界，企业面临着为顾客提供一种移动体验的重要挑战，这种体验要像在传统网站上一样全面和易用。移动设备客户需要在手掌上完成所有的工作，在此之前他们习惯于在台式机桌面上完成这些工作。为了实现这一目标，市场营销人员和品牌应该转向最新的 HTML 编码语言 HTML5，使用 HTML5，开发者能够在移动浏览器中提供更丰富、更直观的用户体验。

什么是 HTML5？HTML5 帮助开发者为不同的用例和用户体验创建更生动、更引人入胜的 Web 内容。HTML5 具有优化移动界面的特性，可使品牌保持页面鲜明，还可以充分利用移动设备屏幕尺寸较小的特性。大多数的新移动浏览器支持 HTML5。因此，在构建移动网站时，重要的是开发人员必须确保这些移动网站支持 HTML5 功能。通过利用下一代 HTML5 技术实现一个切实可行的移动策略，面向消费者的品牌将会看到转换率提高、再访问次数的增加，还会发现客户通过移动设备与品牌互动的总体积极品牌意识增强。使用 HTML5 开发移动网站和其策略将改善客户体验的原因如下：

HTML5 允许开发人员在移动浏览器中，创建一种丰富、类似应用的用户体验，而不需要用户主动寻找和从商店或市场下载应用程序的过程。通常，下载一个应用程序是品牌忠诚行为的表现。移动网站允许商家和品牌有一个更大的客户群，包括客户生命周期中更早的用户。用 HTML5 创建的移动网站界面看起来越来越像应用程序。通过 HTML5 的功能来识别手势，消费者能够像使用应用程序一样操控网站，包括通过导航滑动、缩小和放大移动网站的选择区域。

HTML5 移动网站类似于本地应用程序，也包括本地存储，允许网站开发人员在浏览器内存储数据。这种性能使移动网站具有了在浏览器存储常用数据的能力，同时也减少了后端与服务器的交互次数，如显示页面时，加载速度远远超过前一代移动网站。HTML5 最有效的特性之一是，可以激活浏览器位置识别能力。

　　例如，零售商和当地企业可以轻松地提示移动网站识别用户的位置，开启并使用"发现附近"选项来确定最近的商店。此外，当用户第一次加载零售商移动网站时，HTML5 可以使其用某些时间敏感的特殊交易提示用户，或者提供附近的可用零售店位置。例如，Expedia.com（http://www.businessinsider.com/blackboard/expedia）使用 HTML5 添加位置感知文本到其移动网站。旅游巨头们也推出了自己的移动网站，利用移动设备内部 GPS 功能，为旅客提供寻找附近酒店当日空房的服务。还可以根据用户的位置，向用户推送时间敏感的特别优惠通知。

　　对于零售商而言，将访问者转化为买家的一个关键是简化购物车和结算过程。Monetate（http://moneyate.com/infographic/shopping-cart-abandonment-and-tips-to-avoid-it/# axzzlpZj3u8Cp）数据显示，如果客户放弃了购物车，会导致 75%的在线购买交易失败。因此，在移动设备上交付一个无缝、易用的结算过程，显得更为重要。HTML5 移动网站使品牌更容易实现先进的校验，允许用户从任何页面的一个步骤来完成其事务。

　　为了实现该目标，零售品牌（如乐购）允许移动设备用户通过覆盖产品和分类页面查看购物车。这意味着用户可以随时调用购物车，而不需要导航页面，因此，该功能使用户可以更快地浏览，还可以减少点击次数，帮助提高移动设备转化率。

　　使用 HTML5 创建移动网站的另一大优势是，具有处理高分辨率图册的能力。移动设备购物的一个传统挑战是客户不能查看详细图片。移动网站使用下一代 HTML5 后，很大程度上能克服这一点，它允许品牌使用画廊格式来显示多个高质量的产品图片。

　　HTML5 移动网站使用户可以浏览大量产品视图，特定的图片也可以被双击放大，以便查看更多产品细节，比之前更实用。这种通过双击放大进一步得到图像的功能，对较小屏幕尺寸的移动设备特别实用。

　　最后，通过设置主页滚动横幅，HTML5 使品牌能够更容易地锁定具有特殊要求的用户和相关促销活动。品牌可以进一步简化移动网站导航，提升用户体验，通过整合展开折叠主页菜单、弹出窗口以及类别页，HTML5 可以将之前不可用的性能变为可用。在移动驱动的世界，它不仅仅提供一个基本的优化移动网站。相反，品牌必须制定一个战略，包括下一代的特性和功能，使客户体验像传统网站上提供的一样，全面并易于使用。

在移动浏览器环境中，利用 HTML5 技术是一种提高消费者体验的简单方法。通过利用下一代 HTML5 技术开发移动网站，品牌可以在所有主要的移动操作系统上交付给用户一种丰富的、类似应用的体验。移动网站和移动应用程序之间的争论还在继续演变。事实上，HTML5 近期的发展正在使移动网站变得更强大。这样移动网站和应用程序之间的区别就变得模糊了。重要的是理解并接受现实，因为人们会通过许多渠道访问。开发人员应该使他们的品牌和用户体验保持一致。

1.25　移动网站速度的重要性

屏幕稍大一些的移动设备，如平板电脑，要求能够快速访问移动网站。任何页面延迟都可能促使用户转向其他网站。根据 eMarketer（http://www.emarketer.com/Article.aspx?R=1008943）转载的 Equation Research 报告（http://www.equationresearch.com/），大多数平板电脑用户期望访问页面时的加载速度接近使用台式机或笔记本电脑的速度。此外，66%的消费者表示，他们遇到的主要问题是移动设备访问网络的速度。虽然营销人员不能解决移动网络速度缓慢的问题，但是可以确定，他们旨在从潜在客户中驱动流量的内容是可以为移动设备访问而优化的。

随着移动平板电脑用户日益占主导地位，开发者应该首要考虑移动网站的速度。许多人利用这些手持设备进行购买决策研究。落后的网站可能会失去这些准消费者和 B2B 买家。市场研究公司 Brafton（http://www.brafton.com/）报道，由于经济复苏和移动设备需求促使人们对 iPad 和各种 Android 设备的兴趣增加。

研究公司确定成年人使用移动设备的数量翻了一倍，大约占 19%，而 2011 年美国人使用这些大移动设备的比率是 10%。此外，随着消费者和企业对笔记本电脑购买量的减少，平板电脑销售将很可能继续上升。另一方面，许多电子阅读器市场选择了平板电脑，因为能获得相同的数字阅读能力和更大的网络。此外，Brafton 报道

（http://www.brafton.com/news/online-purchases-on-tablets-smartphones-becoming-more-popular），通过平板电脑进行网上购物的趋势正在上升。因此，移动网站速度应该成为企业、市场营销人员和品牌关注的焦点。

随着网站设计的发展，HTML5 使企业能够完全通过移动设备和台式计算机更容易地创建一个网站。然而，公司必须确保不断地测试网站并监控潜在的网站速度问题，并向他们的移动用户报告。网站速度在移动网络营销中是一个日益重要的元素，因为它已经成为搜索引擎排名的标志。Brafron 曾报道，糟糕的网速对网站负面影响很小，但 Google 继续敦促营销人员监控移动网站的这个元素。Google 算法将更加关注更多的移动设备用户友好网站，糟糕的网速可能对 SEO 活动产生负面影响。

1.26　移动网站营销挑战

移动网站开发人员的第一个挑战是透明度问题，并且要让用户知道发生了什么。在台式机桌面，用户有一种感觉，他们的网络行为可以通过网络机制，如 beacon 和 cookie 被识别。然而，对于移动设备，这不是很明显。请记住，移动设备在用户的口袋或手包里，与他们是一体的。移动设备几乎是一台与用户同在的设备，即使在用户休息时，也会将他们的移动设备放在床头桌上，所以用户需要知道移动设备交流能力的数据。

假设第一个问题解决了，下一个问题是移动设备跟踪中的几个类别选择。一旦用户知道其移动设备可以通过位置被追踪，本质上相当于发送类似计算机中的 cookies 给营销人员和其他第三方，用户很可能需要决策选择能力。如果用户想得到强大的目标内容以及最喜欢的产品和服务，会允许跟踪。否则，会选择退出，并且关闭跟踪。

第三个挑战，也是最后一个，是移动设备竞技中更多的供端问题。传统 LinkedIn 网站（http://www.linkedin.com/）有 cookies，但 LinkedIn 应用程序没有，因此无法解决两者之间跟踪的一致性和统一性问题。移动设备隐私标准化跨平台方法的需求对最大化移动设备广告机会至关重要。之前的移动行业解决方案是使用 UDID（独特的设备 ID），一个与设备相关而又独一无二的字符串，可以让开发人员跟踪应用程序。

1.27　移动网站建设是首要任务

移动网站已经成为所有类型企业的首选，因为各企业试图在快速变化的网络环境中保持相关性。根据预测，在不久的将来，超过50%的互联网流量将来自移动设备。使用移动设备访问互联网正在迅速崛起，大有引领未来之势。Nielson（http://blog.nielsen.com/nielsenwire/consumer/a-store-in-your-pocket-retailer-mobile-websites-beat-apps-among-us-smartphone-owners/）最近发布的一项研究显示，消费者使用移动设备购物量急剧增长。消费者不仅使用移动设备购买，也通过零售商移动网站购买。从产品购买调查来看，消费者正在通过移动网站经历每一步购物流程。

如果一个网站没有为适应零售、移动设备购物、销售的新趋势而优化，将会迷失方向。移动网站应该确保用户所看到的品牌以最佳状态展示。同时，按钮和文本需要大一些，有明确的行为召唤。尤其是估计请求形式和购物车功能，要像在传统台式机桌面网站上一样便于操作。移动网站用起来越简单，购买时消费者就会越舒适。人们每天都试图用移动设备访问网站。

然而，根据Google的研究（Google Analytics），如果人们必须等待，他们肯定会放弃浏览这个网站，同时，在等待网页加载时，不会有任何行动——没有购物，没有内容消费，也不会看广告。这对互联网公司和正在努力寻找、扩大客户范围的本土公司都不利。Google发现，速度和在线业务的成功之间存在明显的联系。通常情况下，出现这个问题是因为没有精心设计网页以便于在更小的设备上快速加载，原因可能有很多，如高分辨率图像、资源密集效果、动画等。如果用户简单地放弃和关闭网页，这意味着企业将失去一些潜在收益。

Google已经完成了一半的解决方案，调整了Google Chrome浏览器对Android的设置——用加快网页整个加载过程的方式。软件将使用人工智能（在第5章中详细论述）来勾画用户可能访问的页面，并在用户输入查询时开始加载该页面。这已经在beta测试阶段实现。Google也正在想办法改进古老的导致数据损失的互联网协议和网络连接。其中之一的修订版是TCP快速开放（http://research.google.com/pubs/pub37517.html），这意味着移动设备不需要在传输数据之前与服务器同步。如果发生变化，同步将会瞬间发生。

1.28 移动网站指标

在创建一个移动网站时,开发人员、分析人员和品牌需要考虑关键性能指标(KPI),以下是一些基本指标。

- ❑ 独特性与回访用户数:独特的印象等于成功和品牌力量。
- ❑ 会话长度:记录每日移动设备的浏览时间,目的是增加浏览量。
- ❑ 转化百分比:有助于判断一个网站设计策略是否成功。
- ❑ 移动设备信息:有助于识别主导设备。
- ❑ 用户点击:记录用户点击的部位,为网站设计提供参考。

一旦这些 KPI 结合起来,其交叉引用将非常重要——发现什么移动设备有更长的会话,更高的转化率,最重要的是形成大部分收益。移动网站模型还包括采用契约、移动营销活动的有效性,加上应用分析,来获得下载数量的数据以及用户如何与移动网站的不同部分相互作用。

这些数据可以帮助移动分析人员、营销人员和品牌量化广告活动的投资回报率(ROI),它涉及移动设备搜索购买、点击呼叫、短信量、快速响应码的扫描和应用程序广告。通过移动网站的指标分析,开发人员和营销人员同样希望包含页面浏览量、跳出率和点击行为。这些数据在优化移动网站和应用程序设计时起了很大作用。

但移动建模涉及的内容远超过关于这些基本 KPI 的论述。为了达到更高的水平,移动站点分析需要使用数据挖掘、商业智能,最终还要使用人工智能集群模型技术、文本和分类软件。移动网站分析的本质是,在用户行为发生的一瞬间,提供内容、产品和服务。

在用户行为发生时,对 SMS 消息传递、快速响应码、移动应用程序和移动网站的即时行为做出反应非常重要,但预计这些移动行为需要更多数据,远超出了对单纯聚合日志文件分析和 KPI 报告的需要。想要真正利用移动网站和移动分析,营销人员、企业、机构和品牌面临着一些独特的挑战和机遇。一方面,数据收集可能更加困难。例如,有些设备不支持 cookie 或 JavaScript,而这恰恰是追踪 Web 数据最常用的方法,因为移动分析可以使用通过其他机制的移动三角测量,如 GPS 和 Wi-Fi。

移动分析提供一个基于属性的移动设备分段机会,如设备类型、网络访问、位置和兴趣。这将为经销商和品牌提供多种机会，当移动设备取代固定设备作为访问互联网消费者产品和服务的方式时，它变得日益重要。

Deloitte（http://www.marketingcharts.com/direct/mobile-devices-to-over-take-pcs-this-year-15836/）预计，移动设备使用量至少会接近总市场规模的一半。InternetRetailer（http://www.internetretailer.com/2011/03/03/20-mobile-phone-owners-use-mobile-web-everyday）发现，五分之一的美国移动用户每天使用移动设备来访问互联网。底线是，如果公司不接受移动网站和应用程序，可能会在未来几年处于很大的劣势，因为这就是消费者对行为分析创建的数据。尽管有许多移动分析供应商存在，最佳方式可能是从 Google 的免费移动网站页面分析解决方案开始（https://developers.google.com/analytics/devguides/collection/）。

品牌、营销人员和开发人员也可以尝试使用另一个更专业的解决方案，如PercentMobile（http://about.delivr.com/），它是一个专注于移动网站报告的分析供应商。这家公司通过按需交付移动分析软件简化了部署，托管了大量报道移动网站流量的服务能力，而用户不需要购买软件、专用硬件或设备。移动网站只需要安装特定平台的跟踪代码到模板，就可以在几分钟内开始进行跟踪。

当创建移动网站时，企业、开发人员、营销人员和品牌应该解决支持多种设备、网络和操作系统的演示技术问题，也应该考虑将移动网络分析作为核心，以更好地随时随地支持并接触游客。接下来，要转到另一个聚合移动数据的重要平台——应用程序。

第2章 移动应用程序

2.1 为什么开发应用程序

第 1 章论述了移动网站的重要性。一个网站通常是因为有趣的事物而被快速浏览，随后浏览器就会被关闭。相反，应用程序则是被安装、使用并保存在移动设备上，直到使用者将其删除。这样，应用程序可能会一次又一次地被打开。如果产品、服务的内容和信息是有价值的，用户就会保留应用程序。而相关的内容流至关重要，如动态比价功能，这意味着更多的重复流量、增强的消费者忠诚度，还需要品牌和营销商有驱动消费者接触的好方法。鉴于当前消费者的行为趋势，建议品牌和营销商同时拥有移动网站和应用程序。

目前，浏览器与人们渐行渐远，应用程序可以用在目标移动设备上。用户有使用这种新渠道即时访问相关移动数据的需求，他们需要使用电子邮件、新闻、购物、天气、游戏、运动和娱乐等内容，而这些内容由移动分析通过分段、分类应用下载和安装后的行为来交付。由于移动网站的这种转变（消费者"一直在线、永远连接"），移动设备的定位感知代表了一种新的战略性渠道，零售商和品牌必须认识到它本质上有别于其他营销渠道。

品牌、企业、营销商和零售商应该采取战略措施，提供一种独特的移动购物和店内体验。应用程序可以用于一些目标广告，特别是与基于之前行为和物理位置的那部分消费者相关的广告。例如，零售商可以将应用程序应用在移动市场，来增强客户互动和忠诚度。移动设备是客户收集产品和服务信息的一种非常方便的方式，甚至可以用来进行交易。消费者购物时，可以使用移动设备扫描条形码来询价、对比购买，关键是可以通过消费者随身携带的移动设备，为其提供便捷的功能，来保持消费者的兴趣和忠诚度。

有许多为帮助非专业人士开发应用程序而设计的工具，还有让专业人士用最熟悉的程序语言进行开发并把它们转换成适合 Apple、Android 设备及主流操作系统格式的工具软件。对于程序员来说，可选择 appcelerator®（http://www.appcelerator.com/）、

MOTHERAPP®（http://www.motherapp.com/）和 Adobe PhoneGap™（http://phonegap.com/），而对非专业人士来说，可以考虑 AppsGeyser（http://www.appsgeyser.com/）、RunRev（http://www.runrev.com/）、AppMakr™（http://www.appmakr.com/）、GENWI™（http://genwi.com/）、SaasMob™（http://saasmob.com/）、MobBase™（http://www.mob-base.com/）等工具软件。值得注意的是，在对以上所列举网站的调查中发现，使用应用程序互动的消费者表现出更多的品牌喜好和购买倾向。研究还发现，相对于游戏和娱乐程序来说，信息量丰富和具备泛用性的应用程序能更有效地吸引用户，如提供产品预览、交易信息、优惠券或者提示的应用程序。

　　对消费者来说，如果具有与零售商接触的能力，应该鼓励"情景购物"，这样消费者可以通过一个商店专用应用程序混合搭配衣服。例如，服装零售商可以创建一个主题搜索属性和包含不同颜色、款式的虚拟衣橱。通过零售商的应用程序，移动购物者可以试用不同的服装和饰品。应用程序增加了消费者的浏览时间和忠诚度，对零售商和品牌来说，则改善了销售状况。

　　可以为不同类型的产品开发零售商专用的应用程序，如电子设备、汽车发烧友、DIY 硬件爱好者、赛跑者、园丁、高尔夫球手——这些领域潜力巨大。零售商可以整合商店专用移动应用程序，包括比价扫描能力，不仅限于在商店，还可以贯穿所有的零售网站。最重要的目的不是发布营销信息，而是开发者应该考虑消费者的实际需求。一定要服务消费者，因为如果消费者从应用程序不能看到任何价值，他们将不会下载，或者下载之后很快就会删除。

2.2　Google Mobile AdWords 应用程序

　　Google 面向应用程序开发者推出了 4 款新工具（其 AdWords 平台的一个新扩展，并为下载格式提供额外信息），具体功能见 AdWords 的 Google Play（https://play.google.com/store?hl=en）。统计和移动应用程序的自定义搜索广告如图 2.1 所示。目前移动应用程扩展只适用于移动设备，不适用于平板电脑。这将有助于广告商提高对拥有应用程序这一事实的认识。当用户在移动设备上搜索品牌名称或产品类别时，会看到显示的相关广告。拥有应用程序的广告商可以在广告描述的下方附加一个到应用程序的链接。例如，一个用户正在搜索 Wells Fargo 或 Walgreens®，广告商将通过品牌的应用程序，让用户看到可以通过此途径获取信息，而不用再去移动网站浏览。

图 2.1　免费的 Android^TM 应用程序

带有 Mobile App 扩展的 AdWords 会有两个链接：一个从标题到常规登录页面，另一个在通向 Google Play 或者 Apple App Store 的应用程序上。要建立一个 Mobile App 扩展，广告商需要一个存在于两个市场之一的移动应用程序。如果是 Android 系统，还需要包名，如果是 iOS，则需要 Apple ID，以及在应用商店页面的统一资源定位符（URL），用户可以在应用商店安装该应用程序，或者了解更多相关信息。

Mobile App 扩展在 AdWords 的广告扩展选项卡内的 Campaigns-Ad Extensions 下可以找到。Google 还给"单击下载广告"添加了额外信息。当用户搜索和查看"单击下载广告"时，能够看到图片预览、应用程序描述，适当时还可以看到定价和评价信息。这些额外信息将会从 Google Play 和 Apple 应用商店自动弹出。

如果广告商正在推广一个 Android 应用程序，可以从其 AdWords 账户的 Google Play 跟踪下载。这些下载将作为 AdWords 的变换出现。广告商可以通过"工具与分析"选项卡下的"转换"选项进行设置。

最后，Google 为想要把"自定义搜索"包含到平板电脑应用程序的开发者、出版商、零售商和品牌推出了一种广告类型。当用户在应用程序中执行搜索时，移动应用程序的定制搜索广告将和有机搜索结果一起出现。Google 与开发者、出版商、零售商或品牌共享产生的收益。

2.3　超文本标记语言 5（HTML5）

　　HTML5 是互联网构建和展示内容的一种语言，越来越多的应用程序使用 HTML5 来开发。HTML5 试图定义一种可以用 HTML 或 XHTML 语法编写的独立标记语言，它也是用于构建应用程序的一项主导技术。这种语言包括详细的过程模型，来支持更多可共同操作的实现。它扩展、改进并引进了标记和应用程序编程接口（API），可以构建复杂的移动网站和应用程序。

　　HTML5 是构建跨平台移动应用程序的一种理想语言，因为这种语言有许多特性，在创建应用程序时，充分考虑到了在低功率移动设备上运行。HTML5 的一个重要特性是支持开发者在移动网站构建新功能，这样，网站在移动设备上的表现就像应用程序。HTML5 在 Google、Apple、Microsoft 等科技巨头支持下，已经达到了新的高度。

　　在游戏方面的问题尤其突出，Apple 希望能够与 Android 设备交互。例如，初创企业 GameClosure（http://game-closure.com/）提供 JavaScript SDK（软件开发工具包）和 HTML5 服务，可以运行在移动设备、平板电脑和浏览器设备上，并使客户机/服务器代码共享。开发者在客户端和服务器上只使用 JavaScript 就可以开发游戏，并能使 Android、iPhone 和 Facebook 用户进行实时竞技和协作。

　　HTML5 实质上是一套标准，可以使浏览器支持动画、视频、图形和其他多媒体形式的内容，而不需要下载插件，就像目前最传统的网站视频和图形显示方式 Adobe Flash。许多技术专家就批判 Flash 速度慢、漏洞多、损耗移动设备电池寿命。HTML5 迅速融入了所有移动浏览器。Game Closure HTML5 代码考虑了所有类型的移动设备的"一次写成"和"随处发布"工具。Zynga（http://zynga.com/）、ElectronicArts、Amazon 和 pandora 都在其网站和应用程序中使用了 HTML5。

　　HTML5 最具吸引力的品质是能够大范围应用在移动设备上。市场中设备、模型、操作系统的绝对数量以及消费者的快速采用，意味着企业、营销商和开发者可以不用再选择支持的设备。公司和品牌不得不使用 HTML5 来创建跨多个平台的应用程序。当消费者继续需要两者结合使用时，HTML5 不会取代本地应用程序。相反，HTML5 将作为现有移动策略的强化。

　　毫无疑问，移动设备的使用率将继续提高。Gartner（Gartner.com）已经预计，随着平板电脑的出现以及世界超过 50 亿部移动设备的使用，将会有超过 67 亿个连接点出现。可以说这些移动设备中会有许多将包含 HTML5 提供的浏览器，还有可能提供本地应用程序的替代品。

　　其实根据预测，目前使用特定平台本地语言编写的应用程序中，大量程序将专门使用 HTML5 编写。随着移动市场不断获得动力，品牌战略整合已成为每家企业和品牌的重要组成部分。每家公司面临的问题是：使用当前的移动战略能吸引多少移动客户？而可供选择的结构类型也有许多：胖客户端、富客户端和瘦客户端型，流型，报文型。市场提供的渠道也在增加：Apple、Android、BlackBerry、Windows、Palm®和 Symbian，如图 2.2 所示。

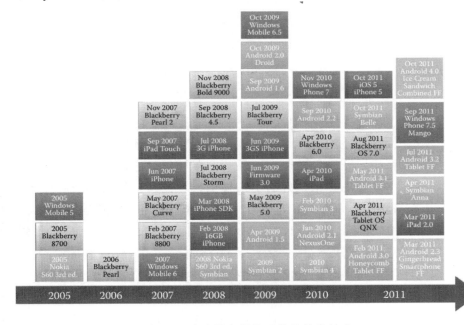

图 2.2　移动设备操作系统的快速演变

　　一个品牌无论是打算与移动客户加强联系、提高员工生产力，还是加强与合作伙伴的关系、发展移动业务，都需要一个应用于多渠道的最优行动计划。首席信息官（CIO）希望每位雇员都能在 3 种操作系统中使用其应用程序，应用程序部署到企业专有、单独管理的设备上的时代已经过去了。移动战略必须涵盖个人设备，并且其应用程序对业务必须是安全的。

　　无论开发者选择什么方法（移动网站、本地应用、打包或混合），关键是他们选择的技术要能提供一个设计布局紧密、部署简单、足够移动 API 使用、可支持、长期、持续的管理模型。应用程序开发者应该考虑成本经济的弹性变化，在任何发展阶段都适合，并有选择权（如图 2.3 所示）。

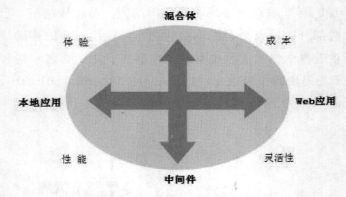

图 2.3　应用程序开发选项

品牌、开发者、商家或企业要考虑的一个问题是：是否要开发 Web 应用程序、本地应用程序或它们的一些组合？这个问题很难回答。目标群体是谁？开发应用程序的目的是什么？在确定开发之前，有一系列的多样化问题需要明确。以下是几种选择及其优缺点：本地应用提供最好的用户体验、性能和访问设备应用程序编程接口（API），还有摄像头、联系人、电话状态等。本地应用的问题是很难整合它们，四大主流移动平台（Apple、Android、Windows Phone 和 BlackBerry）是彼此分裂的，因为每个都使用不同的代码库。Forrester research firm（Forrester.com）表示，准备为每个平台编写不同的本地应用程序的企业发展公司，其计划预算应该比合理的预期高出 150%～210%。

另一种提升通用性的方案是使用 HTML5 和 JavaScript 开发应用程序。移动浏览器无处不在。新的 HTML5 标签已经为音频和视频优化，并且设备访问 API 功能的能力显著增强。然而，JavaScript 仍然不如本地代码运行快。在他们的设计中，用户体验经常被置之不理或不响应，而且开发人员或企业也不想去处理。

解决时间问题的方案是为 HTML5 和 JavaScript 编码使用一个能提供本地功能的包装器。这就是 Facebook 在 PhoneGap 等多种应用程序中的做法。用于在客户端和服务器端组件上开发应用程序的集成开发环境（IDEs）有很多种，常见的是 Oracle 或 SAP 商店，还有其他更多、更加灵活和快速的开发环境。

2.4　咄 咄 逼 人

根据 Facebook.com/EndersAnalysis 调查，近 40%的 Facebook 用户通过移动设备访问网站。在 2012 年，通过移动应用程序访问社交网络网站的月活跃用户已经达到了 3 亿，占 Facebook 所有月活跃用户（8 亿）的 37.5%，使 Facebook 成为以移动为中心的最佳在线服务。

根据 Google Analytics 统计表明，大量 Apple、Android 以及 BlackBerry 用户均已安装了 Facebook 应用程序。换句话说，几乎四分之三的移动设备用户使用 Facebook 或其他社交应用程序访问网站。这是开发者、营销商和品牌在移动应用程序项目开发中需要考虑的一个重要统计数据。

Facebook 发现，访问其移动应用程序的月活跃用户激增。Facebook 超过三分之二的应用程序账户是使用 Apple 和 Android 移动设备注册的。这些数字的增长，很可能是由于近些年的"圣诞抢购"导致的。这由两大有力的平台掌控。Apple 的日活跃用户已经超过 1 亿，而 Android 的日活跃用户已经超过了 Apple。Windows Phone 和 Research In Motion（RIM）BlackBerry 却面临着不同的困境。

随着 Nokia 的不懈努力，Windows Phone 境况可能会有所转变，但仍然见效甚微。RIM 的七千万活跃用户中有 70%已经安装了 Facebook 的应用程序。这应该是一家公司产品的高透率的表现，直接挑战 RIM 公司信息传送的优势，而且是由企业客户向新兴消费市场转变方式的一大挑战。

也许最有趣的分析在于，Facebook 正在把 Apple 和 Android 应用看作是一个平台。随着 Facebook 把越来越多的 Apple 和 Android 应用包装成一种共同的 HTML5 体验，它们正在慢慢成为一个平台。从广告开始，Facebook 更多地是把该用户群当作核心产品，而不是当作桌面的移动扩展。评估移动应用趋势的大数据分析公司 Flurry Analytics（http://www.flurry.com/flurry-analytics.html）发布了关于 Android 和 Apple 用户的活跃性分析。活跃人数飙升，并超过了前几年的基线。

2.5　品牌应用程序

使用移动设备的人越来越多，大量的品牌紧跟市场潮流，正在开发移动应用程序。Krispy Kreme®开发了一款移动应用程序，可以使用户随处跟踪离他们最近的 Krispy Kreme 位置。据 MobileCommerceDaily（http://www.mobilecommercedaily.com/ 2011/12/28/krispy-kreme-uses-mobile-to-bolster-foot-traffic）报道，Krispy Kreme 在意识到其网站和社交媒体流量的 30%来自移动设备后，迅速开发了移动应用程序。Krispy Kreme 的应用程序使用 GPS 技术跟踪最近的商店，突出其新品和季节性产品，其特色是整合了地图和用户点击致电商店的功能。

Chili's@是另一家加入移动应用程序开发行列的公司，该公司为 Apple 和 Android 移动设备开发的一款实用的应用程序，可以让消费者找到离他们最近的餐馆的位置，浏览餐馆的菜单，甚至可以下订单。客户一旦通过 Chili's 移动应用程序下订单，就可以使用应用程序导航去取餐。

McDonalds®也希望通过 Pandora 应用程序里的可视化地理追踪移动广告提高销售量。当消费者使用 Pandora 应用程序时，会被引导到登录页面。应用程序告诉消费者更多关于饮料的信息，让消费者看到最近的 McDonalds®位置。大多数品牌都会开发移动应用程序来提高店内和网络流量。越来越多的消费者使用随身携带的移动设备搜索和购物，当地企业应该考虑开发自己的品牌应用程序。这将使企业不必再同客户面对面或者打电话来签订单。

2.6　应用程序指标和发展趋势

应用程序根据安装和注册情况捕获重要用户和设备属性来细分市场，可以获取年龄、性别和位置信息，可以报告设备的类型、模式和操作系统。应用程序还可以为品牌、分析人员、开发者和营销人员测量并报告哪些特性最受欢迎，哪些人群使用应用程序的时间最长，哪些设备与他人分享了应用程序等。

对营销商和品牌来说，利用成千上万的应用程序了解趋势变化很重要。这是一项艰巨的任务，可以委托像 PositionApp™（http://www.positionapp.com/）这样的市场研究公司进行调查。开发者和营销商可以使用 PositionApp 来跟踪应用程序的效果，并衡量它们在世界各地的市场中对销售和收入产生的影响。这些公司可以提供实时的、各国的位置绩效统计数据，这些数据以下列分类方式浏览：国家、类型、位置变化、应用程序名称，免费或以每日、每周和每月为基础付费。

　　另一家应用程序评估公司是 Appolicious™（http://www.appolicious.com/）。该公司为客户提供成千上万的应用程序的目录。其应用指标结合了社交网络、新闻、科技发布报告。品牌、开发者和营销商可以在这个大目录中注册各自的应用程序，然后跟踪它们在世界各地的绩效。应用型目录包括走廊游戏（ArcadeGames）、棒球（Baseball）、棋类游戏（BoardGames）、芝加哥（Chicago）、儿童书籍（Children'sBooks）、教育（Education）、高尔夫（Golf）、伦敦（London）、电影（Movies）、纽约（NewYorkCity）、奥林匹克（Olympics）、食谱（Recipes）、圣弗朗西斯科（SanFrancisco）、旅游（Travel）等类别。还有其他类别，如爱书人、临时玩家、上班族、健身达人、爱乐人、新闻记者、父母、购物狂、摄影爱好者、电视迷等。

　　还有一类致力于监测移动应用程序的应用程序营销公司，如 AppData™（http://www.appdata.com/）。它们提供相关的指标和对应用、社交平台、社交网络、虚拟商品的跟踪情况。AppData 是 Inside Network®（http://www.insidenetwork.com）的一项独立的应用程序流量跟踪服务，该公司致力于向 Facebook 平台和社交游戏生态系统提供业务信息和市场研究。AppData 打算面向 Facebook 平台上对跟踪应用程序流量感兴趣的品牌、开发者、投资者、营销商和分析人员，如图 2.4 所示。

App Leaderboard		Developer Leaderboard	
Rank By: MAU|DAU|DAU/MAU		Rank By: MAU|DAU|DAU/MAU	
1. Yahoo! Social Bar	39,600,000	1. Zynga	266,429,278
2. CityVille	39,500,000	2. Microsoft	64,500,000
3. Socialcam	39,500,000	3. Thunderpenny	61,810,000
4. Static HTML: iframe tabs	39,300,000	4. Yahoo!	54,604,345
5. Texas HoldEm Poker	36,000,000	5. Woobox	46,070,000
6. Viddy	35,500,000	6. King.com	45,680,000
7. Draw Something	33,700,000	7. wooga	44,937,000
8. MyCalendar - Birthdays	29,200,000	8. Electronic Arts	44,480,108
9. Bing	29,000,000	9. Socialcam	39,500,000
10. Scribd	24,200,000	10. Viddy, Inc.	35,500,000
11. Dailymotion	24,000,000	11. MyCalendar	29,200,000
12. FarmVille	23,900,000	12. Telaxo	25,645,060
13. CastleVille	23,500,000	13. Scribd Inc.	24,200,000
14. Angry Birds	23,200,000	14. Playdom	24,092,683
15. Hidden Chronicles	23,200,000	15. Dailymotion	24,040,000

图 2.4　应用数据记分卡（来自 http://www.appdata.com/）

2.7　应用程序交易所

Mobclix^{TM}（http://www.mobclix.com/）是一家移动广告交易所，为许多广告网络匹配了大批寻找应用程序的广告商。该公司搜集移动设备的 ID 信息，把它们编码并隐藏起来，再根据兴趣类别进行分类。这些类别主要基于"人们下载哪些应用程序"和"使用了多少时间"等因素。通过对移动设备位置的追踪，Mobclix 可以校准设备的位置，然后与 Nielsen Company 的用户统计数据匹配。Mobclix 可以把一个用户放到广告商的一百五十多个消费者分类中（从"铁杆玩家"到"足球辣妈"），根据应用程序分类，远比根据个人分类要好。Mobclix 无须识别个体就可以精确地锁定移动设备。

Mobclix 为广告库存的实时竞价（RTB）提供了一个供方平台。需求方平台（DSPs）和实时竞价（RTB）广告网络可以实时竞购个人广告，使广告商和代理商对目标有更好的针对性，增强了应用程序的实用性。实时竞价（RTB）系统使发布者完全控制每个广告印象，所以可以实现效益最大化，比传统战略更能从受众身上获利，成功地将广告库存提高 40%～85%。

据市场研究公司 Gartner Inc 估计，今年全球应用程序销售额将达到 67 亿美元。许多开发者免费提供应用程序，希望通过销售植入的应用程序广告获利。为了免费使用一些应用程序，用户愿意忍受广告。目前，移动设备上的广告销量不到在线广告销量的 5%，在线广告每年有 230000000000 美元的营业额，而无线广告支出增长速度超过了整体市场。

许多广告网络提供软件开发工具包（SDKs），如 Millennial Media®（http://www.millennialmedia.com/），可以捕获年龄、性别、收入、种族等数据，它通过定制应用程序来协助广告商、发布者、开发者和营销商提供更相关的移动广告。Millennial Medias MYDAS technology engine（http://www.millennialmedia.com/data-technology/mydas-technology/）的技术引擎利用未经提炼的用户数据，聚合成可操作的用户资料，这些资料基于关键行为、位置和内容趋势。当加上多层次的移动数据，这些文件就可以通过应用程序为广告商创建特定的信息和明确的受众。

Google 是使应用程序获利的最大数据聚合器。应用程序通过 Google 的 AdMob、

AdSense、Analytics 和 DoubleClick 单元，使营销商、开发者和广告商根据位置、设备类型、年龄和其他用户统计数据锁定移动设备。Apple 公司还利用 iAd 网络来营销移动设备。此外，Apple 还通过应用程序商店和 iTunes 音乐和视频商店，将广告投放到移动设备，这在很大程度上是基于对消费者的了解。对这些移动设备的目标营销，以个人从 Apple 公司购买歌曲、视频、游戏和应用程序的类型为依据。

2.8　应用程序开发者联盟

移动应用程序开发者准备建立一个促进其利益的行业协会，在实现协作和产品测试的同时，提供培训和云托管服务，并代表他们游说政府。虽然受到了网站开发者的欢迎，但它最初只面向移动开发平台，包括 Apple iOS、Google Android 和 RIM BlackBerry。

新的移动应用程序产业联盟期望大量招募开发者。应用开发者社区有一个有趣的板块，虽然尚不健全，但在这个板块内可以使用新的服务产品。联盟内的关键服务包括一个协作网络，它通过配备产品测试设备的在线数据库提供多个平台和工具的接口、折扣及趋势和技术的免费教程，还有结构化的培训和认证程序，以及通过 Rackspace®（http://www.rackspace.com/）实现的折扣托管和云服务。

争取政府政策支持来帮助应用程序开发者，也将作为联盟启动的一部分。在全行业范围内的隐私政策存在开发商的利益问题，同样还有知识产权政策与专利和版权问题。移动宽带政策也是联盟努力的一方面。预期的联盟支持者包括 Google 和 RIM，而 Apple 和 Microsoft 并没有参与。联盟打算通过赞助商获得收益，随着时间的推移，再向应用程序开发者收取会员费。

2.9　娱乐应用程序

Sandvine®调查公司的一份新报告显示，实时娱乐流量目前主导了互联网，超过半数的流量在移动设备上产生。该报告（http://www.sandvine.com/downloads/documents/10-26-2011_phenomena/Sandvine%20Global%20Internet%20Phenomena%20Spotlight%20-%20North%20America%20-%20Fixed%20Access%20-%20Fall%202011.pdf）认为，

55%的实时娱乐流量流向了移动设备。这些统计数据显示了消费者在后 PC 时代的历程。大部分非计算机类流量来自 Netflix、Facebook 和 YouTube，并且大多数在移动设备上产生。此类应用程序是移动数据分析聚合很好的工具。实时娱乐在报告中被定义为支持"请求式"娱乐的应用程序，即在使用时可以消费、观看或者欣赏。此类实例有 Netflix、Hulu、YouTube、Spotify®（http://www.spotify.com/）、Rdio™（http://www.rdio.com/）、Pandora 和 Slingbox®（http://www.slingbox.com/）。

在北美，纵观所有固定和移动设备的娱乐流量，实时娱乐占峰值以下互联网流量的 60%。在过去的几年里，这一数字在稳步增长。此外，屏幕尺寸与数据使用直接相关。Sandvine 指出，单从移动设备来看，实时娱乐产生了 30.8%的总体需求，互联网浏览紧随其后，占 27.3%，而社交网络只占了 20.0%（http://www.readwriteweb.com/archives/55_of_real-time_entertainment_is_consumed_on_tv_mobile_tablet.php）。后者大多来自 Facebook，占 19.3%的峰值流量，而 YouTube 占 18.2%。

Pandora 和 Twitter 流向移动设备的流量分别为 60%和 55%。

这些统计数据表明，移动设备不仅对实时娱乐消费有很大影响，同时也成为了消费这种内容的主要方式。Apple 申请基于个人网站、搜索历史和媒体库内容的销售和定价广告系统专利，也就不足为奇了。

Apple 的专利申请还列出了另一种可能的"通过朋友媒体库的内容"来锁定广告的方式。该专利声明，Apple 将会吸收"一个或多个社交网站的已知链接"、可用公共信息、描述购买决策的私人数据库、品牌偏好和其他数据。Apple 最近在 iTunes 中推出了社交网络服务，称作 Ping，用户可以用来与朋友分享喜欢的音乐。

2.10　新闻应用程序

Pulse（https://www.pulse.me/）移动应用程序拥有一千三百万用户，每月新加入的用户超过两百万，是一款非常受欢迎的新闻阅读器。该应用中还加入了本地相关的内容和交易。该公司可能成为下一个重要的国际和社区新闻媒体渠道。品牌商和开发商应该重视该应用程序的战略（如图 2.5 所示）。

Pulse 是安装在 Amazon Kindle Fire 的一款为数不多的默认应用程序。该应用程序阅读器与 250 多家出版商有合作关系，如 Fox News 和 Bloomberg Businessweek。

Pulse 是 AlphonsoLabs 首次开发的一款应用，正在从出版物中整合社区新闻和当地信息，包括 AOL Patch（http://www.patch.com/），如图 2.6 所示。

图 2.5　Pulse 新闻流应用程序

图 2.6　AOL Patch 新闻入口

目前，大量移动应用程序使用阅读器友好的格式来整合各种出版物、即时文章和博客文章的新闻，包括来自 Google 和 Yahoo !的阅读器，还有一款来自 Flipboard（http://flipboard.com/）的应用程序运行流畅且备受欢迎，还可以模拟翻页的效果，如图 2.7 所示。

图 2.7　Flipboard 一款界面清新的新闻杂志应用程序

　　其他本地信息流包括 CBSLocal 和社区网站，如在旧金山的 BoldItalics，它有独一无二的本地消息和滨海城市的背景故事。

　　Flipboard 是另一款备受欢迎的新闻和杂志应用程序，具有出众的界面应用。而 Pulse 正在向本地商家日常交易特性靠拢，已经由 Groupon®（http://www.groupon.com/）、LivingSocial®（http://www.livingsocial.dom）和 GiltGroupe（http://www.gilt.com/，如图 2.8 所示）授权。

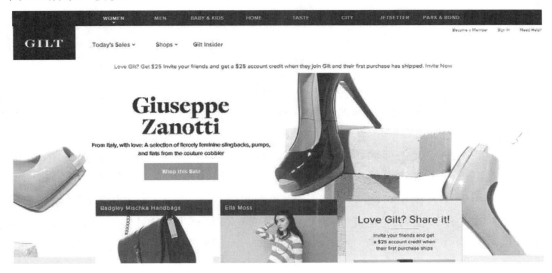

图 2.8　Gilt 每日交易

　　Pulse 将每个本地新闻故事或交易用彩色标题显示（就像主要文章在出版物中的显示形式一样）。重要新闻将被放在水平栏以便导航。这些类型的新闻应用程序将作为当地新闻网站的辅助，并通过额外的流量受益，还会在数以百万计的新用户面前展示。这类应用程序有一种方法来吸引和扩大消费者群体。新闻应用程序可以考虑允许用户注册订阅内容并且从每笔销售中提成。这些类型的应用程序要优于在出版公司网站的侵入式广告。对于开发者、品牌和营销者还有一种选择是，将品牌内容广告、故事以及视频作为新闻内容嵌入同一个流。

　　据广告咨询公司 BorrellAssociates（http://topipadfinanceapps.com/the-pulse-app-goes-local/）估计，移动应用程序的广告花费将上升至 212 亿。例如，进入本地内容的推送会给类似 Pulse 的新闻应用程序一个更好的用户位置概念，并帮助广告商锁定移动设备和设备使用者的位置。Pulse 和 Flipboard 一样，正在多种语言支持下向国际市场拓展。Flipboard 首次发布其 Apple 应用后，用户翻了一倍多。开发者需要了解所支持的移动设备和品牌的本地或国际市场。简言之，新闻业正在重塑。

2.11　应用程序任务清单

移动分析和营销意味着以消费者的选择为中心，因为这些选择与可实现的想法、可衡量的用户行为直接相关。因此，通过它能够实现移动行为的盈利。集群、短消息、分类和流软件工具的运用，使品牌、开发者、分析人员和营销商可以标准化移动用户的行为方式和企业的盈利模式，还可以精确而有效地标准化实时相关的响应方式。应用程序面临的最重要问题是位置、聚合以及与消费者需求和喜好相关的数据的正确使用。

营销商不希望提供移动用户不需要的产品、服务，也不想提供与营销不相关的内容。这不仅是资源浪费，更是对用户的一种打扰。相反，应用程序的构建和使用应该基于历史行为模型，因为要在正确的时间和地点，提供合适的产品给有需求的消费者。移动用户的行为是营销商和品牌最有价值的资产，所以需要加以保护，而不是与他人分享。以下列举了一些关于应用程序构建、移动分析和战略部署的宝贵经验：

（1）设计应用程序时要使用户体验独一无二，这样才能确保消费者的忠诚度（应用程序应该"预测"移动用户的偏好、愿望和活动）。为此，品牌、开发者和营销商必须不断改善移动用户的行为聚类和行为建模。

（2）确保企业 IT 系统和为移动分析捕捉的行为与公司的商业目标、营销努力一致。例如，如果正在通过应用程序计划一项营销活动，IT 部门必须做好准备，为创建移动网站提供构想或合同。营销人员还必须准备锁定目标，至少是 Android 和 Apple 移动用户。

（3）增量地评估无监督模型和监督模型的结果以优化其性能。移动营销商必须明白，这是一个持续的过程，而不是一次性的项目。如果使用流分析软件，开发者和营销商必须评估归纳或演绎规则的结果，以确保最佳性能、产量、销量、收入和关联性。

（4）应用程序开发者和移动营销商必须认识到，在快速发展的商业环境中，分析系统必须灵活多变，还要有较强的适应能力（如果可能，经常需要建模）。开发者应该评估每一个结果。正如之前所言，有许多公司和现成的技术可以完成这项任务。

（5）充分利用现有的、具有外部分析服务功能的 IT 传统系统，如心理网、广告交易平台、推荐引擎和社交媒体。应用程序开发者和营销商需要参考内、外部数据源的综合审计数据来构建应用程序战略开发的框架，并确保移动用户能获得内容、产品和服务的相关信息。

（6）保护消费者隐私，尊重消费者诉求。明确规定并分享分析与建模的原因：确保消费者的关联性，并提高客户服务质量。营销人员需要确保正确使用匿名技术和技巧，如移动 cookies 和数字指纹，目标是移动设备而不是消费者个人。

（7）要充分认识到，每家公司都是独一无二的，所以其分析策略、组件、结构和设计应由行业和市场来驱动，还取决于提供给消费者移动设备的产品或服务类型。这些因素的调整取决于开发者、营销商以及应用程序的构建、设计和部署方式。

2.12　Picture-This 应用程序

iTunes 所在的应用商店有超过五亿款应用程序，按摄像头类别分成了很多子类。还有许多照片编辑应用程序，如 Camera+（http://campl.us/），它可以帮助 Apple 移动设备用户拍摄效果最佳的照片。该应用程序是最受欢迎的照片编辑软件之一，集成了几个实用的功能，售价 99 美分，为其开发者带来了 500 多万美元的收益。其他的照片编辑程序还有 iPhoto®，这是一款由 AppleInc 开发的数码照片处理应用软件，最初作为数字媒体管理应用程序 iLife® 的一部分与 Macintosh 个人电脑一同发布。iPhoto 于 2002 年首次发布，可以导入、创建、编辑、打印和共享数码照片。目前，该应用程序已嵌入了所有的 Apple 设备。

其他的照片编辑程序包括 AnriCrop™（http://adva-soft.eom/#）可以用来剪辑图片，还有 Juxraposer™（http://www.pocketpixels.com/Juxtaposer.html）和 ColorSplash™（http://www.pocketpixels.com/ColorSplash.html）可以用来显示和设计照片剪影。而 Microsoft Photosynth®（http://photosynth.net/）将 Microsoft 的技术应用到了 Bing，可以创建 3D 图像。要达到神奇的照片叠加效果，可能会需要一款图片共享应用程序，

就像 Facebook 旗下的 Instagram（http://instagram.com/），其市值已达十亿美元。图 2.9 所示为 Instagram 程序界面。

图 2.9　社交图片应用程序 Instagram

　　面向专业人士的照片编辑移动应用程序有 DynamicLight、CameraGenius、Photogene2、IrisPhotoSuite、360Panorama、Autostich 和 Pano。还有图片变形应用程序，如 Fatify、Younicorn、TinyPlane 和可编辑 Apple、Android 设备照片的 Splice-O-Matic。还有快照应用程序，如 Popbooth、Incredibooth 和 PocketBooth（还可以通过 StoryMark、Tap2Cap 和 PhotoSpeak 添加声音到图片）。还有幻灯秀应用程序，如 Animoto、SlideShowBuilder 和 PhotoSlideshowDirector。还有滤色器移动应用程序，像 Hipstamatic（http://hipstamatic.com/the_app.html），每年收益超过 1 000 万美元（如图 2.10 所示）。具有涂鸦、艺术和仿古功能的图片应用过滤器有 Daniel Cota 的 CatEffects（http://catefFects.com/）、AITIA Corporation 的 HelloKittyCamera（http://itunes.apple.com/us/app/hello-kitty-camera/id317065148?mt=8）、Pankaj Goswami 的 Superimpose（http://itunes.apple.com/us/app/superimpose/id435913585?mt=8）、Nexvio Inc.的 8 mm Camera（http://itunes.apple.com/us/app/8mm-vintage-camera/id406541444?mt=8）、H.Rock Liao 的 PencilSketch（http://itunes.apple.com/us/app/pencil-sketch-hd/id421778766?mt=8）、XOXCO, Inc.的 Pixel Pix（http://itunes.apple.com/us/app/pixel-pix/id50717l66?mt=8）、

Art & Mobile 的 Tiltshift Generator（http://itunes.apple.com/us/app/tiltshift-gen-erator-fake-miniature/id3277l6311?mt=8）、Miinu 的 CaricatureMe（http://itunes.apple.com/us/app/caricature-me/id49510673?mt=8）、3DTOPO Inc.的 HopePosterPhotoFilter（http://itunes.apple.com/us/app/hope-poster-photo-filter/id40497747?mr=8）、BeFunky 的 BeFunky Photo Editor（http://itunes.apple.com/us/app/befunky-photo-editor-pro/id44024l836?mt=8）、MacPhun LLCHD 的 FX Photo Studio（http://itunes.apple.com/us/app/fx-photo-studio-hd/id369684558?mt=8）、Bright Mango 的 WoodCamera（http://itunes.apple.com/us/app/wood-camera/id495353236?mt=8）和 JixiPix Software 的 Grungetastic（http://itunes.apple.com/us/app/grungerastic/id4l8l40198?mr=8）。

图 2.10　Hipstamatic，1.99 美元的炫酷滤色器应用程序

　　还有照片图形交换格式（GIFs），这是一种循环播放的短片，时长不超过两秒，包括 Tumbir（https://www.tumblr.com/）、Factyle 的 Cinemagram（http://itunes.apple.com/us/app/cinemagram/id487225881?mt=8）、Flixel Photos Inc.的 Flixel（http://itunes.apple.com/us/app/flixel/id496885363?mt=8）、Something Savage 的 Gif Shop（http://itunes.apple.com/us/app/gif-shop/id4l0174605?mt=8）和 TapMojo LLC 的 Gifboom（http://itunes.apple.com/us/app/gifboom-animated-gif-camera/id45750693?mt=8），它们是创建电影

效果的简单方法。

最后，还有影片应用程序，可用于编辑、拍摄视频以创建影片。有些还具有社交共享功能，如 Apple 的 iMovie（http://itunes.apple.com/us/app/imovie/id377298193?mt=8），如图 2.11 所示。市场上有许多可用的移动应用程序，从游戏到照片编辑、应用共享，其中有许多可以通过 Apple 应用程序商店找到。众所周知，Apple 移动设备支持的 200 万像素摄像头在业内并不是最好的，更令人失望的是不能捕获视频记录。幸好有一些不错的第三方应用程序，用户可以用其来编辑照片并分享给家人和朋友，改善移动摄影体验。

图 2.11　Apple 的 iMovie 应用程序

有些应用程序非常有趣，可以使用户抓拍视频并与朋友分享。对于开发者来说，这些视频应用程序是一种绝佳的广告传播工具，其中一些做得非常好，包括 MEA Mobile 的 isurp8（http://itunes.apple.com/us/app/isupr8/id413566476?mt=8）、Nexvio Inc.的 8mm Vintage Camera（http://itunes.apple.com/us/app/8mm-vintage-camera/id406541444?mt=8）、MacPhun LLC 的 SilentFilmDirector（http://itunes.apple.com/us/app/vintagio/id335148458?mt=8），MacPhun LLC 的 VintageVideoMaker、Vimeo LLC 的 Vimeo（http://itunes.apple.com/us/app/vimeo/id425194759?mt=8）、Hansel Apps 的 mogo video（http://itunes.apple.com/us/app/mogo-video/id419439294?mt=8）、Airship Software 的 Precorder（http://itunes.apple.com/us/app/precorder-video-camera-for/id412558814?mt=8）、Cinegenix, LLC 的 FilmicPro（http://itunes.apple.com/us/app/filmic-pro/id436577167?mt=8）、Totus Pty Ltd. 的 VideoCamera+（http://itunes.apple.com/us/app/video-camera+/id441433868?mt=8）和

Nexvio Inc. 的 ReelDirector（http://itunes.apple.com/us/app/reeld-irector/id334366844?mt=8）。
也有一些社交视频应用程序，如 Jusint.tv 的 Socialcam（http://itunes.apple.com/us/app/
socialcam-video-camera/id421228047?mt=8）、Klip Inc. 的 Klip（http://itunes.apple.com/
us/app/klip-video-sharing/id445539290?mt=8）和 Viddy,Inc. 的 Viddy（http://itunes.apple.
com/us/app/viddy/id426294709?mt=8，如图 2.12 所示。

图 2.12　价值 3.75 亿美元的社交视频应用程序

2.13　政务应用程序

　　美国前总统奥巴马曾发出号召，要将应用程序的建设放在首要位置，以此来推
进政府机构迈向 21 世纪。奥巴马认为，美国人民为了寻找所需的服务被迫进了"各
类政务程序的信息迷宫"（政府问责局），消费者所期望的移动时代与现实反差太
大，只能为政府采用的落后技术而叹息。

　　奥巴马写道"就算服务在线仍然可用，每当越来越多的美国人用移动设备支付
账单或购票时，政府通常没有为移动设备优化服务"。奥巴马引用了 13571 号行政
令（简化服务交付流程和改善客户服务，http://www.whitehouse.gov/the-press-office/

2011/04/27 executive-order-streamlining-service-delivery-and-improving-customer-ser），该令要求行政部门和机构使用创新技术来简化行政服务、降低成本、缩短服务时间、提高客户体验。

该令指明了政务创新的方向，通过要求政府机构设立"为交付更好的数字服务建立具体、可衡量的目标"来交付更高效、协调的数字服务。政府机构需要使信息在移动设备中可读，并创建更多用户友好的服务和信息。

最终，这一战略将确保联邦机构尽可能有效地使用移动设备来服务大众。美国人继续依赖移动设备随时随地享受服务，包括互联网。奥巴马是 BlackBerry 的忠实用户，也是 iPhone 的新用户，这听起来有点像倡导无线产业。他在一份声明中指出："美国人随时、随地、随手享受政府服务"。

2.14　隐形应用程序

MobilePosse（http://mobile-posse.com/）为应用程序广告提供了一种新奇的方式，自动为空闲状态的移动设备屏幕推送信息、娱乐消息和营销内容。只有当移动设备不使用时，图片和交互消息才会弹出，从而确保电话、短信和浏览不会中断。其内容包括天气预报、体育时事和花边新闻，以及用非干扰方式发送的专属优惠券和其他折扣（这对所有移动分析和市场营销战略都很可靠）。

Mobile Posse, Inc.是一个活跃的主屏幕广告平台。Mobile Posse 使用正式申请的专利新技术，使广告商、内容提供商和无线运营可以利用移动设备上的主要固件接触消费者。这家公司提供移动内容和广告解决方案服务。其应用程序解决方案可以使消费者在移动设备上接收折扣、服务和内容，还可以帮助广告商交付有针对性的媒体广告给消费者。Mobile Posse 帮助移动设备操作者利用有针对性的信息接触特定的用户，支持内容提供者采用非干扰方式向消费者提供有针对性的内容。

Mobile Posse（http://mobileposse.com/）是一项免费的服务。不管用户走到哪里，都可以通过它了解天气预报、当地天然气价格、体育赛事和更多内容。不管移动用户是否在使用，应用程序都会向用户提供信息和有趣的内容。Mobile Posse 支持配置文件和指定内容类型的偏好设置，并为用户提供需要的内容，如图 2.13 所示。

图 2.13　Mobile Posse

2.15　应用程序赶超个人计算机（PC）

　　后 PC 时代的概念已经深入人心，Facebook 在这场变革中可能会发挥关键作用。而应用程序的应用范围不断扩大，已经威胁到了台式机和笔记本电脑的消费。如果社交网络不迅速做出反应，竞争对手就会抢占先机。移动应用程序仍继续盛行，据分析公司 Flurry（Flurry.com）的调查，现在人们平均每天花 94 分钟使用应用程序。与此同时，台式机和笔记本电脑的网络消费开始衰退。移动分析公司 Flurry 对十四多万款移动应用程序的匿名会话进行了追踪，并与 comScore 和 Alexa 的网络数据进行了对比分析。自 2011 年 Flurry 首次年度报告发布以来，移动应用程序的每日平均使用时间增加了 13 分钟，而个人计算机的网络桌面时间消耗从每天 74 分钟下降到 72 分钟。

　　移动应用的用户在做什么？据 Flurry 分析，主要是玩游戏（49%）和使用社交网络（30%），两者几乎占了应用程序时间消耗的 80%。从 2012 年开始，应用程序使用时间和个人计算机网络时间消费之间的缺口，会因移动设备的购买而日益扩大。

Flurry 估计，Apple 和 Android 移动设备累积的激活数量将超过 10 亿。根据 IDC 统计，1981—2000 年，个人计算机销量超过了 8 亿台，而 Apple 和 Android 移动设备的采购率超过个人计算机的 4 倍。

有趣的是，Flurry 将这种可量化的转变归功于越来越多地通过应用程序访问社交网络的 Facebook 用户。公司没有跟踪 Facebook 的使用情况，而是根据 Nielsen 关于 Facebook 移动设备使用的数据和 Facebook Messenger 的成功来支持其假设。Apple 和 Google 正在通过操作系统和移动设备争夺消费者。随着两者之间竞争的加剧，Facebook 也正在证明其利用跨平台社交网络的实力，并在软件层面掌控现有消费者。本质上讲，这也许并非证明了我们处在后 PC 时代，而是处在一个消费者强烈要求随时、随地阅读新闻的 Facebook 时代。还有一个关于本机应用和 HTML5 应用的有趣争论：互联网的网络使用时间减少（包括移动互联网的使用时间），充分说明了消费者对丰富多彩的本地应用程序体验偏好的增长。

2.16　健康应用程序

从数据研究机构 Frost & Sullivan（http://www.healthcareIT.frost.com）获得的新数据来看，未来五年，移动健康应用程序市场将增长 70%，达到 3.92 亿美元。公司的报告显示实际可能比这个数字还大，市场不断地超越预期的增长速度，收入也超过了前两年。随着复杂的移动技术和关系管理工具不断涌入市场，健康应用程序将继续呈现攀升趋势。尽管有炒作之嫌，移动应用程序仍是 20 世纪 90 年代以来最大的数字渠道。Web Frost 的研究人员预测，不但新用户会购买健康应用程序，正在使用的消费者也将继续购买和使用更多的健康应用程序。

虽然，研究人员指出美国食品药物管理局的监督和对安全问题的重视对初创公司来说并非"一站式"的尝试，但他们仍认为低门槛的市场准入政策将继续吸引新的供应商。在医疗市场，消费者意识中掺杂了隐私和安全问题。虽然看起来是件好事，但 FDA（食品和药物管理局）监管力度增强可能会抑制创新。Frost（Frost.com）的相关报告也预测，在强大移动因素驱动下，远程患者监控市场将会增长。有趣的是，该报告预测，远程患者监控技术将更贴近消费者，这将驱动市场继续增长。Frost 的研究人员说，过去十年中，由于弹性问题和受限的商业模式，该市场即使有两位数的增长率也没有突破"亿元大关"。

2.17　创建受欢迎的应用程序

当今，在混乱而复杂的移动应用行业，几乎没有公司只开发一种应用程序、生成下载并坐等用户采用率和参与度不断增长。美国的移动行业正在蓬勃发展，企业最好明确如何构建最吸引人的应用程序。应用程序开发者和营销商不能再认为可以轻而易举地跳上移动应用的潮头并即时获得回报。事实上，企业为了激发持续的用户兴趣，必须跳出初始下载观念的怪圈。

如今，企业可以在世界任何地方构建易用且引人入胜的应用程序，不只是通过向每个平台简单提供精彩的内容来使消费者倍增。为了保证移动用户能够尽兴而归，在应用程序开发和发布下载期间，有 5 个基本步骤需要遵循：

（1）明确用户需求远比推动企业营销更重要，如果应用开发人员明白了这个道理，品牌效益自然就会有了。在开发应用程序时，公司往往会花费数万美元、数月的工作时间和大量资源，而启动应用程序项目后，却发现使用率直线下降。原因很简单：品牌、开发者和组织应该建立服务自身的应用程序，而不是建立服务市场需求的应用程序，并希望用户会关注、下载。遗憾的是，除非应用程序对用户的价值明确，否则将会被忽略。确定是什么使你的公司、产品和见解真正无可替代。考虑这些信息怎样才可以快速而方便地传送，以及添加哪种激励到正在使用的移动应用程序才能获得回报。

（2）品牌和公司应该明确分工，并向应用程序产品经理授权。因为移动行业迅速发展，品牌有必要把最佳人选分配到移动领域。例如，所有主要的数字通信技术都指向移动领域（通信、计算机和互联网）。事实上，到 2015 年，移动广告将发展成为一个 240 亿美元的产业。此外，所有主流媒体渠道正在向移动领域靠拢，无论是音乐、游戏、新闻、电视或广告。而一个强大的 PR（公共关系）计划可以支持这一尝试，品牌和企业必须将全部任务委托给个体、团队或部门，以确保能够顾全移动社区。此外，随着移动设备的更新换代，必须不断刷新应用程序的内容和用户体验。营销商和应用程序开发者必须执行长期持续的计划，不仅要继续保持下载量，还要维持和增加消费者使用该应用程序的时间。

（3）应用程序开发者需要确定目标群体，并尽可能使应用程序最具实用性。这将确保移动设备的数据挖掘更有利于品牌和组织。开发者需要为应用程序用户创造一个机会，让他们"选择"更新和实施激励用户的方法，并从用户移动行为中获得回报。利用基于位置的特性，显示用户何时何地最有可能与品牌和企业互动。开发人员应该整合社交媒体组件，使企业在移动设备上了解、参与和直接奖励用户。

（4）开发人员应该创建一款应用程序并制订计划，关注相关事项。当然，最重要的还是重视消费者参与。一款成功的应用程序的 3 个必要条件是关联性、强大的功能和完美的用户界面。随着移动营销者不断的学习，接触率更能说明问题，在确定哪些营销策略是有效的，哪些刺激用户参与，哪些驱动销售或行为召唤等方面意义尤其重大。提供相关的内容需要分析、努力并根据连续指标不断更新。

（5）应用程序开发者需要研究分析报告并及时做出相应的调整。关键是要监控哪些功能产生最大的使用量，了解用户分享什么内容，提供了什么，用户忽略了哪些广告，哪个生活广播或视频流获得最多关注等。注意，有关用户参与应用程序的分析将有助于确定哪些功能需要改进，哪些需要继续投资，或者哪些需要放弃。

随着应用程序行业持续繁荣，营销商必须抓住机会，测试应用程序的采纳率和新功能的使用情况。

最后，移动应用程序开发可用于树立企业和商家的品牌。随着移动设备的流行，各类应用程序的需求也在增长。

移动领域已经面向企业开放了一个新的区域。随着商业品牌市场的快速增长，可以说移动市场的真正前景还没有发挥出来。游戏市场的浪潮促使专业人员中的精英开始使用社交游戏来树立公司的形象。营销信息往往是用简单的方式与程序、游戏一起发送，以便客户了解其概念，但这些信息并不会激怒客户。

专业的设计师可以利用移动应用程序相对轻松地建立公司的长期技术，并且移动客户习惯于从应用程序即时购买。当企业厂商认识到这一点时，想要领先一步就要开发移动应用程序，而不是回避移动强化网站。移动应用的实践知识完全不同于移动网站。应用程序具有很强的娱乐性，可用于积极与消费者互动，发现消费者需求和愿望。应用程序可以给品牌和企业持续提供消费者群体的信息。

2.18　应用程序广告发布器

创新应用平台 Medialets（http://www.medialets.com/，如图 2.14 所示）将富媒体

广告与行为分析结合起来，可以同时支持 Apple 和 Android 设备。Medialets 为品牌和机构提供了一个平台，可以创建面向所有移动设备的广告。其 Enrich™ 程序可以使移动广告网络、广告中介和广告发布者销售并支持其跨平台富媒体单元。广告商不用大范围改变移动设备就可以运行单套广告，并且可以访问一组衡量营销活动的统一报告。Medialets 帮助开发者和营销商洞察应用程序使用性能和推广的效果。

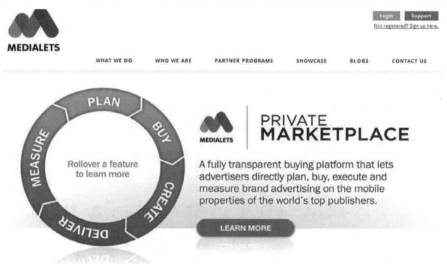

图 2.14　Medialet 平台移动指标

应用程序度量报告可以通过 Medialytics 获得，它是一种提供实时数据、图表和图片的在线报表工具，并可以设置个性化报告过滤器和电子邮件警报。其应用报告提供访问人数、特别访客、会话长度和其他自定义指标。Medialets 提供了一个 360°的全景，可以查看移动营销活动的性能，包括印象、点击、接触和接触率以及自定义活动指标。还可以进行第三方广告验证和扩展品牌研究。由于 Medialets 可以跨平台工作，所以可能通过 Apple、Android 和其他受欢迎的主流移动设备进行指标对比。甚至设备离线时，Medialets 都可以跟踪应用程序行为和广告活动的效果。

2.19　商业应用程序

应用程序对品牌或企业非常重要，因为通过新老客户与产品、服务的接触，甚至可以使小企业看起来比实际更强大。商业应用程序提供全新的创新方式来接触消费者。例如，Domino's Pizza（http://www.dominos.com/）有一款 PizzaTracker 应用程序，可以允许客户跟踪他们的订单和物流情况。该公司因开发了这款应用程序而获得了著名的威比奖（http://www.webbyawards.com/）。这些成功故事让小企业深受鼓舞。但是，品牌或商家获得和开发应用程序之前，需要考虑许多因素。

　　应用程序是软件，需要大量的时间开发。而每个品牌和商家的需求不同，在选择开发移动应用程序时，开发者需要考虑业务问题和客户需求、预算等。然而，Magmito（一种在线应用程序创建工具，参见 http://www.magmito.com/，如图 2.15 所示），这种廉价而简易的开发器，可以用于小型企业应用程序的开发，并可以将其分发给任何移动操作系统市场来创建点击呼叫应用程序和提供特别交易的应用程序。

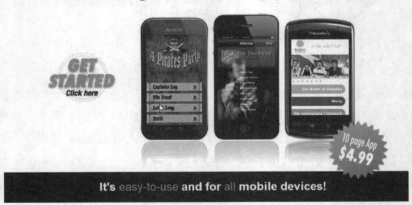

图 2.15　商业应用程序创建工具

　　小型企业需要明确他们的客户是谁，以及如何、何时利用移动设备接触客户。企业需要维护应用程序，并为之提供新内容。如果企业无法为应用程序开发新内容，所有的努力将白费，客户将会流失。必须明确顾客使用什么类型的移动设备。不同的移动平台需要不同的应用程序，程序应该能够解决消费者的问题，更要保证用户可以轻松地接触客户。

　　对于商业应用程序开发者，有一个可以使用的可靠策略，不仅会提高知名度，还能增加收入，这个策略"免费"，尽管这个概念听起来有点反直觉（通过降低应用程序的价格，开发者确实可以赚更多的钱）。这些数字已经被知道内情的人士研究过了。Distimo（Magmito.com）的一项关于 3 个主流应用程序商店（Apple iPhone 应用商店、 iPad 应用程序商店、Android 系统）的研究发现，尽管应用程序以低价销售，但下载量的激增会弥补其价格损失，足以使便宜的应用程序能够实际盈利。

　　应用程序免费能鼓励更多用户下载，还可以在这些应用程序商店中特别推荐这些应用程序。Distimo 为开发者、运营商和设备制造商提供了有价值的应用商店市场视野。虽然应用程序免费能够使总体收入增加，但是只有三分之二的 Apple 应用程序在特别推荐后的前三天内获得排名。然而，在应用程序被特别推荐后，不能保证其排名会自动提升，但仍会有所帮助。

　　虽然，强大的应用程序背后的概念可能是开创性的，但如果其潜在机制是错误的，再多的营销也不会提高其声誉。如果将一个漏洞百出的应用程序推向市场，开发商不仅会在短期内引起客户的不满，而且，即便是故障在后来被排除，其声誉还会受到长期的影响。唯一的解决方法是有效和严格的测试。如果只是品牌或企业应用程序是最佳的，那么它将永远不会获得普遍的成功。有效的营销活动可以使应用程序的产品和服务可见性最大化（帮助应用程序在饱和的市场脱颖而出），前提是品牌开发商必须准备好投入时间和资金。

　　作为开发者，依赖客户自发使用应用程序将是一个灾难性的错误。不管应用程序有多好，开发商对营销的自满也会导致应用程序被忽视。应用程序一旦完善，就不要把它放在应用程序商店的角落里置之不理。不拘一格的产品描述是获得潜在客户注意的一个好方法。要让产品描述具有创造性、激动人心并且生动有趣。同样，还要为应用程序建立一个网站，给应用程序爱好者提供更详细的信息，包括截图、未来发展的消息，甚至故障排除建议。

　　这对应用程序的消费群体和竞争对手都适用。热情的开发者很容易忽略潜在客户的实际需求。明确目标群体对成功提高应用程序的知名度至关重要。同样，要意识到竞争对手允许开发者去防止他们应用程序处于尴尬的境地，而应用程序可能达不到最初设想的"独一无二"。

　　有许多推广应用程序的方法，有些相对其他的方法更有效。例如，广告可以把产品推向目标群体，但是对缺乏预算的新开发者来说，会严重消耗可用资金。如果开发者仍然热衷于使用广告，可以考虑按效果付费的方案。这样，如果广告产生了直接下载，开发者只需要付出部分资金，通常要比支付前期广告划算，这意味着品牌或企业可以跟踪直接下载。

　　口碑可能是创建与应用程序用户信任关系的一种最好方式。尽管说服记者和博主写一个应用程序推荐可能需要付出很大努力，但却非常值得。同样，用户反馈对下载率的影响非常大。关于有效应用程序营销的宗旨是，必须将一种持续的、仔细斟酌的方法作为最佳途径，以保证应用程序经久不衰。投入时间来确保产品的质量，对市场进行全面研究，同时，营销策略的设计也至关重要。开发人员不应该在前几周就花光整个营销预算。虽然昂贵的广告宣传可以带来初期的大量下载，但并不能确保应用程序持续的成功。最佳的方法是整合口碑、病毒式营销和广告，即保持高下载量和应用程序利润。

　　在日常生活中，移动应用程序占据了很大部分。未来几年，最流行的移动应用程序将会有满足移动环境的鲜明特色，而不仅仅是作为一个扩展的网络先锋。因此，移动应用程序将会变成一个高度竞争的市场，最具竞争优势的将是在平台层面积极整合、创新应用程序的设备供应商。以下是前沿移动应用程序的发展趋势：

　　（1）了解用户的位置、个人偏好、性别、年龄等，基于位置服务能够交付与其终端用户环境协调的特性和功能，从而提供一种更智能化的用户体验。Google Maps 和 Foursquare（https://foursquare.com）就是基于位置服务的案例。

　　（2）移动社交网络是增长最快的消费者移动应用程序类别，能够使终端用户通过移动设备分享视频、图片、电子邮件和即时消息。

　　（3）移动支付已经成为主流，可用的移动程序数量将会增长。开发者将仍然需要通过可用、易于实现和安全的终端把用户拉进来。

　　（4）大屏幕移动设备为视频消费提供了理想的平台。在过去的几年，视频的使用已从一些企业偶尔使用在其网站上，到现在可以通过应用程序简化操作和迅速推广一个品牌，成为企业必不可少的竞争优势。

　　（5）移动搜索通常与产品、服务或场所的搜索相关。将会有更多的应用程序可以提供产品采购、预订、购票等功能，易于终端用户操作。

2.20　视频应用程序

　　领先的数字视频内容的创造者和发布者 Break Media（http://www.breakmedia.com/）
研究发现，数字视频广告支出正在增加，预计未来几年会继续增长。除了预算的有
机增长外，预计其增量将来自像移动应用程序这样的新平台（很可能是最快的增长
形式）。联网的移动设备及其应用程序将成为占主导地位的新兴广告形式。

　　Break Media 的下属公司拥有最大的在线幽默网站 Break.com，还有 Made Man、
Game Front、Holy Taco、Screen Junkies、Cage Potato、All Left Turns、Chickipedia
和 Tu Vez。Break Media Creative Lab 是一个创建原始视频的室内产品工作室，视频
内容从获奖品牌娱乐视频，到名人驱动的网站短片，再到一次性病毒视频。作为数
以百计的发布商的代表，Break Media Network 拥有最大的在线视频广告网络，每月
游客皆超过 1.4 亿。

　　移动应用视频广告支出正在增长，广告商将通过应用程序增加在线视频广告的
份额。90%以上的广告准备在来年使用视频广告网络，其使用率将会飞涨。这将会
增加忠诚消费的份额，视频消费总额将从平均 20%上升到 41%。

　　越来越多的出版商和网络提供单次浏览成本（CPV）模型服务。CPV 模型和普
遍使用的视频广告网络（VAN）导致了可用定价模型的多样性。单次浏览的成本
（CPV）模型已经在很短的时间内明确发展方向。未来几年，新形式（包括移动视
频和应用广告）将成为品牌接触消费者的常规方式。

2.21　Twitter 应用程序

　　Twitter 不仅是一种社交媒体实时网络反馈，还是可以锁定移动设备的广告平台。
Twitter 可以帮助营销商提升并标准化广告微博的效用（包括有多少人点击链接的重
要反馈）。Twitter 还可以提供关键指标，如重用主题标签、帖子转发、偏好标记或
者选择遵循同一线程的移动设备数量。Retweets 已将微博级联到 Twitter 上的其他移
动追随者，并考虑使用一种即时衡量品牌的营销方法（或一个广告活动的效用），
这对于应用程序开发人员是一个全新的市场。

对移动营销商和品牌来说，有成千上万的应用程序使用 Twitter。可以搜索"Twitter 应用程序"来查看最新的应用程序。例如，有一项 Twitter 服务是 HubSpot（http://www.hubspot.com/），可以用于提供移动设备的质量指导。当追随者发微博时，这项服务开始分析，然后为品牌和营销商推荐一个最好的时机来发布消息，它非常简单，而且是免费的。

Twitter 也推出一种新的设计，为移动营销者引入了 3 个新按钮：Home、@Connect 和#Discover。Home 按钮把用户带到主 Twitter 的消息接口；@Connect 按钮显示用户的所有交互，如收藏夹、对话等，并显示建议账户；#Discover 按钮的作用是找到时尚新闻故事和新标签。

还有一款名为 TweetDeck（http://www.tweetdeck.com/）的新 Twitter 应用程序，这是一种跟踪话题实时对话不可或缺的工具。例如，可以获得直接消息、保存的搜索、个人列表和文件信息。用 HTML5 开发 TweetDeck 的 Web 版本，同步用户账户、列、布局和用户随时随地的登录设置。TweetDeck 用配置和微博框弹出窗口表达了 Twitter 的总体设计。TweetDeck 提供了一种过滤内容的简单方法。用户可以很容易地设置追踪搜索结果的栏目、热门话题、特定用户、它们自己的@mention、收藏夹等。用户还可以在列视图媒体、对话、收藏或转发中，直接打开 Tweets。他们也能在以后的某个特定时间，使用 TweetDeck 的日程功能，选择发布一个更新。

另一款流行的 Twitter 应用程序是 UberTwitter，可帮助移动营销商将广告插入到用户的 Twitter 流。UberTwirrer 现在是 UberSocial（http://ubersocial.com/），反映出它已经扩大成为一种关键的社交通信工具。UberSocial 可以用来发送和阅读微博，并且可以发布富媒体到 Facebook。另一款流行的社交营销媒体应用是 Seesmic（https://seesmic.com/），移动分析人员和市场营销者也可以通过 Twitter 广播来使用它。Seesmic 关注应用程序的开发，帮助用户建立和管理自己的网络品牌。它专门从事社交媒体监测、更新和实时接触。

还有一家新公司 Klout（http://klout.com/home），能够为开发者和营销商提供 Twitter 指标和移动分析，使其能够识别出在网上讨论其品牌的最有影响力的 Twitter 用户。Klout 衡量社交网络中移动用户产生的影响，可以使营销者跟踪评价、链接产生的影响，还可以跟踪推荐项，如餐馆、电影、乐队、游戏、品牌等。Klout 使移动营销者能够发现基于主题或标签的影响者。当在移动设备上看到磅字符（#）后面紧跟一个产品的名字、服务或者一个品牌，这就是一个 Twitter 标签或标记。标签提供了一种简单方法，可以在 Twitter 主题执行一个关键词搜索，或者在该主题下定义一个帖子。

2.22　应用程序使用模式

Nuance Communications（http://shop.nuance.com/）最近发布的一项调查揭示了消费者移动应用程序的使用及其对客户服务策略的影响。Nuance 是一家为企业和消费者提供语音和语言解决方案的供应商。其技术、应用程序和服务通过改变人们与移动设备和系统交互的方式，使用户体验更令人耳目一新。

调查发现，希望通过移动应用程序与客户接触的公司不仅要考虑如何吸引新用户，还必须考虑留住用户的策略以及如何让消费者经常使用该渠道。移动应用程序是一种越来越重要的客户服务渠道。Nuance.com 曾预测，到 2017 年，近 20 亿人将拥有移动设备。另外，消费者使用移动应用程序比他们花在互联网上的时间多出近 10%，这足以说明为什么这对使用移动渠道为客户服务的企业是一个重要的机会（如果不是战略命令）。

调查发现，以为客户服务为目的提供移动应用程序的企业获得的是双重利益：（1）企业感知；（2）客户满意度。绝大多数接受调查的移动设备用户（72%）说，如果这些公司有自己的移动应用程序，会对它们持积极的态度。他们不会把这些应用保留在移动设备上。81% 的用户会把积极的应用体验告诉其他人。对于移动应用程序将如何提高客户满意度水平，35% 的人说，来自移动应用活跃代理的轻松过渡最有可能驱动移动应用程序使用的功能，而 48% 的人期待更多的功能：提供更多的功能或者找到"更好地满足我的需求"的其他方法。

调查显示，89% 的移动用户每月至少下载一个新的移动应用程序，这表明消费者愿意下载并试用新的应用程序。70% 的受访消费者表示，他们移动设备上的应用程序超过 10 个，而 29% 的用户的移动设备上有 30 多个应用程序，而另外 12% 则超过了 50 个。Flurry（Flurry.com）的一项最新研究发现，虽然下载数字继续呈现一种上升趋势，移动应用很快就会被放弃：3 个月后，只有 24% 的消费者继续使用已经下载的应用程序；12 个月后，大多数应用程序（96%）不再被使用。如果公司希望通过移动应用程序与客户接触，不仅要考虑如何吸引新用户，还必须考虑留住用户的策略，以及如何让消费者经常使用这一重要渠道。

而消费者继续发起与企业的通信服务，主要是通过传统的渠道，如电话和网络。移动应用程序正在成为越来越重要的客户互动渠道。使用者的数量正在垂直变化，超过一半的移动用户已经下载了银行和运营商的应用程序。45%的用户表示，"它非常简单方便"。但下载了应用程序并不意味着会使用它。有关载体应用程序的调查（Flurry.com）发现，60%的移动设备用户下载应用程序，在这些受访者中，只有25%的人正在使用。对于银行应用程序来说，55%的移动用户已经下载了应用程序，受访者中，只有 27%的人正在使用。最后，对于券商应用程序，27%的移动用户下载了应用程序，受访者中，18%的人正在使用。

另一家调查研究公司 Ovum（Ovum.com）报道称，消费者无缝自助服务的预期正在转变。移动设备曾经被认为是"值得拥有"，现在变成了"必备"。消费者开始期望轻松获得从移动设备到其他渠道的转移能力。

成功交付这种多渠道体验的公司能够从竞争对手中脱颖而出，更重要的是能够更好地服务客户。而移动应用程序在客户服务中发挥着越来越重要的作用，调查结果强调了通过交付一种集成、高度个性化、跨渠道的客户体验使公司有脱颖而出的机会。

当今消费者寻求的是便捷，他们的支出正在向能使其更好地了解信息和更容易做生意的品牌和公司转移。交付一种强大的移动体验是建立客户忠诚度的核心。另一个消费者调查由 Vocalabs（Vocalabs.com）实施，其中包括一个 991 名美国和加拿大移动用户的随机取样，来更好地了解其移动应用程序的使用和移动设备客户自助服务爱好。调查发现应用程序在自助服务中起着重要的作用。

2.23　Whispering 应用程序

利用朋友圈的社交媒体营销致力于口碑（WOM）的提升，可以通过 Twitter 和社交网络激励和促进。移动营销商和他们的客户可以用移动设备通信，这样可以轻松地与朋友分享信息。Twitter 锁定可以确保有影响力的个人了解品牌的优点、产品或服务，并使其通过口碑轻松地与其他移动设备用相关的方式进行分享。

Flurry（http://rww.flurry.com/）专门从事移动应用分析。在超过 10 万个应用程序上，成千上万的企业和品牌通过 Apple、Android、BlackBerry、Windows Phone 和

J2ME 使用其技术。Flurry Analytics 服务帮助开发者加深消费者的参与，并提高其应用程序的获利能力。这项服务是免费的、跨平台的，并且易于集成，还能够处理任意大小的加载数据。还有 bango®（http://bango.com/），两者都涉及一些。它们的分析可以报告移动网站导航和流量，以及应用程序的使用情况，如图 2.16 所示。其平台在白色标签的基础上运营，可被内容提供商和应用程序开发人员直接销售给消费者。

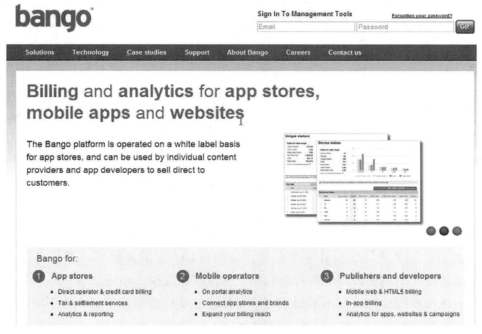

图 2.16　bango@平台

　　在开发自己的应用程序之前，这几乎是所有开发者需要知道的。例如，开发应用程序最低花费不到 100 美元，最高可达 1 万美元。开发费用最低的是一些超级简单的程序，不面向大的企业，或者没有任何社交网络功能。除非移动营销商具有基本的设计能力，否则将需要招募帮手。HTML5 程序员和经验丰富的应用程序设计师将会提高成本。另一个必要的成本是 Apple 公司及其每年 100 美元的开发者账户管理费，这是企业或品牌为了向世界发布应用程序而必需的。

　　下一个要考虑的是应用程序价格：应该为 1.99 美元左右。这是溢价，但这也是令人非常满意的，每次下载能得到超过一美元，但 Apple 公司拿走 30%。在大多数情况下，事后降低价格要比提高简单得多。另一个考虑是把应用程序免费提供给潜在或现有客户使用。如果主商业模式涉及应用内购买、广告或类似的情况，开发人员可能会免费赠送应用程序。品牌或商家应该快速浏览一下 Apple 的最高收入图表，此图表展示了免费应用程序的受欢迎程度。

测试未发布的应用程序也是不简单的事情。但是，应用程序开发者可以使用一个程序，如 TestFlight（https://testflightapp.com/），这使得测试和为注册应用程序构建更新更容易。在 iTunes 得到特别推荐当然很好。当 Apple 推荐列表包含一个应用程序时，开发人员将享受一个可预见的下载流，每天几乎下载量相同。尤其引人瞩目的是，New & Noteworthy 列表几乎提供了双倍的每日下载，就像"最热"列表。这由于当选择"应用程序商店"的"特别推荐"选项卡时，New & Noteworthy 会默认弹出。

2.24　Hyper Targeting 应用程序

移动建模的成功涉及合理的战略规划和预见性演化集群的改善。执行和利用移动分析的主要目标是规划和设计一个框架，从而可以在移动网站和应用程序使用过程中，被捕获并预测消费者的行为。类似地，这种移动建模策略应该创建一个量化移动行为的连续而系统的方法，不断衡量每个指标。移动应用的建模有 3 种不同的需求：

（1）应用程序本身和其结构的目的是什么？例如，就 Groupon 来说，它是提供基于移动设备位置的折扣交易。

（2）应用程序及其组件的业务逻辑是什么？应用程序是否是基于位置、兴趣、距离、年龄、性别、时段，或者部分或所有因素的组合？与 Pandora 一样吗？

（3）移动应用程序的图形化用户界面至关重要，应该简单，功能强，易操作。

一个最流行的移动应用程序操作系统是 Android，其平台来自开放手持设备联盟（http://www.openhandsetalliance.com/），包括 Google、HTC、Motorola、Qualcomm 和 T-mobile 在内的 34 个成员。主要的软件、硬件和电信公司都支持 Android。它使用 Linux 内核作为硬件抽象层（HAL）。应用程序开发和编程主要是用 Java 语言完成。尽管可能在任何 Java IDE（集成开发环境）中开发，但需要 Android 专用 Java 软件开发工具包（SDK）。有了该 Android 原生开发工具包（NDK），可以用 C、C++或其他本地代码语言编写效率关键代码。

当提到移动应用广告时，每个人都认同该市场有一天会壮大——但愿参与者可以想出办法，能够可靠地分析移动设备的使用行为，这些行为非常复杂且具有高度的随机性。对于移动体育市场，一家名为 CrowdOpric（http://www.crowd-optic.com/）的公司正试图用技术库破解代码，这种技术库可为广告商、团队和其他感兴趣的团体提供实时的移动分析，让他们知道用户在玩游戏时观看什么内容，同时还可以反馈实时通信流到移动设备，可以显著增强用户关注的体育赛事效果。

这家公司已经证明了能够使用其独特的三角算法和增强现实应用程序，在一个体育赛事中为粉丝们提供运动员的实时信息。在后端，CrowdOptic 能够确切地给活动组织者提供详细的信息，如大多数球迷通过移动设备在看什么。公司称之为"超级目标"的实践，理论上可以提供难以置信的数据粒化组，能够分析出人们关注体育赛事的原因。这些都被打包在"基于关注的服务"标签下。它试图讨论要超越基于位置的服务，即用户可以决定其他人看到的内容，而不只是他们的位置。

CrowdOptic 技术可以在移动用户转移注意力的地方进行实时检测，并正在调查平台支持其他应用程序，如体育场安保、座位广告和票务。这家新兴公司的亮点是使用三角测量的算法。CrowdOptic 将一个小应用程序安装在移动设备，可以从设备的 GPS 服务和摄像头提取信息，然后将其反馈到系统，系统可以提供分析，显示其他粉丝的设备倾向。

2.25　应用程序崩溃

移动应用程序监控公司 Crittercism 实施了一项新研究（Crittercism.com）。它指出，iOS 应用程序通常比 Android 更容易崩溃。结果表明：在 iOS 系统中崩溃的应用程序更多，而 Android 应用程序似乎更稳定。然而，应注意 iOS 系统的缺陷有可能是与 Apple 本身不兼容，因为这个版本的移动操作系统是相对较新的，更有可能发生的是，iOS 开发者的第三方应用程序没有与 iOS 完全兼容，从而导致崩溃。另一方面，iOS 确实已经使用一段时间，也引起了相当大（10.66%）的移动应用程序崩溃。

正如所见，Android 非常稳定。其最新版本的移动设备应用程序崩溃比率仅占 1.04%。相比之下，iOS 达到了 28.64%！

为什么 iOS 应用这么容易崩溃？这有许多潜在的原因，可能是由于硬件问题，如使用位置或 GPS 服务或摄像头，可能是由于网络连接，也就是说，一台移动设备如何连接到 4G 或 Wi-Fi，或设备在某一时刻没有连接到互联网，或者发生 4G 和 Wi-Fi 的切换。也有可能是某些移动设备语言支持问题。如果一个应用程序使用太多内存，也可能是内存问题。此外，Apple 的 iAd 系统存在一个潜在的问题。如果开发者不遵守一定的标准，这显然是其自身问题，但这并非是所有的问题，还有开发者没有更新应用程序等常见问题[①]。

2.26　地图应用程序

现在的竞争主要集中在通过应用程序为商店、机场、商场、竞技场等室内场所创建地图，如 aisle411（http://irunes.apple.com/us/app/aisle4ll-shopping-companion/id394218369?mt=8）的 aisle411 Shopping Companion、Micello（http://www.micello.com/）和 Meridian（http://www.mericlianapps.com/）都为移动设备开发地图应用程序，通过这些程序，用户可以申请将他们最喜欢的商店纳入地图，这可以帮助用户在一个大型零售商店内导航。Google（Guidebook.com）已经通过其 Android 操作系统为美国机场以及数百家 Home Depot 和 Ikea 商店提供地图。

这些类型的地图应用程序可以用于研究消费者的活动路径、正在寻找的商品，以及购买的商品。这是移动"市场购物篮"分析的一种新形式。市场购物篮分析建模技术正是基于这一理论。如果消费者购买某一特定物品，如奶酪，或多或少可能购买另一物品，像红酒。聚类算法和关联算法使移动市场购物篮分析成为可能。有关技术和软件将在第 5 章中详细介绍。这些地图软件通过零售场所内移动行为获利。如 Guidebook（http://guidebook.com/）等公司已经为博物馆、行业会议和其他零售室内空间创建了地图，如图 2.17 所示。

[①] 根据福布斯在线，福布斯 Tomio Gerontology（2012 年 2 月 2 日）。

图 2.17　大型室内活动导航平台

2.27　美国应用程序经济

TechNet 发布的一项研究（Technet.com）显示，在美国大约有 46.6 万个"应用程序经济"岗位，而该数字在 2007 年是 0。这项研究（由 TechNet 出资）还发现应用程序经济岗位正在向全国蔓延。应用程序经济工作岗位最多的都市区域是纽约及其郊区，尽管旧金山和圣何塞两者之和实质上已经超过纽约。然而，加利福尼亚位居应用程序经济州的榜首，接近所有工作岗位的四分之一，像佐治亚、佛罗里达和伊利诺伊同样占有一定的比例。实际上，超过三分之二的应用程序职业岗位分布在加利福尼亚和纽约之外。研究还指出，应用程序经济增长迅速，应用程序相关工作岗位的位置和数量可能在未来的日子里变化很大。应用程序品牌、营销商和分析者应该知道这些开发者在哪里，因为雇佣当地人是需要考虑的重要因素。

几年前，iPhone 还未被引进，美国没有应用程序工作岗位。iPhone 的出现证明这种移动设备可以很快创造经济价值和最前沿革新的工作岗位。今天，应用程序经济正在美国各地提供工作岗位，目前雇佣了大量的美国工人，未来还会更多。在不同的劳动力市场上，应用程序经济和广阔的通信领域已经成为主要就业岗位来源。

美国应用程序经济就业岗位比例最高的城市群	
纽约-新泽西北部-长岛	9.2%
旧金山-奥克兰-弗里蒙特	8.5%
圣荷西-森尼维耳市-圣克拉拉	6.3%
西雅图-塔科马-贝尔维尤	5.7%
洛杉矶-长滩-圣安娜	5.1%
华盛顿-阿灵顿-亚历山德里亚	4.8%
芝加哥-内珀维尔-乔利埃特	3.5%
波士顿-剑桥-昆西	3.5%
亚特兰大-桑迪斯普林斯-玛丽埃塔	3.3%
达拉斯-沃思堡-阿灵顿	2.6%
美国应用程序经济工作岗位十大州排名（百分比）	
加州	23.8%
纽约	6.9%
华盛顿	6.4%
德州	5.4%
新泽西	4.2%
伊利诺伊州	4.0%
马萨诸塞州	3.9%
格鲁吉亚	3.7%
维吉尼亚	3.5%
佛罗里达	3.1%

调查表明，涉及就业影响时，每款应用程序代表工作岗位，像移动编程人员、用户界面设计人员、营销商、管理人员、勤杂人员，最重要的是分析人员和建模人员。从人力资源统计局获得的传统职业统计数据不能跟踪这种新现象，因为这种经济生态系统太新了。研究分析了 Conference Board Help-Wanted Online[@]（HWOL）数据库的详细信息（这是一种招聘广告的综合汇编）来估计在应用程序经济的岗位数量。应用程序经济岗位总数包括：在纯应用程序公司的岗位，如 Zynga；在大公司的应用程序相关岗位，如 Electronic Arts、Amazon 和 AT&T；还有在核心公司的

应用程序基础设施岗位，如 Google、Apple 和 Facebook。另外，应用程序经济总体还包括外来人口的就业岗位。

2.28　Googling 应用程序

可以从 Google 下载一种新的开源 HTML5 视频播放器。这还是一款很好的窗口应用程序，也非常实用。它是 60Minutesapp 的机构内核，可以在 Chrome Web Store 中下载。它还是一款基础的视频播放器，该应用程序允许开发者创建自己的内容。类别页面同样允许开发者建立想要的类。用户界面也相当完美，开发者可以在 TheVideoPlayerSample 中尝试。它可以定制、扩展，或者直接使用，或者在开发者自己的内容中使用。

应用程序开发者可以通过 config.json 修改配置项，它是一个 Java Script Object Notation（JSON）格式的文件。开发者可以使用它为自己的项目定制内容。代码可以从 GoogleCode 下载，如图 2.18 所示。项目采用 MVC 软件设计风格结构，使用 Closure JavaScript 库。最终应用程序可以用 Google 的 Closure 汇编器编译。

图 2.18　Google 代码站点

Closure 编译器是一款 JavaScript 到 JavaScript 的简单优化编译器，本质上还是一款兼容 HTML5 的应用程序。Google 编译应用程序的主要特征如下：

❑ 应用程序同 Chrome 还有其他一些主流浏览器共同工作。

❑ 内置功能支持通过 Google++、Twitter 和 Facebook 进行分享。

❑ 具有订阅节目、观看电视剧集和创建播放列表的功能。

❑ 支持视频观看体验，包括全屏预览。

❑ 具有在应用程序中显示不同节目预览的类别页面。

❑ 当应用程序通过 Google's Chrome Web Store 安装后，会收到剧集更新的通知。

❑ 确保简单定制、所有源文件都包含在内，包括 Photoshop PSDs。

❑ 支持多视频格式，视用户支持的浏览器而定，包括 WebM、Ogg、Mp4，甚至是后备的 Flash。

2.29　应用程序选择

根据 Pew Internet Project（Pew.com）的一项调查，43%的移动用户设备上装有应用程序，并且大多数用户经常使用它们。根据 InformationWeek 的调查，商业技术专家把移动应用程序放在企业软件最高优先权的位置。毫无疑问，大多数商家、企业、品牌和营销商正在利用移动应用程序的快速增长来帮助驱动营销和销售以及客户服务，但是构建和开发一款高质量的应用程序令人却步。大多数公司内部并没有高深的移动应用程序开发技巧。正如前面提到的，有许多可用作开发的多操作系统和系统设备组合。移动应用程序的开发主要有 3 种方式：

（1）为每个占主导地位的平台开发一款本地应用程序：Android、Apple、BlackBerry、Microsoft 等。

（2）购买和使用跨平台开发框架，使用它的 APIs 写一次代码，但让应用程序运行在多平台上。

（3）使用移动企业应用程序平台。这种平台可以通过供应商框架利用企业的现存商业系统的预先构建企业级整合，无须太多开发代价和资源就可实现应用程序的快速部署。

就从查看应用程序开发选项开始，因为每个选项都有显著的优缺点。开发本地应用程序的主要原因是，它需要通过移动设备达到一种特定的功能，如加速器、摄像头或者 GPS，还需要利用该企业的当地信息处理系统进行利益整合。然而，理解本地应用程序的优点很简单，如果公司没有员工适合开发或者不具备各种移动平台知识，可能还有更多的弊端。由于这个原因，大多数 IT 组织将外聘人员开发本地应用程序。

第一，企业或品牌需要确定供应商具有开发特定类型应用程序的经验，而不只是操作系统平台的经验。所以，如果一家公司正在为 Apple 移动设备转化客户关系管理（CRM）应用，要确保应用程序供应商具有多输入形式和数据库驱动应用开发的经验。然而，本地应用程序还会有复杂的接口，这也是存在风险的。

第二，在构建应用程序和开发期间，确保应用程序供应商使用故事板这类工具演示了用户界面。一旦完全开发出应用程序，确保其质保团队使用移动设备模拟器软件在不同的移动设备上测试本地应用。不同的屏幕尺寸、操作系统、处理器、模拟装置和 RAM（随机存取存储器）可以改变应用程序的响应方式。

第三，营销人员和品牌需要确保有一个服务水平级的协议，来确保供应商开发人员及时修复漏洞。应用程序用户还想快速地获得补丁。Android 仅支持上百种设备和操作系统配置，甚至是 Apple 密切控制的 iOS 也有很多需要测试的版本。

另一个开发本地应用主要关注的问题是安全。而安全的软件开发实践已存在多年，大多数移动开发团队只是不遵循像“安全软件开发生命周期”这样的过程。企业和商家经常会遇到移动应用安全问题。在过去几年，花旗银行、富国银行（Wells Fargo）和万事达每家公司都在移动设备上发布了不安全的存储数据应用程序，包括个人识别密码（PINs）和信用卡密码。

这种类型的漏洞在“通用缺陷枚举”数据库（CWE-312）中是有据可查的。组合安全风险实际上是本地应用专门定制不同的操作系统（就像 iOS 和 Android），这使得分析其安全性更加困难，因为许多扫描漏洞的诊断工具不支持这些新的专有平台。

由于 Apple 应用商店和 Google 的 Android Market 的引进，应用企业和应用开发者看到了营销和销售移动应用程序给消费者带来的成功。如果企业、品牌和营销人员开发移动应用没有带来更赚钱的机会，即使在企业中采用了移动设备，同样也无济于事。企业 IT 部门根本无法跟上移动技术、平台和设备的更新速度，他们需要独立的移动应用程序开发人员的援助。

Partnerpedia（Partnerpedia.com，网址为 http://www.partnerpedia.com/）是一家移

动应用管理和市场平台的门户网站，其最近进行的一项调查表明，应用程序开发者为市场、营销人员和品牌提供移动应用的兴趣极大。超过 80%的应用程序开发受访者（200 多位）表示，他们计划为商家和市场客户提供应用程序。其主要原因是消费者市场供不应求，商业和市场应用程序有更高的利润。

82.5%的受访者表示，Android 是移动平台的先锋。Apple 的 iOS 紧随其后，近78%的受访者表示赞同。Android 的开放性可能是企业成功的关键因素。它使应用开发人员更加轻松地构建、销售企业类和营销类移动应用。应用程序开发人员面临的挑战是，决定面向哪个操作系统，以及是否建立本地应用程序或 HTML5 多平台的应用程序。

现有的工具和框架允许开发人员构建运行在多操作系统上的本地和 HTML5 应用程序，包括 Appcelerator®（http://www.appcelerator.com/）、Adobe PhoneGap™（http://phonegap.com/）和 Netbiscuits（http://www.netbiscuits.com/）。由于开发使用不同的 Android 版本（如 Honeycomb 或 Gingerbread），因此应用程序开发人员另一挑战是 Android 本身。而对于 iOS，大多数是在 Apple 移动操作系统的最新版本上开发。

企业中对移动应用的需求是通过创建竞争日益激烈的市场来驱动商业和营销创新，反映消费者应用程序市场发生的变化。开放传统信息技术产业吸纳第三方应用程序开发者，将会彻底改变商业软件市场，最终会增加就业、营销和公司业绩。

商业移动应用和营销移动应用开发是未来的方向。然而，会有许多公司、广告网络、移动网站和应用程序开发人员合作。所以在做出决定之前，花点时间考虑以下几个问题：开发什么类型的应用程序（如游戏类型、社交网络类型、公用事业类型等）；应用程序的目的是什么（如增加下载、生成用户参与、增加销售或生成 buzz）；也许最重要的是，为移动分析创建消费者行为数据。

2.30　应用程序安全

从最小的公司到最大的企业，如果都希望在移动应用方面能独树一帜，移动应用的开发必然迎来大繁荣。但也存在急于在市场竞争中击败对手的现象，移动开发者感到无路可走，开发环境仍然处于起步阶段，没有真正的标准来指导，这对所有相关方而言都是在冒险。

　　许多安全专家尤其担心这样一个事实，移动应用平台的快速开发周期和在此平台上开发经验的缺乏，导致编程人员抛弃了所有的安全开发原则。对于移动应用程序，行业过去争取的原则都被抛弃了。快速和敏捷开发导致每个短迭代中的变化。因此，安全问题被忽视，并成为了一件要做的好事，但很少能完成，甚至在大公司也会发生，如 Google Wallet^{TM} 发生的事故和违规，应用程序开发初创企业的情况则更糟糕。

　　当 TechCrunch（http://techcrunch.com/）宣布每天、每周、每月最热门的初创企业时，几乎每家企业都缺乏安全编码实践，甚至很少关注安全问题，直到出现漏洞。大多数情况下，这些企业甚至没有意识到这些问题。即使是 Apple 和 Google 等大型移动平台供应商现在才刚刚开始考虑安全移动编码，它们主要对寻找其他途径感兴趣。即使是已经建立的公司，意识到自己的风险和想要安全地为应用程序编码也很困难。开发标准很少测试代码漏洞的工具也很少。

　　应用程序测试方法论有别于测试正常的应用程序。面临的主要挑战是关键风险的识别、标准的缺乏以及正确的测试技术。结果，带着使客户、品牌和业务资源陷入风险的关键漏洞，应用程序已经涌入市场。例如，应用程序开发人员没有测试移动服务在云中的使用情况，就通过应用程序引入一系列加密缺陷，如在数据缓存文件中缓存未加密的密码。

　　事实上，根据数字取证和安全公司 viaForensics 的报道，运行在 Android 和 Apple 移动设备上的消费者应用程序中，有 76%的程序用明文存储密码。换句话说，应用程序正在用一种没有加密的格式将大量数据存储在移动设备上，其中有各种各样的密码及其他信息（例如，社会保险号和信用卡信息）被暴露。然而，开放式 Web 应用程序安全项目（OWASP，https://www.owasp.org/index.php/Main_Page）已经通过 OWASP 的固定式安全项目（OWASP.org），一直致力于移动应用安全，旨在为应用程序开发人员和营销人员提供编写、支持安全应用程序的工具和资源。OWASP 包括威胁模型、培训和平台专有的指导方针。

　　但与此同时，移动应用程序漏洞正在呈现增长的趋势，例如，在存储所有敏感信息的另一 viaForensics 报告中展示的 Google Wallet 在本地设备上使用的明文。黑客在 Google Wallet 的授权设备上可以很容易地破解 PIN。当组织发布利用敏感信息和支付系统（如 Google Wallet）的应用程序时，应用程序开发人员需要吸取的教训是，要注意的固有风险。品牌和企业需要测试应用程序的客户端和服务部分，使用动态和静态两者结合的测试技术，以及内、外部测试团队。

数据存储在移动设备上有多安全？不是很安全。事实上，在 Android 和 Apple 移动设备上的消费者应用程序中，有 76%的程序使用明文存储用户名，有 10%也会用明文存储密码，包括 Hushmail、LinkedIn 和 Skype。这一数据来自 viaForensics（OWASP.org）最近发布的一份报告。在这项研究中，公司研究人员评估了 100 个 Android 以及 Apple 的 iOS 操作系统上流行的消费者应用程序。由评估发现，许多应用程序使用明文在移动设备上存储大量数据，包括用户名。许多系统只需要用户名和密码，所以有了用户名，就意味着解决了 50%的问题。此外，人们经常重复使用用户名，所以同一用户名通常会用在许多在线服务上。

然而更糟的是，当应用程序无法加密更敏感信息，如密码，这会对消费者造成威胁，因为移动设备可能会经常丢失或转移，所以恶意软件可能会获取数据。还有一些风险，如存储的密码或信用卡号码，显然大于其他风险。对于移动消费者应用程序安全，测试的社交网络应用程序表现最差，有 74%未通过。这使用户身份盗窃或金融风险显著增加。其他应用程序类别表现较好，包括生产力应用程序（43%未通过）、移动金融应用（25%未通过）和零售应用程序（14%未通过）。虽然零售应用程序看起来故障率低，但实际上并没有零售应用程序通过测试。

如上所述，在 Android 和 iOS 系统中，不安全地存储敏感数据的应用程序包括 Hushmail、LinkedIn、Skype 和 WordPress。同时，仅在 Android 上不安全存储敏感数据的应用程序包括 Android Mail、Exchange、Hotmail、Gmail、Netflix 和 Yahoo! Mail。不安全地存储敏感数据的 Apple 移动应用程序包括大通银行、Exchange 和 Gmail 的 iPhone 邮箱。然而，许多其他应用程序也用非加密的格式存储非敏感数据，包括来自 Amazon.com、Best Buy、Facebook 和 Twitter 的移动软件。

当然，上述所有应用程序至少在一定程度上依赖于底层操作系统确保安全。那么，哪个更安全？根据 viaForensics（OWASP.org）调查，Apple 移动设备用户看起来有更好的保护。根据安全公司统计，相对 Android 而言，Apple 通过 iOS 平台对数据保护做出了更多努力。然而，由于恶意软件会使移动设备受损，或者丢失或被盗设备的数据可能被恢复，用户仍然面临着风险。

也就是说，变化正在发生。Google 发布 Android 3.0 版本，又名蜂巢。值得注意的是，操作系统升级后将在 Android 移动设备用户分区加密，但到目前为止，只可用于平板电脑，移动设备中不可用。因此，如果有人得到丢失或被盗的移动设备，或者恶意软件程序，仍可以在 Android 移动设备上获得根权限，然后可用来完全访问用户分区和数据。然而，Apple 的 iOS 也不是坚不可摧的，Apple 用更好的加密 4.0 版本升级其移动设备的操作系统，但取证人员和工具匠已经破译了 iOS 公布的数据安全方案。只要可以破解设备密码，就能够恢复大部分 iOS 移动设备存储的信息。

换句话说，一台 iOS 设备的安全很大程度上取决于它的主人。也就是说，如果移动用户不通过密码激活数据保护功能设置，文件还没有完全被保护。此外，各种现有工具能否成功破解用户密码，取决于使用的密码强度。

目前，Apple 的 iOS 和 RIM 的 BlackBerry 移动设备的安全水平在 Android 之上，仅仅因为 Apple 和 RIM 在很大程度上控制了自己的移动操作系统环境。应用程序开发人员和营销人员需要注意的是，有了这些不同的操作系统和市场上大量的移动设备后，他们要面对的系统安全方面的威胁。由此得到的教训是，在发布任何消费者应用程序之前，必须确保足够的安全测试。

2.31　本地企业应用程序

根据小企业和企业家委员会（SBE Council.org）的一项调查，使用移动应用程序来辅助运营的小型企业为自己节约了 3.7 亿多小时的时间，每年为员工节约 7.25 亿多小时的工作时间。研究表明，员工人数不超过 20 人的小公司，有 31% 的员工正在使用移动应用程序。在这些使用应用程序的企业中，企业主估计平均每周节省了 5.6 小时。结合美国中小企业的总数，该研究估计 128 万小企业主正在使用移动应用程序节省时间。

这些转化成了节省报纸发放、行政工作、客户研究、额外的驾车旅行和非生产性的停机时间，还有单个错误报告的时间。移动应用程序使中小企业主和员工有更多的时间专注于高附加值的工作。根据员工节省的工作时间和小型企业职工的平均工资，发现小公司每周节省 275 美元，平均每年超过 1.4 万美元。

使用移动应用程序可以节省公司单调重复的任务花费的时间，如记账、文档共享和出差，平均每月可以为小企业主节省 377 美元，每年超过 4000 美元。SBE 研究强调，这只是保守的估计，因为调查的只是员工人数不超过 20 的公司。

　　至于应用程序使用的效果，49%的受访业主表示，他们的公司能够把更多的时间用在增加销量和创造新的收益流上，而 36%的受访者表示应用程序帮他们削减了经常费用成本。最明显的是，51%的小公司业主表示应用程序使他们的业务变得更具竞争力，在不确定的经济环境下，能更好地提高操控能力。

　　目前，应用程序可以使公司共享电子表格和处理信用卡付款。移动应用革命使企业家的整个运营更容易而且成本更低（甚至免费），而且对他们的办公场所没有任何要求。越来越多的企业家正在使用超过 100 万个可用移动应用程序，以满足其业务需求。Forrester Research 估计，2015 年来自客户下载移动设备应用程序的收入将达到 380 亿美元（Forrester.com）。

　　应用程序可以节省时间和金钱，提高销量和生产力，还可以帮助小企业主提高效率，也可以提供给消费者与公司和品牌互动、沟通的新方式。SBE Counsil 的一项调查显示（SBE Council.org），移动应用程序每年为小企业节省 7.25 亿小时，估计可省 176 亿美元。Intuit（Intuit.com）调查的美国小企业主中有超过三分之一的表示，最担心年度业务增长，但近半数受访者称，重要的是能够在移动设备上开展业务。下面是一些企业家使用移动应用的案例。

　　对自我推销的公司来说，Pinterest（http://pinterest.com/）是一个受欢迎的电子钉板。精明的小企业主用它来展示自己的产品或服务。小型企业使用的应用程序可以帮助提升并扩大他们的公司。Pinterest 可以用来"钉"并且在网上分享喜欢的项目。应用程序也可以用来创建想法的"愿景版图"，并在客户平板电脑和移动设备上展示。如果人们喜欢所看到的图片，他们会"再钉"一次。应用程序也可以用来增加网站的访问量，并视觉化最佳业务。例如，室内设计师可以使用应用程序来"钉"重新装修房间的照片，园林设计师可以使用它分享修剪建议。Pinterest 是一个只有被邀请才能访问的网站，但人们可以彼此关注，就像在 Twitter 上一样。Dropbox（https://www.dropbox.com/）是一款应用程序，提供免费的服务，可以让商家在任何地方分享照片、文档和视频，并轻易与潜在的新客户分享，可以防止邮件来回发送。根据小企业与企业家委员会（SBE Council.org）调查，远程文件访问应用程序在最受小型企业欢迎的应用程序中排名第三（41%的用户在使用）。

　　移动支付应用程序是另一种流行的应用，这是专门为销售产品和服务的活跃分子设计的，还可以削减支付成本。食品摊贩、摄影师、美发师甚至乐队都可以使用这些应用程序。各种各样的应用程序可用于信用卡刷卡，像 Square 的那些应用，其中大部分是免费的，而且有适合移动设备的音频插孔。当支付被处理，信用卡或借记卡的授权完成；用户用手指就可以登录。

以下是最受欢迎的小型应用程序。

- ❏ Dropbox
  - ➢ 成本：多达 2GB 的免费存储。
  - ➢ 移动设备：Apple、Android、BlackBerry。
  - ➢ 用户可以在任何地方获取文件、照片和视频并分享它们。Dropbox Pro（每月用费 19.99 美元）存储空间可由 2GB 免费升级到 100GB，并提供服务版权代理。

- ❏ Evernote
  - ➢ 成本：免费。
  - ➢ 移动设备：Apple、Android。
  - ➢ 用户可以做笔记、记录电话或提醒笔记、捕捉照片、创建任务列表和共享数据。Evernote 也可以分类和标记项目，与 Facebook 和 Twitter 同步。用户可以购买更多的功能，如锁系统和额外的存储。

- ❏ Expensify
  - ➢ 成本：免费下载（基础版）。
  - ➢ 移动设备：Apple、Android、BlackBerry、Windows Phone、Palm。
  - ➢ 可以自动化整个费用报告过程。它绑定一张信用卡、上传凭证、通过 PayPal 报销，并与 Evernote 同步。大多数低于 75 美元的购买可自动开具电子收据。开始的十次免费扫描之后，有一个更多收据的支付选项。

- ❏ IntuitGoPayment
  - ➢ 成本：使用免费的读卡器免费下载。
  - ➢ 移动设备：Apple、Android。
  - ➢ 一个费用发生付款的版本，每次按刷卡额的 2.7%收费或每次输入数额的 3.7%。大量用户可以按每月 12.95 美元付费，加上 1.7%～2.7%的交易费。Issuer Intuit 最近发布了一个新设计，读卡器更小。

❑ OfficeTime
> 成本：免费。
> 移动设备：Apple。
> 它是专为自由职业者、顾问、律师和其他按小时下单的用户而设计。应用程序链接到 Excel，跟踪计费时间、项目和费用。

❑ Pinterest
> 成本：免费。
> 移动设备：Apple。
> 它是一个虚拟的钉板，用来保存和分享产品和服务。商家，如设计师和面包师等可以展示其作品。如果别人喜欢，它将被重复共享。

据 ABI 研究，2016 年全球移动应用总收入估计将达到 460 亿美元。研究公司指出，该数字包含了付费下载、应用内购买、订阅和广告。但据 ABI 研究公司（ABI Research.com）的研究，在应用程序内购买内容的人数不会增长那么多，这个收入机会的前景还不确定，然而移动应用程序是一单大生意。

作为一种收入模式，应用内购买目前非常有限。当前绝大多数应用内收入是由占很小比例的人群产生，他们是高度忠诚的移动游戏玩家。在商界，没有什么比客户忠诚度更有价值。这无疑是一种蔓延的现象。如果客户不能得到餐厅提供的足够美味的汉堡，或客户信赖贵公司的汽车产品，他们肯定会告诉朋友。

混入一些消费者动机，可能会吸引一些终身顾客。

Enter Punchcard（http://www.punchcard.com/）是一家通过以帕萨迪纳为基地的商业孵化器 Ideallab 创建的公司。Punchcard 已经创建了一款移动客户忠诚度应用程序，如图 2.19 所示，不仅有利于客户从折扣中受益，同时也为商家提供了有关客户购买习惯的有价值信息。这个应用程序使用起来非常简单，客户只需要在每笔交易结束时给收据拍照。然后，在提供产品的地方选择业务，在打孔卡上赚取卡孔。打孔卡应用程序取代企业经常用的物理打孔卡。有了打孔卡，商家可以确定客户购买习惯。

打孔卡可以帮助商家根据客户已经购买的物品划分顾客。因此，企业可以提供特定类型的激励，如针对他们所知的消费者意向产品推出"买二送一"的活动。消费者喜欢打孔卡，因为他们可得到现金回扣，商家也喜欢它，因为它可以帮助商家更有效地吸引客户。该程序是一个非常完美的工具，可以用于整合消费行为、数据挖掘移动设备和设备持有者。

图 2.19　Punchard 提供了商业客户数据库的信息

　　消费者可以免费使用该应用程序。商家可以支付 29 美元，或者每月为业务点支付 99 美元。29 美元包本质上是一个旧刷卡系统的电子版本。99 美元版本提供了关于每个客户购买习惯的更深入的信息。打孔卡真正帮助小型企业对忠诚客户保持跟踪，使小公司和他们的员工在熟悉的基础上去了解客户。

2.32　$应用程序

　　eBay 和 Amazon 的比价服务是以营销和创收为目的杀手级应用设计与策略的一个典型案例。两者的目标都是使消费者和应用的开发企业互利，消费者可以在世界各地找到最便宜的价格，而 eBay 和 Amazon 则可以增加销量。但更重要的是大量的购物和定价数据的聚合，通过多个产品类别，对不同的国家、不同的消费者行为进行分类和建模，这种移动分析技术已经成熟。

　　eBayMobile 应用程序（http://mobile.ebay.com/）具有通用比价特性，是一个实用性很强的实例。这种透明的能力创造持久的顾客忠诚度，并确保未来的客户参与。

Amazon 也提供一种快捷方式，比价的顾客在其移动网站获得折扣。Amazon 价格检查应用程序（http://www.amazon.com/gp/fea-ture.html?ie=UTF8&docId=aw_ppricecheck_iphone_mobile，如图 2.20 所示）是免费的，可以在所有主流移动设备上运行。应用程序可以扫描产品条形码，给产品拍照，或者通过语音识别商品名称。该应用程序提供了 Amazon 中商品的价格，可以使用信用卡付款功能把商品放在购物车中，还对一些限时优惠的商品提供折扣。

图 2.20　Amazon 价格检查应用程序

这两款比价应用程序不只是一站式购物的终点，实际上是一个搜索购物、定价功能和通过消费者、移动设备与朋友分享商品信息的起点。因为它们显然是独立的，并且讨移动用户喜欢，还带来了大量的消费者忠诚度。对于开发者，它们是移动分析通向大量行为消费者和定价数据的渠道。

另一款应用程序可以将移动设备变成移动收款机。如前所述，可以用来跟踪客户购物历史，它就是 Square，如图 2.21 所示。这款分析程序允许小企业对销售数据进行"切片和切块"。超过 75%的美国商人打算购买一台平板电脑；根据国家零售联合会（NFR.com）数据，这种类型的应用对商家细分客户移动设备购买行为是非常理想的。

小商家往往背负着笨重的 POS 系统，一年维护成本要数千美元，并且要花时间安装。然而，他们可以下载 Square 免费注册应用程序（https://squareup.com/register），用不到一个小时的时间安装库存清单。Square 通过收取小额交易费来盈利。最初的 Square 读卡器是一个支持付款的白色小塑料设备，在全国范围内拥有超过一百万用户，可以在 Apple 和 Android 移动设备上工作。

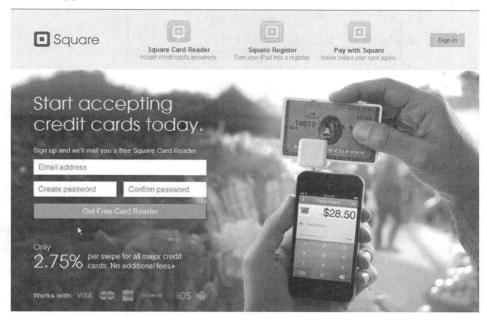

图 2.21　Square 应用程序读卡器

2.33　环境社交网络应用程序

人类探索应用程序正在起步。例如，Highlight（http://highlight/about.html）是一款 Apple 应用程序，旨在揭示用户拥有却不知道的真实连接，以及提醒用户可能错过的朋友。Highlight 通过搜寻来工作，用一个用户的 Facebook 账户来发现他们知道的人以及他们喜欢的话题。然后，当朋友在附近时，使用移动 GPS 来通知用户。

Highlight 自称"人群来源地推荐"应用程序，无论用户正试图发现一个城镇最好的酒吧，或是正在计划下一个假期，Highlight 都能让他们找到世界上最好的地方。Highlight 使用其先进的推荐引擎，收集来自购物、照片和音乐网站的数据，如 Foursquare、Flickr、Yelp 和 last.fm。Highlight 不间断地、自动监控移动设备的行踪，

并与其用户朋友圈内外的会员共享。其他社交应用
程序，包括被 Facebook 收购的 Glancee（http://www.
glancee.com/），能够准确定位"几步之遥"的用
户和并分享用户的兴趣。另一个是 OkGupid
（http://www.okcupidcom/），通过兼容性定位附近
的单身用户。

　　还有 TenthBit Inc（http://trypair.com/）的 Pair
程序，这是一款可以在两个用户之间发送"拇指
吻"的应用程序，用户排队时可以在移动设备屏
幕上划动拇指，屏幕振动并变红，如图 2.22 所示，
这是一个很有趣的创意，两地分居的夫妻无疑会
很喜欢。一旦两个合作伙伴下载了应用程序，就
可以互相发送短信、照片和视频，而不用担心"擅
入者"查看他们的亲密交流。Pair 还允许用户在
一起画画，共享待办事项清单。Pair 是对隐私趋
势的合理延伸。

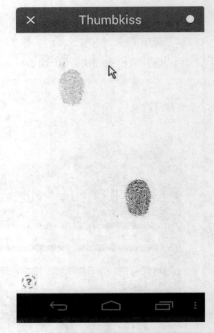

图 2.22　应用程序 Pair 的 Thumbkiss

2.34　应用程序开发者

　　如前所述，营销人员和品牌的一种选择是将应用程序的开发外包给经验丰富的
专业开发人员。下面是一些最佳品牌组合。

- ❏　Elance®（https://www.elance.com/）：这是一个 IT 技能交易网站，有超过
  30 万自由职业者。移动营销和品牌可以发布工作投标定制开发应用程序。
  最近关于"移动应用程序专家"的关键词搜索，搜索出了超过 4 万家承包
  商和公司。

- ❏　MyFirstMobileApp（http://www.myfirstmobileapp.com/）：这是所有主流移
  动设备的应用程序开发商，提供全方位、跨类别的端到端服务，如公用事
  业、娱乐和不同应用类别中的游戏，在所有类型的移动平台上提供自定义
  应用程序的开发，包括 Apple iOS、Google Android、Windows Mobile and

Phone、BlackBerry、Symbian 操作系统。

❑ Zco Corporation（http://www.zco.com/）：移动和企业自定义应用程序开发服务，延伸到了所有的主流移动平台，还提供三维动画和数字营销服务。客户提供应用程序概念，而 Zco 将会去实现它。Zco 具有多平台应用程序开发和后端系统集成能力。

❑ Mutual Mobile™（http://www.mutualmobile.com/）：美国最大的移动应用开发公司，帮助客户充分利用移动设备的优势，为所有主流移动设备提供专业知识和能力，来执行应用程序设计、工程和项目资源管理。

❑ Bianor：提供免费的分析和快速开发服务，专门从事从电信级后端服务到应用程序开发的完全移动解决方案。

❑ XCubeLabs：经验丰富、低成本、交付迅速、报价免费，包括多个垂直开发应用程序，开发了超过 400 个应用程序，具有雄厚的技术能力、定义明确的方法和一支由工程师和设计师组成的专家团队。

❑ BestFitMobile：支持所有主流移动平台，为希望与客户接触的公司设计、开发和优化移动解决方案。

2.35　应用程序人口统计

其他公司开发的 Apple 和 Android 应用程序捕获不同类型的重要人口统计数据，这些数据可以通过移动分析被用于聚类和分段。有了相关的内容、产品和基于这些参数的服务，如年龄、性别、位置和兴趣，这些应用程序可被用来更好地跟踪、锁定消费者及其移动设备。移动设备在营销中是相关的，对品牌、企业、开发人员、分析人员和营销人员都非常重要。

捕获年龄和性别的 Android 应用程序对 Pandora® and MyspaceMobile 是受限的。然而，下面的 Android 应用程序却可以捕获位置：Alchemy、BarcodeScanner、BeautifulWidgets、CalorieCounrer、CardioTrainer、CBSNews、Foursquare、FoxNews、Groupon、MoviesbyFlixster、Pandora、PaperToss、Shazam、TheCouponApp、Tossit、TweetCaster、USYellowPages、Weather&ToggleWidget、TheWeatherChannel 和 WeatherBug。

Apple 在 Grindr 和 Pandora 捕获年龄和性别。捕获位置的 Apple 应用程序有

AngryBirds、CBSNews、Dictionary.com、MyFitnessPal、Ninjump、TheMoronTest、TheWeatherChannel 和 Grub。

应用程序开发者可以插入来自广告网络的 SDK，如 Greystripe（如图 2.23 所示）。这是应用程序开发人员中常见的惯例，使用这些现成的工具放置广告并通过锁定设备生成收益，主要依据用户兴趣和位置，以及为移动分析聚合重要用户统计数据。

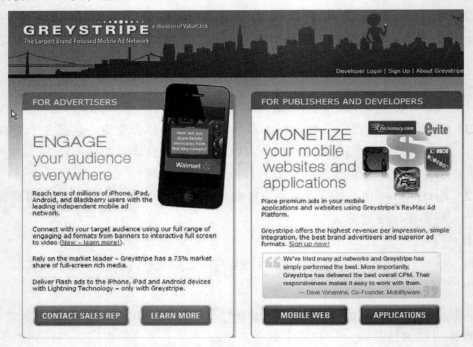

图 2.23　应用程序开发器软件开发工具包

2.36　应用程序三角定位服务

还有几个移动营销和三角定位公司，开发人员、出版商、营销人员可以用应用程序来追踪移动设备何时去向哪里，并可以实时定位。

❑　App Annie（http://www.appannie.com/）：有超过 7.5 万的 Apple 应用程序发布商和开发人员免费使用此服务跟踪下载、销售和评论。

❑　MobileDefense™（https://www.mobiledefense.com/）：最初被开发用来跟踪

丢失或被盗的数字设备，公司现在将其对外销售。它们是 Android 的第一个安全跟踪方案，并且给移动营销人员提供军用软件。

❑ Glympse®（http://www.glympse.com/）：提供允许启用 GPS 的移动设备被跟踪的软件。这是一种简单的方式，移动设备可以通过电子邮件、短信、Facebook 或 Twitter 对任何人安全分享实时位置。

❑ MobiWee（http://www.mobiwee.com/）：可以在 Windows、Android、Apple 和 BlackBerry 移动设备上运行。软件为联系人备份、恢复、合并、转移存储提供了一键式远程访问，可以从任何固定计算机到移动设备传输文件，并可以回传。

❑ Navizon（http://www.navizon.com/）：为应用程序的跟踪提供了一个 SDK。Navizon（如图 2.24 所示）可以提供基于 Wi-Fi 三角定位或数据信号的移动设备位置、纬度、经度。其客户端 SDK 是一个库，开发人员、出版商和营销人员可以纳入到他们的应用程序。Navizon 定位系统可以收集移动设备周围的三角定位信息，并将其转换成地理位置，用合适的方式传送到客户端。Navizon 也提供室内跟踪三角定位系统和先进的移动分析。

图 2.24　Navizon 三角定位系统（http://www.navizon.com/）

2.37　应用程序广告代理

也有用移动网站和应用广告活动来帮助客户和品牌的数字广告机构。越来越多的广告转向移动市场，应用程序广告代理是广告和营销领域新的先锋。

❑ DataXu（http://www.dataxu.com/）：在所有频道为广告活动提供媒体管理平台。DataXu 首先吸收客户现有数据，然后分析数据，寻找行为模式，帮助它理解和区分目标群体意图的级别。其 DX Mobile 对移动广告商来说，是一个需求方平台。

❑ BBDO（http://www.bbdo.com/）：在全球范围内，通过多种渠道为营销人员提供对人们日常习惯和行为方式的洞察，包括移动渠道。BBDO 是一个全球广告代理网络，总部设在纽约。

❑ Razorfish（http://www.razorfish.com/）：一个大型的互动机构，提供数字广告服务；通过战略规划、互动设计、社交影响营销、搜索和电子邮件营销、分析、技术架构和开发，帮助企业建立自己的品牌。

❑ GeniusRocket（http://www.geniusrocket.com/）：在创意人才与营销商、发布商、公司及其品牌经理间搭建桥梁的广告机构，有超过 200 名生产开发人员，100 支动画团队，50 名广告文案人员，50 名创意总监。

❑ Lotame（http://www.lotame.com/）：该机构通过人群控制技术，提供社交媒体广告活动，跨多媒体插口无缝地锁定消费者，包括移动设备。其亲和力报告识别出相关群体的属性和最可能表现出渴望行为的目标群体，比如与一个品牌互动。

❑ MediaMath（http://www.mediamarh.com/）：通过需求方平台（DSP）提供数字媒体服务。该机构使用数据来理解消费者行为，并识别机会，把这些见解转化成移动渠道的整合营销策略，使用高级分析来识别媒体和最可能实现这些目标的群体，并量化每一个个体的价值。

❑ Big Spaceship（http://www.bigspaceship.com/terms-of-service/）：该数字创意机构专门从事网站设计、战略制定、市场营销和品牌推广。

❑ [x+1]（http://www.xplusone.com/about/company-overview/）：这个机构通过数

字媒体提供受众锁定服务，[x+1]与品牌、机构和媒体公司一起工作，以确定最有价值客户的属性。其预测优化引擎实现了自动化、实时决策和个性化。

2.38 应 用 分 析

因为创建应用程序的主要目的是通过企业和品牌利用移动分析生成设备数据，所以与像 Apsalar（http://apsalar.com/）这样的度量报告公司建立合作关系至关重要。这家公司提供了参与指数和收入分析工具，给移动应用发布者提供了前所未有的信息，来量化和优化用户参与及其应用程序的盈利。Apsalar 可以通过其移动参与管理（MEM）平台（如图 2.25 所示）报告应用程序活动，并通过免费的 ApScience 移动分析服务，为 iOS 和 Android 应用程序提供移动分析和行为目标解决方案。

图 2.25　移动应用程序分析工具 Apsalar

Apsalar ApScience 服务提供移动发布者性能，能够更好地理解参与程度和应用程序产生的收入。这项服务使应用程序开发人员分配参与或收入价值来选择用户活动和事件。参与值是由发布者依照选择跟随的规模决定，而收入是由从应用程序用户收集来的实际款额决定。

当这些 ApScience 指标已经参与某个事件或者有收入值与之相关时，就会根据每个独特的用户而被跟踪。然后这些指标值用来给多个报告和分析提供信息，以便发布者和开发人员可以更好地理解应用程序的整体参与和每用户平均接触（AEPU），以及整体营收和每用户平均收入（ARPU）。有了收入分析和参与指数，移动应用程序开发人员可以衡量其应用程序的变化如何影响参与和收入。例如，一个应用程序收购活动可以跟踪来自顾客的收入在每天下载后的基础上如何变化。

2.39　广告即应用程序

研究证实，带有商标的移动应用程序增加了消费者对产品种类的普遍兴趣，改善了消费者对赞助商品牌的态度。研究人员还发现，本质上提供信息的或是功利性的应用程序（例如比价应用程序）比关注娱乐和游戏方面的应用程序更有可能吸引用户。

应用程序可以成为广告商和销售商跨越传统产品或性别界限吸引新型消费者的一种方式。不像通过一个平面广告、媒体点或在网站上在查看信息，如果消费者决定下载一款应用程序到移动设备并使用它，将更深入地审阅公司的信息。研究得出结论，因为相比网站，消费者与移动设备有更密切的关系，所以有更深层次的互动。

广告应用程序的另一个好处是，消费者一旦下载，这些程序就会与之同行，随时随地成为消费者的"伙伴"。移动设备的本质实际上是它们持有者的外延。ICR的研究表明，广告商需要采用新规则与移动用户沟通。研究人员使用了 8 个品牌应用程序，一半是主要针对男性的品牌产品类别，另一半针对女性。4 个针对男性的品牌是百思买、吉列、宝马、韦伯，而 4 个专门针对女性的品牌是盖璞、卡夫、兰蔻和塔吉特。

2.40　应用程序的未来

随着更多的大品牌转向移动领域，来瞄准越来越分散的消费者，应用程序营销将会成为未来广告的一部分。以下清单详细说明了应用程序开发人员和营销人员需要用不断演变的方式关注的一些问题，它应该是具有吸引力且富有成效的：

（1）识别应用程序领域的机会，并且采取行动。

（2）时刻证实应用程序数据的准确性。

（3）设定应用程序团队目标和激励，使其成为一个不间断的过程。

（4）在移动网站和应用程序中关注可行的消费者数据。

（5）设定成功应用程序指标，不间断地测量关键性能指标（KPIs）。

（6）货币化所有应用程序模型，测量投资回报率（ROI）、销售、转换、下载、盈利能力、收入和口碑。

盖洛普民意调查发现，接近一半下载和使用应用程序的移动设备用户表示，只要应用程序获得其许可，他们并不介意移动分析。

第3章 移动数据

3.1 工作原理

由于移动设备数据挖掘的产生，了解移动数据如何创建，以及如何被聚合用于分析至关重要。谈到移动设备位置和消费者兴趣时，当前的移动设备能够连接到互联网并传输数据，这使移动设备看起来更像个人计算机。对于移动数码设备来说，从 1G 到 4G 的历程是一条漫长而艰难的道路。到目前为止，移动设备大致经历了 3 代，在图 3.1 可以看到，现在正引进第 5 代。

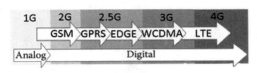

图 3.1　移动数据发展历程（源自 GSMA.com）

图 3.1 展示了移动电话技术发展的大体情况，最新的一代是 4G 技术。其整体概念是增加、加速移动数据的交付。第一代移动设备使用的大多是被遗忘的模拟技术，正是这种技术使移动市场崛起。目前，大多数移动设备使用的是由初期 2G 演化而来的 3G 技术，其设计基于名为全球移动（GSM）通信系统的技术。

在欧洲，人们往往认为移动设备是 GSM 的同义词，但这并不完全正确。早期，在世界范围内部署了许多不同和不兼容的系统。即使今天，GSM 仅占世界无线通信市场的 70%多，有像码分多址（CDMA）这样的替代品，这是被各种无线电通信技术广泛使用的一种信道访问方式。

然后，还有集成数字增强网络（iDEN），这是摩托罗拉公司开发的一种移动通信技术，为其用户提供集群无线电和蜂窝电话的优质服务。集成数字增强网络（iDEN）利用语音压缩和时分多址（TDMA），将更多用户置于给定的频谱空间，与模拟蜂窝和双向无线电系统对比，这是一种共享介质网络信道的访问方法，通过将信号分为不同的时段，使多个用户共享相同的频率通道。TDMA 占当前移动数据市场的 8%。

将这些从 GSM 兼容版本进行区分时，会用到 3GSM 一词。但术语的变化并没有帮助解决兼容问题。3GSM 本质上是一个 GSM 网络，使用宽带码分多址（W-CDMA）作为其传输方式。当提到 4G 时，情况更加复杂并且完全不同。

下面来看看 3G 运行的细节，尤其是使 3G 远优于 2G 的因素是什么。当 2G 数字网络开始实施时，无线电通信的状态远没有今天这么发达。使用的系统依赖于传统的无线通信与计算机技术的结合。一个频率分区足以用来提供约 800 个单向信号通道。对于双向或全双工通信，每个电话需要两个信道，可以把它降到 400 个链接。显然，这不足以给大量的用户提供通信信道，要使其运转的关键是频率复用。

通过使用低功率传输，一个频率分区在一个小区域（称为小区）可用于提供 100 个双工通道。没有干扰的情况下，在每个相邻的小区，通过使用一组不同的频率，可以提供一百个频道。一旦一个小区离第一个小区足够远，可以重复使用一组相同的频率，就像图 3.2 中两个黑色小区的情况一样。

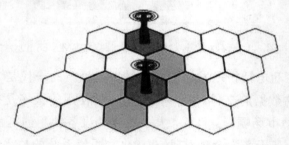

图 3.2　移动设备的三角测量

目前，正在向服务一栋建筑或街区的微小区发展。使用微小区或更小的小区尺寸是增加一组频率整体数据承载能力的一种方法。小区原则就是人们有时称 GSM 设备为"移动设备"的原因。然而，对 GSM 来说除了小区的使用，还有更多用途。

分配一个物理信道给单个连接将是巨大的资源浪费。相反，每个物理信道分为 8 个时段（每段 0.577 毫秒），可供 8 个用户共享。这叫作 TDMA，加上为每个连接使用不同的频率，通常称为频分多址（FDMA），是 GSM 的两种主要补充技术。

一个频率的小区分配分为两部分，用于上、下链接。一个（双向）连接使用一个来自上链接的频带和一个下链接的频带，中间设置了 45MHz 间隔。每个 200KHz

的宽信道被进一步划分为 8 个时段，如图 3.3 所示。由于 2G 是一个数字网络，在做数字连接时人们会预料到有小麻烦。但是，考虑到技术是为语音通信而设计和优化的，所以它并不是那么简单。最基本的方法是把"调制解调器"内置在移动设备，用于给另一个调制解调器拨号，建立线路交换数据（CSD）连接。理论上，一个时段传送速率应该能达到 34Kbit/s，但纠错和加密至少需要将此缩减到三分之一，因此产生一个可用的数据速率，约为 9.6Kbit/s。建立通话还需要更长时间，因为小区处理数据调用大有不同，不是以通常的路由呼叫方式，而是拨打用户提供的号码，连接到 ISP（互联网服务提供商）调制解调器。这也增加了 1 秒的延迟。

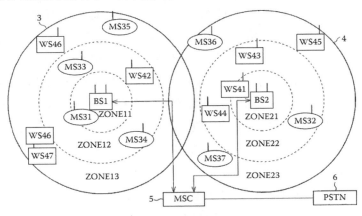

图 3.3　通过时隙的频道配置

高速电路交换数据（HSCSD）是一种改进的 CSD 连接，一些运营商提供这种服务。这项工作的完成每个用户需要多达 8 个 TDMA 时隙，考虑到使用多时隙的一些低效问题，速率可以达到 57.6Kbit/s。在实践中，运营商需要对可用于使其他用户拨打电话的时隙数量进行限制。用户还需要一部支持高速电路交换数据（HSCSD）的移动设备。电路交换数据（CSD）和高速电路交换数据（HSCSD）都是点对点的连接，只对拨号专用网有意义，而不是连接到互联网。GPRS（通用分组无线业务）是直接连接到互联网。移动设备通过连接到互联网的小区，发送和接收 IP（互联网协议）数据包。从这个意义上讲，移动设备供应商充当一个互联网服务提供商（ISP）。不像电路交换数据（CSD），不需要设置，数据包在需要时被发送，随时被接收。这就是 GPRS 是一种不间断服务的原因。

像在 HSCSD 中一样，GPRS 还可以使用多时隙发送数据包，通过改进编码增加有用的数据，这些数据可以被设置在从 9.6～13.4Kbit/s 的时隙，能达到最大数据速率约为 100Kbit/s。在实践中，由于小区的硬件限制，GPRS 在下行的方向最多使用 4 个时隙，达到大约 40Kbit/s 的传输速率，几乎没有时隙上行能达到 10Kbit/s。GPRS 对突发数据传输是理想的，而 HSCSD 对大部分连接更好。值得一提的是，HSCSD 通常被连接时间填充，而 GPRS 是被大量传输的数据填充。一些运营商也优先考虑语音流量，GPRS 只是分配时隙，否则它们会被闲置。

还有 EDGE（增强型数据速率 GSM 演进），其最终意图是通过现有 2G 网络推送更多的数据。它本质上是一种改进的 GPRS，通常被称为增强型 GPRS 或 EGPRS。EDGE 所要做的是改善用于传输二进制数据的编码。标准的 GSM 传输码位使用一个非常简单的频移编码（高斯最小移键或 GMSK），基本上分配两个音调来表示 0 和 1。EDGE 使用八进制相移键控（8-PSK），它可以把更多的比特填进相同的频率分配。事实上，每个通道的 8-PSK 三元组的数据容量，大约是 40～70Kbit/s，但这也使得它对噪声和信号强度更敏感，所以它还定义了 9 个不同的编码，如果用户在小区的边缘，它可以使交换速度更可靠。如果使用多时隙且信号强度好，EDGE 的速率可接近 400Kbit/s。

GPRS 和 EDGE 有时都被称为 3G 服务，尽管这是误导。大多数无线技术的革命已经使用扩展频谱技术，如 Wi-Fi。通过跳频或者可用带宽在低功率传输信号的方法扩展频谱更有效，使用所有可用的频率，而不是在单一频率传输。

当 GSM 和其他 2G 服务正在被设计时，扩展频谱还处于萌芽阶段，但是有种电话系统使用它的这种形式，如 CDMA。CDMA 通过用伪随机位序列混合数据位工作，使产生的信号看起来像噪声。它听起来像静态背景音乐，就像在一个标准的收音机上听一样。恢复这些数据时，必须从收到的数据中减去相同的伪随机位序列。移动设备和移动设备发射机必须就初始设置中使用哪一个可能的位序列进行协商。此后，不同的移动设备使用不同的位序列，可以同时使用相同的频率分配传输，并且数据可以恢复。

欧洲 3G 标准（通用移动通信系统 UMTS）被用于 3GSM，利用的是 W-CDMA。在这种情况下，使用的频道是 5MHz，这比最初的 CDMA 宽 4 倍。3G 数据传输是一种基于数据包的系统，本质上是没有时隙需求的 GPRS。它还使用了一种交换传输速度稳定的自适应编码系统。

因此，实际的数据传输速率是根据信号强度和质量变化的。最佳状态下，可以使运营商提供的数据传输率高达 2.4Mbit/s。3GSM 设计用来与现有的 GSM 网络相互作用，允许在任何可用的系统通话：2G 语音、CSD、HSCSD、GPRS、EDGE、3G 语音和 3G 数据。移动设备通话之间可以在 GSM 和 3GSM 小区之间传递，协议自动调整什么可用，而用户根本不需要知道正在发生的任何事情。不同的国家采用 3G CDMA 技术的版本不同。例如，在美国，现有的 CDMA 网络已经升级到 CDMA 2000，而不是 W-CDMA 和 GSM（如图 3.4 所示）。

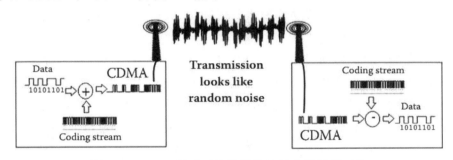

图 3.4　CDMA 通过更快的码位流混合数据而工作

目前，有两种在用的替代技术：LTE（长期演进）和 Wi-Max。Wi-Max 只是更长范围和更高功率的 Wi-Fi 标准扩展。虽然 Wi-Max 是被用来使互联网达到远程位置或没有良好的 ADSL（不对称数字用户线）速度的位置，但几乎可以肯定的是，在 4G 的竞争中它不会是赢家。许多公司已经在生产 Wi-Max 移动设备，更多的正在进军市场，但 LTE 硬件似乎更先进。如果 Wi-Max 是在 Wi-Fi 基础上的进化，那么 LTE 就是 GSM/UMTS 的进化。它使用先进的信号处理技术来提高数据率和可靠性，工作在无线频谱的不同区域，因为它的无线电与 3G 信号是不兼容的。

3.2　机器对机器（M2M）遥测

当机器"交谈"时，它们使用著名的遥测语言。M2M 开始只是作为一个实用的仪表应用，使用像传感器、移动设备或仪表之类的设备来捕获一个"事件"。该"事件"被即时传送到一个程序并付诸实施。M2M 应用仅限于像警报系统这样的监控设备。Verizon 和 Sprint 已经通过移动设备开展这项工作，主要涉及资产跟踪、工业生产、交通运输管理、金融服务、设施监测、医疗警报、自动售货维护等市场领域。

M2M 的概念在改善遥测用途方面，给予商家、政府和私营企业相当大的承诺。但最重要的是，M2M 可以帮助制造商、零售商和其他企业维护库存，方便了科学家、医生和操盘手进行研究以及风险管理，并采取先发制人的行动。然而，M2M 最广泛的应用是在移动营销领域。

移动分析所做的是使 M2M 的能力和功能得到全面提高，从实用仪表的功能到快速自适应和精确的移动市场推广。用于为 M2M 应用发出警报转移网络流量的规则，现在反而可以用来探索关于移动行为业务规则（用决策树 AI，即人工智能软件构建的），从而提升销售和收入。

移动分析关注的是移动设备正在寻找什么以及它们搜索时的位置。正如最初的实用仪表应用，持续监测和模型设备活动对移动分析很重要。因为要使假定的有适应力的规则从历史数据模式开发出来，移动设备通过三角定位用无缝的方式实时生成相关提议和内容。

移动数据的繁荣已经威胁到运营商曾经的基本语音收入，当人们绕过蜂窝公司建立基础的传统途径，更多地使用互联网进行通信时，它已停滞不前。就数据而言，公司、营销商和品牌使用驱动效率、收入、客户忠诚度和利润的软件和技术，成为第一批吃螃蟹的人。目前，在这个日益苛求的世界，普通人也在利用这些软件和技术使他们的生活更方便。

麦肯锡在一份报告中指出（http://www.mckinsey.com/），前沿的学术研究表明，相比那些没有使用移动大数据和业务分析来指导决策的竞争者来说，使用这些技术的公司更有成效，并获得更高的股本回报率。今天的消费者需要信息、娱乐和来自移动设备的社交网络，因此，电信公司正在改变自己，希望可以长期留住顾客。

这也是行为变化和大数据繁荣的时代，可伸缩网络的无缝连接是理所当然的。未来的数据量大、种类繁多且速度快，这也是大数据时代的标志。由于移动设备使用量的大增，蜂窝数据流量和无线电话网络的增长速度超过了供应商的供应能力。这就是蜂窝企业处于转型模式的原因。每个企业都试图确保站在移动大数据增长浪潮的前沿，因为随着语音收入水平将趋于平稳，未来的增长点在数据上。他们这么做最担心的是顾客转向另一个能供其所需的运营商而造成损失。

有很多移动数据脱线的业务案例，包括移动数据用户和移动宽带网络运营商。业务案例是由成本压缩和价值制造驱动，而不是新收益的产生。大多数移动数据脱线是通过双重功能的移动设备来完成，可以通过 3G/4G 无线接口访问移动网络服务，或者使用 Wi-Fi 无线上网接口独立访问互联网。在移动服务和激活 Wi-Fi 的公共互联网服务之间，没有耦合或网络互连。在这个配置中，移动无线流量通过移动运营商拥有或租用的设施回程到其核心网络，而 Wi-Fi 无线服务通常是连接到运营商的宽带互联网接入服务。

移动运营商有时会启动一些激进的投资项目，可以通过升级和部署额外的小区网站以及增加移动回程设施能力来扩大无线接入网络（RAN）的产能，支持流量增长所需的设施成本和通过进一步投资现有或租赁网络容量的预期收入增长之间存在差距，一个业务案例似乎不太可能缩小它们之间的差距。

移动数据脱线是一种并不昂贵的方式，它提供支持预期流量增长需要的额外能力。移动运营商的唯一成本是补贴卖给用户的双重功能（3G/4G 和 Wi-Fi）设备。移动运营商也有一个潜在的机会成本，就是超过每月产能限制而被卸载放弃的数据流量收入。然而，对支付额外的使用费用用户是十分抵触的，很有可能取消服务或限制其使用。两者中任何一个行为对移动运营商业务案例都是有害的，因为哪怕服务订阅不被取消，而只是使用受限，订阅者的服务感知价值也会受损。因此，移动脱线增加了移动数据服务的用户感知价值，同时提高了移动运营商的盈利能力。

用于回程 Wi-Fi 服务的宽带服务供应商的商业案例则更为模糊。大多数移动数据脱线发生在用户家里。住宅移动数据脱线加上总宽带流量，对宽带运营商收入增加没有做出任何贡献。然而，移动数据脱线确实增加了移动数据用户的宽带服务价值（效用）。因此，移动数据脱线使得住宅宽带服务对消费者更具吸引力，进而增加了粘性，提高了宽带用户的支付意愿。

移动数据宽带是一种特殊的电信服务，因为它为移动数据用户、移动运营商和宽带服务供应商提供附加值。必须尽快确定和分配额外的频谱，以支持移动数据的增长。移动行业协会 UMTS 论坛（UMTSForum.net）警告，随着非语音流量的猛增，运营商将面临越来越多的挑战，而不得不增加现有网络容量和覆盖范围。UMTS 论坛（UMTSForum.net）指出，随着宽带蜂窝技术的效率迅速接近理论极限，富媒体移动服务的需求和可用的网络能力之间的缺口，将在未来十年急剧增大。

在 UMTS 论坛最近的预测，它已经计算出，从 2010—2020 年移动数据流量将以 33%的速度增长。在西欧，这种增长更为明显，同一研究预测，在相同的十年期间，数据流量增长将有一个巨大飞跃，增幅达 67%。论坛警示，对新技术和单独网络密度投资并不能解决这一需求大幅增加的问题。

很明显，为可持续地交付移动宽带的完全社会经济承诺，技术和投资的推进必须及时被协调的可用无线电频谱补充，以支持新的服务和更多的用户。

3.3　移动数据指标

移动挖掘人员需要详细规划战略和设立明确的可衡量目标。为了执行任务和进行广告活动，移动营销商必须完全了解软件、网络和解决方案供应商。为使用这些移动行为的数据流，移动分析指标需要实施一个框架，作为以下目标的构建区：（1）增加销售收入，并通过改善客户服务和相关内容来盈利；（2）调整交叉销售和向上销售的比率；（3）衡量消费者体验和忠诚度的改善。

企业每时每刻都有事务和行为的移动设备数据流流入，但在事件发生时，很少有企业能够同时三角测量它们，从而使他们能够提供相关的服务给现有客户和新客户。此时，他们通过其应用程序和移动网站与客户进行交互。在每个消费者事件中，移动用户将他们的需求和愿望传达给品牌、公司和营销商。移动分析可以利用这些数码设备的事件，其中大部分始于移动网站。下面是需要考虑的关键项目的一个简短列表。

❑　日志分析器：最简单的一种移动分析软件是网站服务器日志文件分析器，它可以产生重要指示器，如移动网站服务器由谁、何时以及如何访问。这些分析的一些常见跟踪特性包括短消息服务（SMS），也就是发送短信服务组件，以及移动网站的活动、定制的移动应用的跟踪、快速反应（QR）代码和多媒体信息服务（MMS），这是一种标准的发送消息方式，包括移动设备发送和接收的多媒体内容。

移动网站日志分析这一领域的行业领军者是 Webtrends®（如图 3.5 所示），它正在计量和报告移动活动方面经历爆炸式增长，由于一些客户品牌的强烈关注，如可口可乐、Microsoft、魔声、Orbitz®、移动研究公司、摩托罗拉和 Mutual Mobile®。

遗憾的是，移动设备的 IP 地理定位可以在几分钟的间隔内展示给服务器不同的 IP
地址，因此，通过这些分析器租用基于 IP 的用户跟踪是不可能的。然而，其他选项
的存在是因为移动设备的三角测量的需要。

图 3.5   来自 Webtrends 的移动指标

❑   社交移动营销：这是精心策划的战略来沟通和协调促销元素，也是创建内
      容吸引注意力、鼓励用户移动设备分享其产品和服务内容的努力中心。社
      交媒体信息在用户之间传播并产生共鸣，因为它来自一个可信的第三方信
      息源，而不是来自品牌或公司本身。社交移动媒体是一个平台，也是实现
      更高战略价值的一种相对廉价的方法。

❑   移动搜索引擎优化（MSEO）：这是在 Google、Yahoo!或者必应中提高移动
      网站能见度的过程。MSEO 技术和策略涉及通过引擎蜘蛛自主索引关键词，
      来实现移动网站人气和声望的优化。例如，搜索引擎优化是使移动网站在
      Google 获得更高排名的一种方法。

❑   网络设备行为建模：研究和建模关于人们何时、为何、如何、何地是否购
      买产品或服务。它结合了心理学、社会学、社会人类学和经济学元素。这
      是在个别和集群的移动设备中，对理解买方决策过程的努力。它研究移动
      行为变化的特征，试图理解用户的愿望和偏好，还试图评估对来自朋友圈、

其他移动群和社交媒体群等消费者的影响。

❑ 移动 cookies、beacons 与应用程序：这些网络和无线机制的战略使用至关重要。它们代表了确保捕获和建模移动设备行为的组件，可以预测消费者的偏好、欲望和需求。对于如何开发移动网站 cookies，详见 http://www.w3.org/TR/mobile-bp/。

❑ 数字指纹：数字指纹是二进制数字编码的字符串，由数学算法生成，唯一地标识一个数据文件。数字指纹用于检测电子传播消息的篡改，更重要的是，可以用于广告目的的移动设备的跟踪和识别。数字指纹类似于一个人的模拟指纹，不能重建，因为当两个文件有完全不同的数字指纹时，若通过单一属性断定，这两个文件可以相同。这对营销人员意味着更精确的行为跟踪。

免费而轻松地获得移动指标的一种方法是使用 Google Analytics，这样就可能查看移动设备的广告性能。Google 使 JavaScript、GoogleAnalyticsTrackingCode 可以用于强化网站在标准网页中的跟踪活动。它提供了一种网站服务和一对软件开发工具包（SDKs）来帮助跟踪移动网站的用户互动和被访问移动设备应用程序的使用。

移动应用软件开发工具包中的 Google Analytics 便于开发人员跟踪移动应用程序的性能。软件开发工具包可以下载，并可在 Apple 和 Android 应用程序平台上使用。软件开发工具包使开发人员能够在应用程序中确定可能会触发一个访问、页面视图或者一个事件的位置（如一个购买活动）。Google Analytics（如图 3.6 所示）可以使品牌和公司发布它们收到的访问量，作为一个移动广告结果。这可以帮助品牌和公司更深入地了解消费者以及消费者访问移动网站的方式，甚至可以看到访问者使用的移动设备类型，并为这些移动设备优化网站。

图 3.6　Google 的 Mobile Analytics

3.4　个人和企业移动数据合并

目前，移动设备几乎占到设备销量的一半，数以百万计的用户将其用于个人通信和处理工作相关任务。然而，很少有人只是为了区分家庭生活和日常工作而同时携带多部移动设备。这里有几种方法，用户可以用来访问他们的业务和个人账户，而无须携带多部移动设备。

一种保证个人移动设备工作数据安全的方法是，由雇主安装一个软件到雇员的个人电话。移动设备管理（MDM）软件，如微软系统中心（hrtp://www.microsoft.com/en-us/server-cloud/system-center/defaulr.aspx）可以控制移动设备里的设置，确保安全安装程序对工作数据是安全的。另一种选择是虚拟机软件，如 VMware$^®$MVP^{TM}（http://www.vmware.com/），在国际消费类电子产品展览会（International Consumer Electronics Show，CES）上展示了 Android 驱动的 LG 移动设备，该移动设备用自己的应用程序和设置可以保持一种独立的商业环境，就像一部移动设备里还有另一部移动设备，对工作和个人数据做出了明确区分。这些解决方案仍然是很新颖的。

类似于使用虚拟机，有许多应用程序可以使移动设备访问 Mac 或者 PC，让用户查看和控制远程计算机上运行的程序。这样的事例包括 iOS 上的 TeamViewer^{TM}（http://www.teamviewer.com/）、Android 或者 Apple 上的 LogMeln$^®$（https://secure.logmeinrescue.com/）和 Android 上的 LogMeln Ignition（https://secure.logmein.com/products/ignition/）。这种远程桌面应用程序提供了另一种方法，可以使工作和个人数据之间有明确的界限，但这种方法在很大程度上依赖于一个可靠的数据连接。没有这种连接，用户将无法看到其工作电脑，或访问上面的任何程序或数据。

出于某些目的，从一种类型的账户通过另一个账户来访问数据有很多种方法。例如，可能使用转发和过滤器，从工作邮箱自动转发消息到一个特定的文件夹或个人账户的标签。这种方式在日历上也很常见，用户可以给其 Google Apps for Business^{TM} Calendar 工作账户完全代理访问权，允许通过 Google Calendar^{TM} 查看并管理，甚至可以使用 Google Voice^{TM} 将其来电从一个号码转发到另一个号码。其中一些选项通过其他系统也是可用的，包括微软的 Exchange 和 Outlook$^®$。

LogMeln Ignition 拥有多个账户，类似于在计算机上使用多个登录配置文件。尽管 Android 移动设备不提供多个配置文件，却允许与多个 Google 账户同步。Google 日历应用程序用此显示来自多个账户的日历，并将所有日历合并在同一个屏幕上。GoogleGmail™ 应用程序与之类似，但其使数据与多个账户隔离，允许用户切换，甚至可以为每个账户设置不同的通知声音，当工作或个人电子邮件到达时，用户就可以通过声音来区分。Windows Phone 7.5 只是添加了一些限制的同步选项，允许在移动设备上访问 25 个 Google 日历和"发送邮件"选项，此选项可以包括工作电子邮件地址。

由于一款应用程序不会同时满足工作和个人目的，所以要开发两个应用程序。在任何移动设备上，对于电子邮件这都很常见，用户可能使用 Gmail 或 Yahoo!移动应用程序收发个人邮件，也可能使用电子邮件应用程序，它可以使用 Microsoft Exchange ActiveSync™ 访问公司的 Exchange 服务器。如果用户希望将其 Web 浏览器书签、cookies、缓存分开，可以使用默认移动浏览器，可同时安装另一个浏览器，如 Dolphin® （http://dolphin-browser.com/），用于在 Android 和 Apple 移动设备上使用。

一般来讲，合并个人和商业移动数据并不是一个好主意，许多公司禁止通过个人电子邮件账户访问工作邮件。对于一个数据安全至关重要的业务，主数据管理（MDM）或虚拟机软件是最好的选择。如果用户总是有来自其移动设备的强大数据连接，远程桌面应用程序也将保证敏感数据的安全。简言之，大多数人都可能有一个混合的应用程序支持多个账户，如 Android 上的 Gmail 电子邮件，同时为其他活动使用多个应用程序，因为一个应用程序不能同时做两件事。

3.5　GPS 和 Wi-Fi 三角定位

GPS 技术的两个缺点是，它在密集的城市地区表现很差，并且移动定位不够准确。SkyhookWireless™ （http://skyhookwireless.com/）数年前就注意到了这些缺点，并着手开发新的基于 Wi-Fi 的定位技术，可以给更多的场所定位。到目前为止，Wi-Fi 比 GPS 更精确。

Skyhook 发现了这一点，开始规划 Wi-Fi 网络，测量信号强度，并为专有数据库创建结果。Skyhook 继续对 Wi-Fi 热点目录进行定期扫描，用于数据库查询和更新，而扫描实际上不连接或使用其中任何热点（只扫描、测量相关因素）。

在建筑物内部导航，Wi-Fi 技术是足够强大和准确的，以至于 Apple 在早期版本的移动设备中就使用了 Skyhook 的商业产品。Skyhook 技术可以使移动设备在 10 米以内跟踪和定位。Apple 在以后的移动设备发布中，创建和使用了其专有的位置跟踪数据库。然而，Skyhook 公开可用的核心引擎软件开发工具包（SDK），可以使应用程序开发人员和移动营销人员在选择的平台中快速、轻松地集成 Skyhook 定位系统。Skyhook 核心引擎支持 Android（Google）、Linux、Mac OS X（Apple）、Symbian、Windows Mobile 和 Windows。Skyhook 开发的核心引擎是一个纯软件定位系统，基于 Wi-Fi 定位、GPS 和蜂窝基站三角定位的组合。

Skyhook 核心引擎快速、准确、可靠、灵活，并能支持多个设备和移动应用程序。Skyhook 专利技术可以使数以百万计的移动应用程序，在几米范围内快速确定设备的位置。使用 Skyhook 核心引擎的移动设备从这些多位置源来收集原始数据。然后，Skyhook 客户端将这些数据发送到 Skyhook 服务器，并返回一个单独的位置估算。只有当位置不能在附近确定时，客户端被优化，以便与 Skyhook 服务器通信。这种行为使用户数据成本最小化，同时最大限度地提高移动设备的电池寿命。Skyhook 通过正在进行的、持续的数据监控、分析和收集过程，来保持该数据库的准确性。3 个主要因素如下：

（1）基线数据收集与建立覆盖区域。数据收集始于使用人口分析确定目标地理区域。Skyhook 范围规划者从用人口中心开始建立覆盖计划，然后进入市区和郊区。Skyhook 部署了一队数据收集工具，在目标覆盖区域内寻找 Wi-Fi 热点，进行全面访问点调查。

（2）自动化的自修复网络。随着越来越多用户参考移动设备位置，Skyhook 数据库正在自动更新和刷新。

（3）定期重复扫描。根据调查数据的老化程度和生成用户的更新密度，Skyhook 将定期重复扫描整个覆盖区域，以重新校准参考网络，确保随着时间推移性能保持一致。添加到 Skyhook 覆盖区的每个区域不断地监测访问参考网络的质量，并确定是否需要重复扫描。

Wi-Fi 定位在 GPS 最弱的方面表现最佳，换句话说，就是在市内区域和室内。GPS 提供高度精确定位归功于"开放天空"环境，正如在农村地区和高速公路上一样。但在市区和室内，高楼大厦和房顶阻挡了 GPS 卫星的"视线"，导致严重的实时移动设备定位性能缺陷。由于这些环境，GPS 或 A-GPS 不能单独提供快速、精确的定位。蜂窝基站三角定位可以提供广泛的位置结果，但只能精确到 200～1000 米的范围。当 GPS 和 Wi-Fi 都不能使用时，它作为覆盖候选。

Skyhook、Google 和 Apple 维护全球的蜂窝基站位置数据库，从而增加覆盖区域和帮助改善 GPS 卫星采集时间。直到 2010 年，Apple 还依靠由 Google 和 Skyhook 为移动设备提供基于位置的数据库服务来运行 iOS 1.1.3 至 iOS 3.1 版本。然而，从 iOS 3.2 开始，转向 Apple 数据库来提供基于位置的服务和诊断目的。这些数据库必须不断为物理和数字地形的变化而更新。

Apple 坚信，它们的设备并非针对定位服务，相反，它们是维护一个 Wi-Fi 热点的数据库和蜂窝基站，在移动设备需要时，辅助其快速、准确地计算自己的位置。Apple 声明，它不是存储设备位置数据，而是一个子集（缓存）或众包的 Wi-Fi 热点和从 Apple 下载到设备的蜂窝基站数据库。Android 操作系统为其设备表现，提供了比 Apple 更细粒度的控制和权限。BlackBerry 移动设备还为用户提供选项设置，完全阻止某些类型的基于位置的服务。iPhone 设备产品的 Apple 软件终端用户许可协议（SLAs）声明如下：

Apple 及其合作伙伴和被许可方可能通过您基于位置信息的 iPhone，提供某些特定服务。为提供这些可用服务，Apple 及其合作伙伴和被许可方可能传输、收集、维护、处理及使用您的位置数据，包括 iPhone 的实时地理位置和位置搜索查询。Apple 收集的位置数据是以一种形式被收集，这种形式不单独地识别您，它可能被 Apple 使用。其合作伙伴和被许可方可用来提供基于位置的产品和服务。使用 iPhone 上的任何基于位置的服务，需要您同意和认同 Apple 及其合作伙伴和被许可方的传输、收集、维护、处理及利用您的位置数据来提供这些产品和服务。您可以在任何时候取消这项许可，不使用定位功能或关闭在 iPhone 上的位置服务设置。不使用这些位置特性不会影响您的 iPhone 的非定位功能。当用 iPhone 上的第三方应用程序或服务来使用或者提供位置数据时，您都要接受，并且应该审查这些第三方应用程序或服务关于使用位置数据的第三方条款和隐私政策。

类似基于位置的信息规定也会出现在其他 Apple 移动设备上，包括 iPhone 4$^@$、iPad$^@$、iPod touch$^@$、Mac OS X$^@$和 Safari 5$^@$的 SLA。Apple 公司在 2007 年修订了其 SLA 来更新客户在服务器和设备之间信息的必要交换。2008 年，SLA 再次更新，包括在其 iTunes[@]网站使用"像素标记"。像素标记，也被称为 beacons 或 bugs，是非常小的图形图片，用来确定访客导航网站的哪些部分。它们是静止的跟踪标签，用来测量移动用户的活动和行为。

同年，Apple 公司开始提供基于位置的服务，激活应用程序跟踪，并可以使移动设备执行各种各样的任务，例如从当前位置到一个特定物理地址的导航，以及定位朋友的设备，让朋友知道自己的位置，或者识别附近的餐厅或商店，还有其他社交媒体功能。

2010 年，Apple 再次更新了 SLA，整合了所有的定位服务到其移动设备。它更新了 Apple 关于新服务整合条款政策，如新 iAd 网络。大部分修正处理了该公司如何使用移动 cookies 保存和保护儿童以及国际客户的信息。

为提供基于位置的服务，Apple、Google 和 Skyhook 必须能够快速、准确地确定设备的位置。要做到这一点，三者都必须保持安全的数据库，包含已知的蜂窝基站和 Wi-Fi 接入点的相关位置信息。每家公司都在只有其自身才能访问的专有数据库中存储这些信息，但不泄露个人隐私信息。

附近的蜂窝基站和 Wi-Fi 接入点的信息被收集和发送到 Apple、Google 和 Skyhook 移动设备，并与移动设备的 GPS 整合。在某些情况下，如果个人请求的当前位置信息可用，它会用已知位置信息自动更新和维护数据库。在这两种情况下，设备收集匿名的蜂窝基站和无线接入点信息。

3 家公司都收集附近的蜂窝基站信息，如发射塔的位置、小区 ID 和从发射塔传输信号强度的数据。小区的 ID 是指，移动网络中由蜂窝供应商分配给被基站覆盖的、已定义的地理区域的唯一数字。小区 ID 不提供任何关于移动设备用户在小区位置的个人信息。

Apple、Google 和 Skyhook 也收集附近的 Wi-Fi 接入点的信息，如位置和媒体访问控制（MAC）地址，以及关于强度的数据和通过访问点数据的传输速度。MAC 地址是一个由制造商网络适配器或移动设备的网络接口卡（NIC）分配的唯一号码。地址提供了一种设备可以连接到互联网的方式。MAC 地址并没有提供所有者网卡的任何个人信息。这 3 家公司都不收集 Wi-Fi 接入点的分派用户名，也称为服务集标识符（SSID）或数据传输无线网络，还被称为"有效载荷数据"。

因为 Apple 公司在 2008 年才开始提供定位服务，所以处理当前位置的客户请求不同。当设备 GPS 坐标可用时，就会被加密并通过安全 Wi-Fi 网络连接传输到 Apple。Apple 将从自己的专有数据库为附近的蜂窝基站检索已知位置和 Wi-Fi 接入点，并把信息传送回移动设备。

然而，对于从运行之前版本的 iOS 设备传送请求，Apple 传输（匿名地）蜂窝基站信息到 Google，传输 Wi-Fi 访问点信息到 Skyhook。这些供应商返回附近蜂窝基站和无线接入点的 Apple 已知位置，然后传送坐标到移动设备。如果 GPS 坐标可用，设备使用该信息确定其实际位置。

只有当设备基于位置服务的功能切换至"打开"，并且客户使用的应用程序需要基于位置的信息时，Apple 才会自动收集这些信息。如果两个条件都满足，移动设备从它可以"看"到的附近蜂窝基站和 Wi-Fi 接入点间歇性地匿名收集信息，如果这些信息可用，连同设备的 GPS 坐标一起收集。这条信息经过批处理后，通过 Wi-Fi 网络连接加密，并且每 12 小时传输到 Apple，如果当时设备没有 Wi-Fi 连接，则会迟一些传输。

最后，美国联邦通信委员会（FCC）将要求移动设备供应商和网络电话（VoIP）供应商确保其产品比目前适用的 GPS 功能的移动设备满足更严格的定位精度标准。美国联邦通信委员会（FCC）打算在 2019 年之后开始实施这些标准。供应商将可以选择一个嵌入 GPS 型芯片的基于设备系统，一个基于网络的系统，或两者的结合。新规定将允许通过紧急应答器普遍精确定位 911 求救者。美国联邦通信委员会估计，到 2018 年，75%的移动设备将带有 GPS 能力。

导航大型商店（如宜家，还有购物中心，如外观呈海绵状的美国购物中心）是一项艰巨的任务。直到现在，强大的移动设备对室内导航还是不起作用，主要因为 GPS 信号质量差，同时还由于其处在混凝土厚板的下面。室内定位导航技术正在从公司开始起步，如 Wifarer™（http://www.wifarer.com/）。此外，Google 和 Nokia 都在用内部定位系统的发展来努力挽回这一局势。内部定位系统（IPS）背后的无线技术并不是什么新技术，因为它利用 Wi-Fi 和蓝牙与蜂窝基站连接来确定用户位置，而不是通过运行在地球轨道上的卫星。利用这些技术和内部位置的精确制图，可以使公司能够提供定位服务，来帮助消费者到达他们想去的地方。

内部定位系统（IPS）使用最广泛的是以 Google 地图™的形式。Mountain View Maps Team 最近将注意力转向大型结构建筑物（如前面提到的美国购物中心和宜家）来测试其内部定位系统过程的可靠性。当移动设备从街头进入其中的一个地点，

Android 的地图应用程序开始检查放置在区域附近的无线路由器,并与蜂窝基站读数与坐标比较。这些路由器巧妙地放置在整个建筑周围,彼此传递用户信息以保持位置同步,其精度能达到 5 米,表现不错。

另一方面,Nokia 声明使用蓝牙与设备通信,能够在一英尺内精确定位一个移动设备。然而,消费者还不能使用,这个系统更多依赖于硬件而不是 Google 方法。蓝牙范围不大,因此能够提供相对位置信息,会有相当多的蓝牙发射器来确保覆盖范围。零售商是否会愿意承受硬件的额外成本来换取准确位置还有待观察。

另一家公司 Sensewhere®(http://www.sensewhere.com/)采取完全不同的路线来解决这个问题。Sensewhere 的立场是 Wi-Fi 信号对位置并不可靠。因此,开发了一款应用程序来测量用户移动时的收集无线电环境的变化。当频谱构造发生变化时,应用程序可以将这些信息与地图上的某个位置联系起来。

上面列出的所有 IPS 技术都有障碍。如用户所知,由于位置的细小变化或家具及电器的位置,都会使家中 Wi-Fi 信号质量降低。设想一下,在有很多人并且在改变店面的世界级购物中心管理一个路由器,要确保一切设备保持启动并运行可能是一场噩梦,但是所有这些公司正致力于准确定位移动设备的问题。

3.6　移动数据备份

数据挖掘移动设备的任务之一是确保移动数据对行为分析充分可用。移动设备已经成为消费者和商家不可或缺的一部分,已成功地取代了用户传统上依赖的几个基本属性和媒介。移动设备常常装满了所有数据,包括联系人、日历、事件、消息提醒、照片、信息等。例如,对于存储重要客户信息的商业用户,这极其重要。

然而,如果该用户的移动设备被盗或丢失,更换移动设备可能只是一个时间问题,但数据却是无法恢复的。所有数据的备份变得至关重要,特别是当用户依赖于接触细节和重要消息时,更不用说照片、商业智能和视频了。唯一的解决方法是适当和及时地把所有移动数据备份到一个安全的地方,然后可以轻松恢复到新设备。

采取移动备份时,邮件服务非常方便。大多数用户每天访问他们的电子邮件,所以备份移动数据使用的各种服务非常简单。Google 和 Yahoo!账户可以使开发人员轻松同步联系人信息,不管是 Android、Apple、BlackBerry 还是 Windows。Google

移动同步可以使用户或开发人员从任何移动设备备份所有数据。像 BlackBerry 这样的公司提供更进一步的备份，通过它的 Enterprise™ 服务器，还有 BlackBerry Protect™，这是一款免费的应用程序，可以通过移动设备自动备份联系人、短信、日历和书签，这可能是传统 BlackBerry 受企业部门喜爱的原因。除了电子邮件服务和 BlackBerry 内部备份选项，用户还可以选择一些在线同步服务来备份移动设备数据。云服务可能是备份移动数据的一种伟大的方式。

移动巨头们已经推出了自己的云服务。例如，Apple 有服务于其各类设备的 iCloud，还有微软公司的 Skydrive™ 和 Google 的云服务。Rseven 是一种保存移动数据的在线解决方案，可以保存像通话记录、电子邮件、联系人、短信、视频、音频、图像和安全网站的在线日历等，甚至可以在网站上记录通话和回放语音信箱。当用户切换到另一台移动设备时，很容易备份全部移动数据。除了 Apple、Android 和 BlackBerry 移动设备的 Dropbox® 之外，SugarSync™ 也支持这些移动平台，还有 iDrive，它提供安全移动数据的选项。虽然最初的存储空间有限，移动开发者、用户、分析人员还可以购买额外的存储空间。

将数据保存在 SD（安全数字）卡上是给移动数据及时备份的最简单、有效的方法之一。所有联系人可以保存到 SD 卡上，然后导入到另一台移动设备。Google 在 Android 移动设备以及 Gmail 服务中，普遍使用.csv 格式导入和导出联系人。

用户可以通过"联系人"设置，轻松地备份数据到存储卡。还有 SIM（用户识别模块）读卡器，可以使用户备份 SIM 卡数据。然而，SIM 内存是有限的，用户和开发人员可能经常需要删除一些信息。

3.7　实　时　统　计

数据挖掘移动设备的目标之一是使用相关内容、特定产品和服务的广告来精确地满足客户需求。一种可能的策略是，对使用定制应用程序或访问一个移动网站的业主移动设备推测统计信息，如性别、年龄或婚姻状况。移动设备的行为通常都是匿名的，但仍然会提供一定数量的使用信息，如移动用户输入的搜索条件，该条件揭示了设备所有者的兴趣。

当用户下载应用程序到其设备时，通常需要提前激活注册。例如，Pandora 应用程序会要求用户输入性别和年龄，当这些结合基于位置的信息时，可以用来开发实时统计用途的配置文件。对于战略移动挖掘，一旦信息被收集，其中一些大数据使用信息可以用来构建预测模型，来预测为应用程序或网站的移动用户提供什么产品、服务或内容。

表 3.1 包含了一些匿名的实时统计，可通过基于从消费者收集来的信息数据挖掘移动设备用于预测建模。

表 3.1　匿名实时统计信息

变　　量	值
性别	男性，女性
年龄-18	是，否
年龄 18-34	是，否
年龄 35-54	是，否
年龄 55+	是，否
婚姻状况	未婚，已婚

还有商业实时统计网络，如 Acxiom Relevance-X®，它可以为移动协会实时提供人口统计数据和消费者生活方式的信息。Acxiom 统计可以用来增强移动分析的性能。企业和移动营销人员可以订阅它以提高实用性和销量。一种相关产品是 Acxiom Relevance-X，可以为社交移动营销提供消费者数据智能。

Acxiom Relevance-X Social 帮助营销商查看移动社交网络，以及消费者可能有多少朋友或联系人。它对个人广告活动是可用的或者可以作为一项不间断的服务。有了 Acxiom Relevance-X 社交数据，移动营销人员、开发人员和分析人员可以进行如下活动：

（1）为游客及其移动设备建立最新的社会智能。

（2）诱导设备影响者，用引人入胜的方式驱动购买行为。

（3）在客户和移动设备社交活跃的地方设计媒介。

（4）与活跃的品牌提倡者和其移动设备社交互动。

（5）对所有移动设备多渠道测试新产品或服务。

（6）开发忠诚度程序以奖励移动设备环节。

（7）开展征求用户生成内容的移动活动。

（8）识别展示品牌热情的移动设备。

来自设备的移动数据流量通过互联网飞速增长。Cisco Systems®做出了一个非常惊人的预测：到 2016 年，全球移动数据预计将增长 18 倍。Cisco（Cisco.com）在 VisualNetworking 指数预测更新中表示，单独流量将会比目前增长 50 倍。未来，将会有更多的移动设备（100 亿）被使用，比地球上的人口（估计为 73 亿）还多。移动数据的大幅增加主要是由于新移动设备预期的增加。

3.8　　双曲线定位

通过三角定位，移动开发人员和营销人员可以知道产生收益设备的地理位置，这可能会影响广告类型、广告供应和广告发布方式。地理位置可以提供有意义的位置信息（如街道地址或邮编），而不仅仅是一套地理坐标。具体来说，这涉及先进的射频（RF）位置系统使用，例如，利用到达时差（TDOA），也称为双曲线定位，这是准确计算一个信号的 TDOA 定位对象的过程，该信号由固定或移动设备发出，由 3 个或多个接收器接收。这种三角测量为分析人员、开发人员和营销人员提供了很大的移动设备位置特异性。

到达时差（TDOA）系统一般采用映射显示或其他图形信息系统。此外，移动设备地理位置可以被执行，通过将一个地理位置与 IP 地址联系起来——或是一个媒体访问控制（MAC）地址，它由网卡设备制造商指定，被存储在设备硬件、只读存储器卡或其他固件机制。如果由制造商指定，MAC 地址通常指制造商注册识别号码，或者被称为"烧制地址"。

它或许是一个 MAC 地址或射频识别（RFID），这是一种使用通信的技术，通过无线电的使用，在读者和以识别、跟踪目的附加到一个设备的电子标签之间来交换数据。RFID 硬件是嵌入式设备号，作为一个通用唯一识别码（UUID）嵌入到软件，可交换的图像文件格式（Exif）就像在数码相机发现的，或一个 Wi-Fi 连接位置，或移动设备的 GPS 坐标。

DigitalEnvoy®及其 Digital Element™ 服务提供 IP 情报和地理定位，经常被世界上大多数网络广告和出版商巨头用于非 IP 智能定向广告、内容定位、地理版权管理、行为分析和本地搜索。地理定位是为基于地理位置特定市场潜在买家定制广告产品或服务的实践。

使用 Digital Envoy IP 定位技术，通过 Wi-Fi 连接的移动设备可追溯到市一级。连接的移动设备通过移动网络也可被追溯，由于代理问题和其他网络的局限性，可能会遇到精确度问题。Digital Envoy 在其隐私入侵技术只收集用户的 IP 地址。数据收集方法从来不会使用外星探测、cookies 和侵入性脚本。

要对移动设备进行地理定位，移动营销人员和应用程序开发人员可以在移动广告网络插入一个 SDK，如 Greystripe Inc。在应用程序制造商中，这是常见的做法，他们使用这些现成的 SDKs 来放置广告和产生收入。Greystripe Inc.通过识别设备的互联网地址，使用地理定位来定位一个移动设备。这在网站中是很普遍的，但很少用于移动设备。大多数应用程序使用 GPS 卫星或三角测量的 Wi-Fi 热点地图来定位用户和其设备。

最后，芯片制造公司 CSR 正在为室内跟踪和导航添加新功能，到其 SiRFusion^{TM} 多个移动设备定位技术队列。公司的 SiRFusion 平台及其 SiRFsrarV^{TM} 移动芯片架构，发展成了最新的导航技术，当他（或她）穿过像拉斯维加斯的纽约赌场等大型建筑时，客户可以使用移动设备来追踪一个人的位置。

这是非常重要的，因为双曲定位表明位置服务迅速获得消费者的青睐，并作为其使用和依赖于移动设备的许多应用程序的一个重要前后关系组件。室内动作跟踪系统整合了 3 种技术，与个人的位置固件一样好：（1）导航数据可以从 GPS 和其他卫星信息服务；（2）Wi-Fi 无线网络三角测量；（3）在移动设备内部动作感应设备，如回转仪和指南针。

一台移动设备内的传感器也可以提供位置线索。指南针可以显示用户的移动方向。运动传感器（如陀螺仪）可以告诉该设备是否在移动。CSR 平台是一种云计算解决方案，混合一堆数据源并一起计算来得到一些真正有用的信息。因为数据可以实时计算，它可以显示一个用户是否在一个大型赌场行走或在停车场内驾驶。

3.9　移动数据隐私关注

生活在社交网络和移动的世界里，意味着会泄露一些个人信息，但是评估一下加入超级网络的会费就知道数字类并不是那么简单。在这个问题上，即使是专家也承认，他们没有一种完整的方式来描述个人信息如何在互联网上收集和使用，但是有一些需要牢记的基本原则。社交网络，如 Facebook 和 Google+^{TM} 要求，用户至少需要提供其姓名、性别和出生日期。许多人还提供额外的个人简介信息和使用服务的目的（写评论或上传照片或"交友"）来创建关于用户的额外信息。如果用户愿意，可以选择对公众隐藏大多数信息，但公司本身也可以使用这些隐藏的信息。

　　如果用户使用 Facebook 账号登录其他网站，或者使用 Facebook 应用程序，他们可能被授权访问被隐藏的资料。例如，Quora（http://www.quora.com/），一个流行的在线问答网站，要求 Facebook 用户授权它访问他们的照片、爱好及其朋友分享的信息。相比之下，TripAdvisor®（http://www.tripadvisor.com/）只需要"基本信息"，包括性别和好友列表。在可以访问个人通话信息和物理位置的移动设备上，社交媒体应用程序甚至可以显示更多的信息。

　　在 Apple 移动设备上，应用程序必须得到用户的许可，才可以访问 GPS 位置坐标。将会应用到地址簿访问的过程及其背后的公司，包括 Twitter，被发现从移动设备下载通讯录信息。除了这两种类型的数据，Apple 锁定了存储在其他应用程序中的个人数据，如记事本和日历。Google 的 Android 操作系统允许第三方应用程序使用个人数据，但只有在获得许可的前提下才可访问。为了从 Android Market 下载应用程序，用户必须在每个应用程序访问的特定信息类型目录弹出列表上点击 OK 按钮。

　　移动设备和 Facebook 应用程序的选项通常是授权访问个人信息或者直接放弃使用应用程序。

　　个人信息是互联网和移动经济的基础货币，它围绕营销和广告而建立。许多公司收集网络用户的个人信息，将其分类并与其他信息结合，然后转售。Facebook 不向外部营销人员提供个人信息，但其他网站，包括访问 Facebook 个人资料数据的网站，可能有不同的政策。第三方收集的数据主要由广告商使用，但还有一个顾虑就是，这些资料可能被保险公司或银行用来帮助他们开发潜在客户。

　　在美国，联邦法律规定：网站在被 13 岁以下的儿童访问时，要发布隐私条款，在收集儿童个人信息之前，要得到父母的批准，并保证父母有禁止传播信息或要求其删除的权利。在儿童参与网站运营商活动时，禁止其获取"合理、必要"信息之外的更多信息。

　　对于 13 岁或 13 岁以上的少年，美国没有总体的限制。传统和移动网站免费收集个人信息，包括真实姓名、地址、信用卡号码、互联网地址、安装的软件类型，甚至人们已经访问的其他网站。网站可以无限期地保存信息，并分享大部分从上述用户获得的信息。

网站不需要有隐私政策。公司经常会被其有关隐私政策条款的承诺绊倒，如承诺数据的保存是安全的，然后会对客户的信息安全负责等。这让他们陷入了联邦法律禁止不公平和欺诈行为的困境。接受信用卡付款信息的网站，必须遵循数据加密和保护的行业标准。医疗记录和一些财务信息，如被信用（证券）等级评定机构编制的，则需要更严格的规定。

欧洲隐私法更严格，欧盟正在建立一种使个人数据从公司的数据库删除的权利，通常被称为"被遗忘的权利"。这种方法遭到了网络广告公司的强烈反对。

3.10　深度包检测（DPI）

cookies 和 beacons（GPS 和 Wi-Fi 三角定位）使移动分析交付更高相关性的内容和广告给基于其行为的移动设备成为可能，所有这些跟踪机制都可以用来增强移动分析，包括深度包检测（DPI）技术。深度包检测在包的 7 个层检查传输数据，而不是仅仅检查标头。深度包检测（DPI）允许以一个细粒度水平，直接从数据包流中提取移动设备行为（例如设备访问过哪些网站，关于页面内容的信息，访问的持续时间，使用的搜索引擎和移动设备 ID）。

美国政府窃听法使三角形定位移动设备深度包检测的使用成为可能，被称为沟通协助执法行为（CALEA），于 1994 年通过。CALEA 最初旨在帮助联邦调查局进 VoIP 通信行监视，其核心技术是 DPI，允许网站的分解和 CALEA 移动通信，DPI 可用于非常复杂的移动设备行为模型的创建。

DPI 设备和服务供应商具有查看包内多个层的能力，如层开放系统互连（OSI）模型数据标准的 2～7 层，这是一种分层通信和计算机网络协议设计的描述（如图 3.7 所示）。例如，DPI 可以告诉包是否来自一台 Apple、Android 或 Skype™ 设备。所有这些重要信息可以通过移动分析用于分段。移动设备的 DPI 使用 GPRS 隧道协议（GTP），这是一组基于 IP 的通信协议，用于支撑 GPRS，可以用来追踪一台移动设备位置与时间/间隔等指标，还有 50 多个可用于移动分析的其他元数据移动交通优化（MTO）特性。

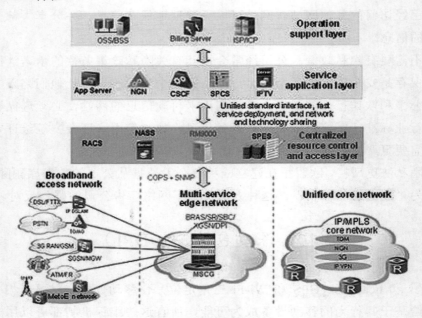

图 3.7　深度包检测层

　　像 Phorm（http://www.phorm.com/）和 Kindsight^{TM}（http://www.kindsight.net/）等这些 DPI 服务提供商，最近提出了所谓的"角色分化"专利技术。还有 DPI 硬件公司，如 Procera（http://www.proceranerworks.com/），可以通过 DPI 分析用于移动分析。DPI 可以在一个非常详细的水平分解移动设备的来源和行为。DPI 提供了一种移动设备运行什么操作系统以及在网络什么位置运行的意识，可以识别哪些应用设备正在运行以及设备的位置，还有正在使用的服务类型。这种多维度的智能分析可以使移动营销者做出网络决策，来提高终端用户的在线体验，提供相关性更高的广告和内容。

　　另一种技术，深度包捕获（DPC）用来辅助 DPI，而 DPI 旨在使移动服务供应商和营销人员能够查看并实时做出反应。DPC 解决方案旨在捕获所有流经网络的数据，并通过机器学习算法为更多的后续详细分析存储数据。DPC 是在全网速、完整网络包下的一种捕获行为，该网络数据包包括标头和以高通信速率流经网络的有效载荷数据。为校准移动设备行为，DPI 和 DPC 都提供一段时间内网络中多点实际数据的详细信息。

3.11　移动营销数据

移动设备并不是未来的潮流而是已经成为当前的风尚。不管人们是否会长生不老，但只要有稳定的收入，移动设备就会作为大多数主要人群生活的一部分而存在。Nielsen（Nielsen.com）最近的一项调查有力地证明，移动设备正在被大量地购买和使用，尤其是对品牌、公司和营销人员（如图 3.8 所示）。

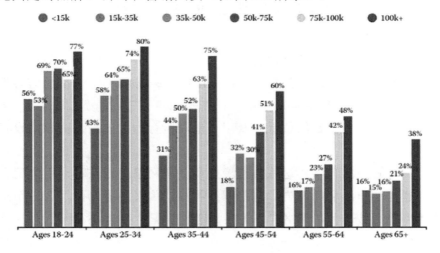

图 3.8　移动设备持有率统计（根据年龄和收入）

而总的来说，移动设备整体普及率高，25～34 岁的人群表现出最大的持有率，其中 66%的人表示他们有一台移动设备。在同一年龄段，80%的人每两年更换新设备。但年龄并不是移动设备持有率的唯一决定因素，收入同样也起着重要的作用。年龄和收入都考虑在内时，年长且高收入的消费者更有可能使用移动设备。如果这是目标市场，品牌和营销人员必须充分考虑这一因素。例如，那些 55～64 岁、年收入超过 10 万美元的人可能和年龄在 35～44 岁、收入 3.5～7.5 万美元之间的人群一样，都会使用移动设备。

人口统计学应该为任何公司和品牌宣讲关于盈利市场的故事。如果这些消费者可能会携带一部移动设备，那么品牌营销人员最好专注于接触他们，真的就是这么简单。如果移动营销人员对其移动策略迟疑不决，那就是看着钱在桌上而不去拿。

如果品牌感觉到做更多的分析和深入这些目标市场紧迫性，则可制定一种数据挖掘策略来接触这些可盈利的消费者。

品牌的命运都是一样的，无论是企业对消费者（B2C）还是企业对企业（B2B）的公司。目前，人们都在为搞研究忙个不停。更具体些，营销人员和品牌可能要接触这些移动人群。品牌、企业和营销人员遇到的一个简单问题是：他们要去接触客户，还是把机会让给他们的竞争者？

3.12　移动数据聚合网络

这些数据聚合网络（主要是广告公司和第三方广告交易平台）是这样工作的：移动网站第一次被访问时，将安装一个 cookie 或 beacon 文件，分配给游客设备一个唯一的 ID 号码。之后，当游客访问另一个隶属于同一广告交易的网站时，可以记录移动设备之前的位置、现在的位置以及用户的浏览行为，如用户在移动设备上使用了什么关键词。

这样，随着时间的推移，这些数据聚合和分享网络可以在移动用户配置文件的任何地方构建健壮但匿名的广告。这些网络收集的信息是匿名的，在这个意义上，用户被这些广告交易平台和网络广告识别，通过分配给移动设备标识的 cookie 编号来实现。例如，当被 cookie 代码识别时，平台不知道消费者的名字，只知道设备的行为和属性。以下是其中一些最大的移动数据聚合和广告服务网络。

❑ TARGUSinfo®（http://www.targusinfo.com/）：为移动营销人员、企业和网站提供基于人口统计的数据（如图 3.9 所示）。网络可以识别在交互点的潜在前景。它可以确定设备的精确位置，并可以实时验证姓名、地址、电子邮件和 IP 地址。

❑ Quantcast（http://www.quanrcast.com/）：一种媒体测量服务，为数以百万计的网站和移动设备提供人群统计服务，可以交付移动设备分段"相似转换器"。

❑ BrightRoll（http://www.brightroll.com/）：为广告活动提供了移动视频广告服务，利用环境、人口、地理和网站专用的定位方法来帮助广告商实现移动设备的目标需求。

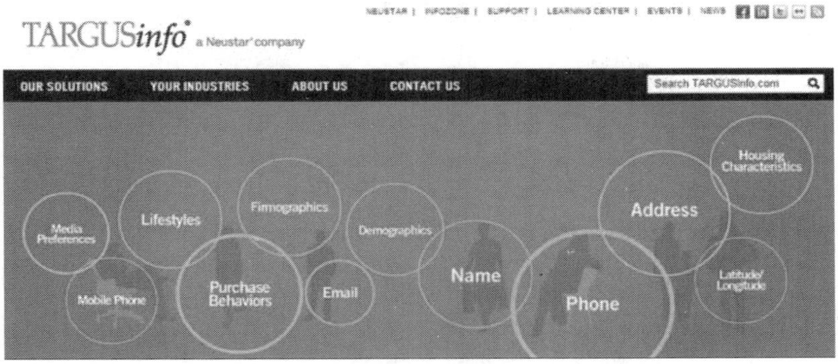

图 3.9　TARGUSinfo 提供移动用户的详细信息

❑ RocketFuel（http://rocketfuel.com/）：通过结合人口、生活方式、购买意图、适合自身定位算法的社交数据、混合分析和专家分析，来提供移动媒体广告活动管理。

❑ Turn（http://www.turn.com/）：提供端到端的数字广告管理平台，提供了自助服务界面、优化算法、实时分析、互操作性和可伸缩的基础设施。

❑ DataXu（http://www.dataxu.com/）：为移动营销人员提供了一个实时广告优化平台，通过吸收客户现有的数据开始，首先吸收客户现有的数据，然后分析，寻找设备行为的模式，帮助其理解，并在目标受众之间区分意图水平。

移动分析在网站使用 cookies 或 beacons，通过广告交易平台和数据聚合网络，定制访客的体验，并为其提供相关的内容。此外，数据管理和数据市场，如 eXelate（http://exelate.com/），为了了解消费者的兴趣（如图 3.10 所示）允许进行移动分析。

图 3.10　另一个移动数据聚合网络

3.13　移动视频数据

宽带管理公司 MobileTrends（http://www.mobi-letrends.ca/）一份 Allot 报告（http://www.allot.com/index.aspx?id=3797&itemID=83869）显示，视频流每年以 88% 的增量显著增长，依然是占带宽最大的应用，占移动带宽的 42%。尽管总带宽受限，但 VoIP 和即时消息获得了额外的份额，仍然是增长最快的应用程序类型，增加了 114%。该报告指出，这些数据似乎符合运营商所经历的国际短信和语音电话收入下降的事实。

分配报告还发现，Android 市场流量显著增加，增长了 232%，几乎比 Apple 应用 StoreSM 快 4 倍。目前，YouTube 占总宽带流量的 24%。WhatsApp（http://www.whatsapp.com/）占 IM（即时通信）总带宽的 18%，人气大幅增加，而其 2011 年的份额只有 3%。Facebook messenger 速度惊人，从零上升到 IM 流量总量的 22%。

对移动运营商来说，OTT VoIP（over-the-top VoIP）的显著增长和 IM 代表的既是挑战也是机会。智能化、基于应用的数据定价是运营商努力的方向，这使运营商能够根据数以百万计的移动设备真实价值使数据收入最大化。OTT VoIP 还为移动开发人员和营销人员提供了新的收入来源——视频移动数据。

3.14　iPhone 和 Android 的 ID 数字

移动分析和营销可以基于频率、设备类型、位置、兴趣、近期活动偏好、历史行为或关键字产生，这些在移动设备三角定位分析建模中都是至关重要的。在搜索和社交网站以及交互式移动世界里，消费者用行动向每一个用户展示了什么是有用和有价值的。移动分析在任何移动设备上，随时、随地担任交付和执行的角色（在不预测用户需求的情况下）。移动分析依靠的是一台移动设备的三角测量，通过其唯一数字代码、愿望和位置来传输。

所有移动设备普遍都有唯一序列号识别码，包括 Apple 和 Android 设备。对分析人员和营销人员来说，这些设备的唯一代码是行为分析的重要属性，因为该数字很难或不可能被删除，它可以通过位置、内容查找和社交链接被定位。这些唯一的数字，真正代表了匿名移动设备。它们也具有用非常精确的方式建模的行为来改善客户服务和收入市场增长。

自定义应用程序可以由企业和移动营销人员创建，可包括的功能如存储定位器、附加优惠券和本地实时广告。Apple UDID 是最常见的识别器（嵌入了所有的 Apple 移动设备），是永远伴随着设备的一个 40 位数字和字母的组合（由于授权问题而被固化在设备上），UDID 也具有巨大的移动营销应用潜力。

Android ID 是第二种常见的移动设备标识符，并嵌入 Google 在移动操作系统。ID 由 Google 设置，当用户第一次启动移动设备时创建。Google 允许用户重置 ID 号码，但是也可以通过基于兴趣或位置的行为，用于这些设备的移动分析。

最初，设置这些 IMEI（国际移动设备身份）数字用来锁定丢失或者偷窃的移动设备。然而，它们真正的价值在于移动分析和营销。还有分配给所有设备的 IMSI（国际移动用户身份）码，这个数字是用于路由呼叫和为用户下单。只要用户持有移动设备，这些痕迹将保留。这些移动标识符对分析人员和市场营销人员有重要作用。此外，自定义应用程序可以面向市场的唯一 Apple UDID 或 Android ID 来开发（以一种匿名但高度相关和有价值的方式）。

随着移动用户的行为及其设备的到来，一种新的营销模式也正在进化。在建模中，通过三角营销归纳行为分析，在基于历史行为的频率和近期活动基础上锁定目标至关重要。消费者通过他们在移动网站和应用程序中的行为来证明对他们有用和有价值的东西。

移动分析通过多点定位来实现，也称为双曲线定位。这是定位一个对象的过程，由多个接收者准确地计算一个从移动设备发出信号的到达时差（TDOA）、三角测量值及其同步。基于位置的服务提供者，如 Antenna Software（http://www.antennasoftware.com/，如图 3.11 所示）可以提供定制移动设备应用程序、网站和数据挖掘移动设备的服务。

Antenna（http://www.antennasoftware.com/）可以实现移动设备与购物车一体化。Antenna 软件中精心设计了一款用户友好的移动应用程序，消费者可以使用数码设备，方便、安全地浏览和购买产品。Antenna 还带有个性化的警报、优惠券、折扣、交易和其他服务，其"移动购物"组件可以使移动设备保持潜在消费者的积极参与。

有了流动性，数据挖掘者和营销人员可以通过提供一种交互式、个性化的购物体验，使这种关系达到极致（使消费者能够随时随地、兴致勃勃地购物）。例如，

Antenna Software 的移动购物应用软件（http://www.antennasoftware.com/）可以使移动设备接收优惠券、销售点促销和特价信息（所有这些都由零售商定制）。当在商家的实体店购物时，应用程序还支持零售项目的位置。Antenna 应用程序也支持移动设备摄像头功能（可以扫描产品条形码来获得定价、有效期和其他信息）。

图 3.11　基于位置的软件

Antenna 应用程序也可以用来寻找项目、查看产品和图片，或者添加购物车、增加移动设备的愿望清单，最后检查。Antenna 应用还可以用来查找附近的商店，使用移动设备的 GPS 从当前位置获得导航。当前的许多典型移动设备都通过分析来自 GPS、发射塔、Wi-Fi 热点的组合无线信号来定位。Wi-Fi 信号被认为是最准确的，因为在室内和市区，Antenna 可以精确到 20～30 米范围，并可以快速、准确地定位。

这一精度对移动营销人员和应用程序开发者很重要，他们希望当消费者在商场或接近他们的商店时，能够发送时间敏感的目标广告，并向消费者提供优惠券。就移动电话网络应该如何沟通和彼此共存已经有许多不同的标准。目前，最常见的移动设备通信标准是全球移动通信系统（GSM）和码分多址（CDMA）。

然而，在人口密集区已经引进了一个称为长期演进（LTE）的新的高速标准。为防止未经授权使用网络，移动电话提供商采取了安全措施，移动设备在没有特定有效数据的情况下，禁止接收和拨打电话。该数据通常存储在一个小的微晶片上，称为用户识别模块（SIM）卡，所携带的数据被称为客户服务密钥。

这种数据技术被称为国际移动用户身份（IMSI），用来收集移动国家代码、移动网络代码和移动站设备的标识号的信息，同样也提供了一个认证密钥。SIM 卡最常用于 GSM 制式的移动设备，许多为 CDMA 网络生产的设备，不使用抽取式的卡，而是将安全信息永久嵌入内存。然而，跨国的设备可以处理两种通信协议，包括 SIM 卡。在一个庞大的互联网络，通过发送和接收无线电信号，移动设备几乎可以在发达国家的任何地方拨打电话，距离超过数千英里。

3.15　屏蔽浏览器

在科技公司如何处理隐私问题的讨论中，互联网巨头 Google 最先提出向其 Web 浏览器添加"不跟踪"按钮，不过还没有设定时间来改变 Chrome 并添加一项不跟踪功能到其 Android 浏览器。不跟踪功能将禁止公司使用从用户网站历史记录收集的信息，来交付定制广告。采用该标准的公司也赞同，禁止收集数据用于信贷、就业、医疗或保险决策。

Google 已经以一致且有意义的方式为用户提供了一种选择，清晰地解释了浏览器控件，并补充了一个"不跟踪"标头。相应地，Mozilla 添加了"不跟踪"按钮到其 Firefox 浏览器，Google 也加入了 Mozilla 基金会。几个月后，微软也在其 Internet Explorer 浏览器添加了"不跟踪"按钮。Apple 操作系统的下一个版本，称为美洲狮，并为开发商发布的 Safari 浏览器也包含了"不跟踪"特性。该浏览器的屏蔽功能将限制搜集移动数据。

Google 此举是为了回应议员们建立的"隐私权利法案"，为消费者更好地控制其数据收集、存储和共享而设计。该隐私框架由美国联邦贸易委员会（FTC.gov）历时两年多开发，形成了一个 62 页的文档，提出了隐私监管机构认为公司应该坚持的原则。其目标是形成一项政策，确保消费者可以控制数据公司收集他们的数据，了解公司如何使用这些数据，防止公司以消费者没有明确同意的方式进行使用。

"虽然，我们生活在一个比过去更自由的世界里，可以尽情分享个人信息。但是，我们必须拒绝'隐私是过时的价值'这一结论"，美国前总统奥巴马在报告中写道，"从一开始，这就是我们民主的核心。现在，我们比以往任何时候都更需要它。"

隐私倡导者表示，不跟踪按钮只是迈出了积极的一步，本身并不能确保互联网用户隐私。广告业单独的努力，可以使人们通过选择点击广告里的"虚拟开关"来避免被跟踪，但这个项目并没有链接到浏览器按钮。因此，选择用不同方式分享数据的个人，仍然可能会被其他方式跟踪（可能会是一种复杂的方式）。"我希望看到，我们能转到不那么令消费者担心的领域"，一个美国联邦贸易委员会（FTC. gov）委员说。

随后战场转移到了国会，期望议员讨论隐私立法。隐私倡导者说，他们担心其呼吁会被依靠目标广告的大公司淹没。真正的问题是，像 Google、Microsoft、Yahoo!、Facebook 这样的公司将会不可避免的"淡化"实现的规则，并使其本质上毫无意义，渲染其影响并无意义。

3.16　移动语音识别数据

越来越多的用户将可以与移动设备对话，询问它们如何到达某个位置、商店或者其朋友家。当然，支持这一功能的最有名设备是 iPhone®4s，其人工智能应用 Siri 可以帮助用户发送消息、安排会议、电话，还可以做更多事情。用户可以让 Siri 做一些事，移动设备能理解用户的指令，甚至可以答复。移动分析人员和营销人员需要利用这些声音和面部识别技术来促进互动，增加销售和消费者忠诚度。此外，像来自 Vlingo（http://www.vlingo.com/）和 PhoneTag®（http://www.phonetag.com/）公司的语音识别技术，可以使消费者与其设备对话，指导设备进行搜索，来交付有针对性的内容和广告。

例如，Vlingo 结合语音识别技术与个人、企业和活动迅速建立联系，可以大声朗读传入的文本和电子邮件消息（如图 3.12 所示）。Vlingo 系统可以使用户对其移动设备发布任何命令，并且可以正确地识别。任务设备的精度大大提高（在许多方面超过了人类）。任何应用程序都可以激活语音。这通过先进的适应技术和用户对不同应用程序的可能指令来实现，适应技术会使软件不断学习。

这些技术的核心是一种被称作语言模型（HLMs）的技术，可以使 Vlingo 将其学习算法扩展到成千上万的词汇和数以百万计的用户。为了在大范围内达到前所未有的精度，Vlingo 技术使用基于 HLM 的语音识别，用一个包含成千上万单词的大词汇表取代语法和统计语言模型。这些 HLM 是基于明确定义的统计模型，来预测用户可能会说什么单词，以及是如何组合在一起的。例如，"咱们在＿＿＿见面"紧随其后的可能是类似"下午 1 点"或一个地点的名称。

图 3.12　　Vlingo 可以下载到移动设备上

尽管没有强制约束，Vlingo 模型能够考虑到该用户和其他用户在应用程序软件对话框提出的问题，从而改善用户体验。Vlingo 开发的新 HLM 技术不像前几代的统计语言模型，其任务规模需要大量可能的单词模型，如开放网络搜索、目录辅助、导航或者其他用户可能会使用大量单词的任务。

PhoneTag 还可以将语音转换成文本，并通过电子邮件或短信交付（如图 3.13 所示）。PhoneTag 与所有主要的美国运输公司和网络都有合作关系，包括 AT&T、Alltel wireless（http://www.alltelwireless.com/）、Cincinnati Bell[SM]（http://www.cincinnatibell.com/）、Sprint、Skype、T-Mobile、Verizon、Virgin mobile®（http://www.virginmobileusa.com/）等。PhoneTag 可以用来整合所有设备，不管是移动的或固定的，都整合成一个无限的语音信箱。PhoneTag 用户可以阅读每一个来自任何地方、任何移动设备的电话号码语音信箱。

图 3.13　PhoneTag® 三步轻松将语音转换成文本

Microsoft Tellme®（http://www.micro-soft.com/en-us/tellme/）是另一个语音识别公司，提供技术指导，可以使用户通过移动设备来获取需要的信息。它整合了互联网数据和语音接口，可以使用户简单地说明他们想做什么，并完成用户的要求。用户可以把他们的意图通过语言传达给移动设备，而不用频繁使用按钮和记忆键盘。一些服务运行在 Tellme 平台上，包括商业搜索 411 和信息搜索 1-800-555。

显然，最好的语音识别技术是 Siri，它具有自然的用户界面，并能够理解自然语言。也有类似 Siri 的 Android 应用程，如 Speaktoit® Assistant（http://www.microsoft.com/en-us/tellme/，如图 3.14 所示），还有软件开发人员期待的 Apple 向外界开放的 Siris 应用程序编程接口，有了它，开发人员就可以开始创建互补应用。Siri 和其他新应用程序可以理解自然语言。

Siri 和 Speaktoit 是语音识别算法与人工智能（AI）和自然语言处理的结合。随着时间的推移，它们变得越来越智能。语音界面简化了人们使用服务和移动设备交流的方式。这些具有声音接口的个人助理，将成为一种新的营销商和品牌与消费者沟通的重要方式。这些语音识别应用程序使计算机表现得更像人类，代表了聚集移动数据的一种新方法。

图 3.14   Android 语音助理

NuanceCommunications（http://www.nuance.com/）曾以应用程序的形式推出了非常受欢迎的龙医疗移动记录器和龙医疗搜索语音识别软件的移动版本，这非常重要，因为语音识别可以在许多平台上加快数据捕获，或许在移动设备上能更快些。这点很重要，因为语音要比标准键盘打字速度快 3 倍，当然，可能比在触摸屏或移动设备的小按键打字快 5～6 倍。

为了提供更大的运算能力、保护敏感的医疗信息，以防移动设备丢失或者被盗，Nuance 正在将大部分处理的数据从移动设备上传到云端。云处理的另一个好处是，用户可以保持相同的概要文件，无论以何种形式或在何地访问移动数据和应用程序。有趣的是，在许多欧洲国家，隐私法一般禁止 Nuance 将医疗信息上传到云主机，所以这些机构经常使用 Nuance 可以更新的私人内部云。

加拿大的一些机构也要走这条路，因为他们担心越过边境发送数据会受美国爱国者法案报告要求的限制。在美国，一些较大的卫生保健提供商也选择私有云，甚至为其他组织提供云主机服务。所有 Nuance 内部开发的移动应用程序都可以免费下载，但是有一些需要在服务器端购买主机软件。

临床语言理解（CLU）存在于现有的 Nuance 产品中，但尚未对第三方开发者公布。临床语言理解本质上是一种手段，它帮助计算机理解所有进入电子健康记录和其他医疗软件的非结构化数据。临床语言理解是基本事实的提取：临床数据标签、程序、问题列表、药物和过敏。所以，无论是正在进入，然后被解析，为用户结构化的语音识别文本，还是原始的实际文本文档，都有不同的方法把数据转化为结构化格式。对文本-语音服务的需求也在增长。Nuance 报道了发生在消费环境中的接受或排斥现象。现在，Nuance 的移动应用程序只为 Apple 设备设计。

未来，移动设备将能够理解肢体语言、表情、声音的音调、复杂的情感内容等。在这个方向，Siri 迈出了坚实的一步，它完成了一项与人类的"模糊"互动，以功能角色为中心，构建了人工智能——作为一个助手，具有预期的行为、帮助预约、提醒、开关、提供导航和听写功能。声音仅仅是第一步，手势和面部识别将紧随其后，还有移动设备的手感——这样，会使消费者感觉到产品的质地或棱角。

3.17　移动数据服务保证

Polystar（http://www.polystar.com），服务保证、网络监控和测试解决方案的供应商，推出了其数据服务保障解决方案。新解决方案可交付用户行为可见度、设备使用、服务质量和所有移动数据网络的性能，包括 LTE。公司主要致力于研发资源，确保其拥有移动数据监测最新水平的平台。该公司表示，已经重建其移动数据监控解决方案，来解决移动数据环境不断变化的挑战问题。

复杂生态系统的特点是大范围的移动互动服务，它迫使网络运营商和服务提供商前瞻性地管理溢出流量，并相应地调整其日常操作。Polystar 补充到，新的可伸缩平台将解决当今的带宽需求问题，并支持未来的数据爆炸以及从电路到数据包世界的服务迁移。随着新发布版本的引入，专门开发用于处理移动数据的增强系统架构通常是可用的。

公司提供网络和服务保障解决方案，保证网络的完整可见度和服务性能。该可见度结合了一个简单的、可操作的通向问题根源的路径。该解决方案的一个独特特性是能够分析实际的负载，从而提供一个全新的对服务质量水平的理解，支持端到端监控所有类型的网络技术，以及对这些特殊网络个人服务的分析。

网络和服务性能由各种性能指标来衡量，可以应用于任何特定的测量或网络事件。实时报警服务的生成促进积极、快速地解决问题。此外，网络和服务指标都显示在一个可完全定制的仪表盘，并具有下拉功能。

Polystar 最近还推出了测试工具 Solver，其中包括 VoLTE（长期演进的声音）以及在 SGi IMS 网络（小组指令）接口的模拟 EPC（进化包芯）流量（代理调用会话控制功能）。通过有效的回流量模拟、功能、质量、可靠性和 IMS（IP 多媒体子系统）网络，可以进行测试和验证。Polystar 设计、开发、交付和支持系统，提高质量、收入和客户满意度的移动数据服务。

3.18　移动面部识别

一种新的生物识别功能已经添加到移动设备，可以使企业明确地识别员工，进行工作报告。ExakTime（http://www.exaktime.com/）的 Facefront Biometrics 可以使其公司固化在任何移动设备上的 PocketClock/GPSmobiletimeclock 变成一台照片识别设备。用户只需使用设备的摄像头来给面部拍照，FaceFront 可以使簿计员匹配员工现场和文件的照片，从而验证了员工。在最初开发 FaceFront 生物识别技术应用时，就考虑到了承包商。然而，同样的面部识别技术可以通过移动数据来识别消费者。

Android 操作系统有一些特性，它为了吸引人们的注意而进入未来探测领域。Android Beam™ 和 FaceUnlock 可以识别用户，并使用面部识别技术来给移动设备解锁。一旦用户加载自己面部的照片到 Android 移动设备，面部解锁功能可以使用这张照片与试图解锁移动设备的人进行比对。如果吻合，就会启用设备。如果有人拿出一张照片蒙混，它可以做出提示。

再就是 Android Beam，有一项利用近场通信（NFC）芯片的功能，这将越来越多地用在未来移动设备。利用 NFC 技术，当两个装有新版本的 GoogleAndroid 操作系统的移动设备靠在一起，Android Beam 就开始工作，它支持设备之间应用、通讯录、网站和视频的即时传输。

SensibleVision（http://www.sensiblevision.com/，如图 3.15 所示）有一项专利申请中的移动版本面部识别技术，图片和视频识别达到了近乎完美的程度。该公司发布了一个新产品，为 Android 和 Apple 移动设备提供方便、安全的面部识别。据该公司介绍，其 Faced.me 应用程序使用专有技术，通过识别不同的面部点，在不到一秒的时间就可识别出一个人的脸。然后，将面部图像匹配到该用户的社交网络账户，可以使用户在 Facebook 上的好友在 Twitter 上关注他，或连接到 LinkedIn。这种类型的技术提高了移动数据的价值和功能。

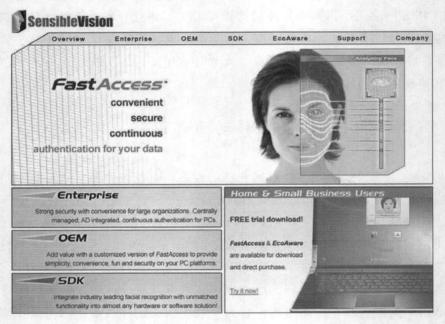

图 3.15　用于客户识别的 SensibleVision

3.19　移动钱包数据

移动支付将会无处不在，使消费者在销售点通过移动设备支付取代信用卡刷卡服务，扩大移动支付的新举措变换了购物方式。先前，将移动支付推向主流的努力失败了，是因为购物者在移动设备交易支付中没有看到利益，还因为商人一直讨厌投资新设备来接受付款。

相比之下，移动模型正在通过 Isis（http://www.paywithisis.com/）这类公司演变，这将使消费者将信用卡和客户积分卡整合在钱包应用程序中，当他们进入商店时，可以用它来开启交易（如图 3.16 所示）。

图 3.16　Isis 移动钱包

　　信用卡形式是受限的，然而，移动钱包和它的软件机制却没有这样的限制。已经有四分之三的美国消费者使用移动设备来帮助指导店内购买决策、价格比较和产品搜索，Isis 强调其移动支付系统对整个购物体验的影响。Isis 是 AT&T Mobility、T-Mobile USA 和 Verizon Wireless 及其支付系统的合资企业。公司基本上也不会改变消费者支付的方式。相反，它们带给消费者机会和易用性，来转换其购物方式。

　　Isis 正通过与 VeriFone®（http://www.verifone.com/）、Ingenico（http://www.ingenico.com/en/）、ViVOtech®（http://www.vivotech.com/）和 Equinox 支付系统（http://www.equinoxpayments.com/）建立伙伴关系来解决商人采用的问题，这将集成和支持 Isis 移动商务应用程序在其当前及未来的产品线。与主要支付系统供应商达成协议，将有助于加快大规模引进和采用移动商务。这些领先支付终端的供应商达成共识，开始在所有机器采用强大移动支付的 NFC 技术。

　　Android 移动设备的主要生产商包括 Nokia、索尼和 LG，已经在其设备中集成了 NFC。已经有超过 1 亿的 NFC（存在于激活的移动设备中），实际上，移动支付使用 Isis 模型比信用卡交易更加安全。这是因为在信用卡磁条的数据可以被"掠取"，从而使犯罪分子复制一个盗版卡。

　　然而，使用 Isis 系统的安全代码连接到移动支付系统将会改变这一现状，因为数据不是静态的，所以犯罪分子偷了它没有任何用处。同样，丢失或被盗的钱包应用，不同于丢失或被盗的"皮革钱包"，可以致电移动提供商关闭钱包应用。此外，如果移动设备电池电量耗尽，用户还可以访问移动支付，因为 NFC 阅读器使用自己的电池，可以访问应用程序。为了确保钱包应用总是通过 PIN 码被保护，它还可以被屏蔽。

这种类型的移动钱包支付数据，可以为商家和市场营销者提供一个消费者信息和智力的宝藏。它可以提供非常重要的模式，如关于买什么移动设备，何时、何地以及为什么购买。该钱包数据有助于发现重要的商业智能价格点和营销方向，来创建其产品和服务最佳销售。这些数据提供了重要指标和见解，来建立新的产品特性，显示产品路线图，并告知商家、品牌商产品推出后的反响和销售情况。

3.20　移动数字指纹数据

移动设备是应用分析人员和营销人员的目标，他们使用网页 cookies，目前还使用一项被称为数字指纹的新技术，它支持机器建模，而不是用户行为。数字指纹追踪移动设备的行为，而不是人类的行为。专利技术使得对所有基于该属性移动设备的营销成为可能，如设备操作系统、字体、颜色设置和数以百计的其他特定机器的设置。它把移动数据带到了一个效率的全新水平。

该技术依靠"设备标识"。像 BlueCava（http://www.bluecava.com/privacy-policy/）这样的公司，剔除了所有个人身份信息（PII），以便跟踪和定位基于该属性的移动设备，而不是个人。数字指纹技术使用一种新的方式，以通用标识符为中心来聚集消费者情报。BlueCava 使用其持续的专有令牌。然而，由于技术简要的描述移动设备，因此没有涉及 UI 企业、品牌、市场营销人员或消费者的隐私关注。

数字指纹创建一个单独的"声誉形象"，它基于移动行为、购物习惯以及其他机器专有的属性、特性和设置。BlueCava 正在从各种类型的数字设备上努力收集数字指纹（包括世界上所有的移动设备）来为其行为和有针对性的营销建模执行设备识别。该公司可以唯一地标识任何移动设备，准确率超过 99%。

数字指纹是匿名的，且非常健全，比传统互联网的机制更准确，如 cookies、beacons 和应用程序。指纹识别设备涉及基于几个参数的捕获和建模设备，包括但不限于数以百计的设置和属性。

- ❑ 字体：查看移动设备上安装和使用的字体。
- ❑ 屏幕尺寸：查看移动设备的屏幕大小和颜色设置。
- ❑ 浏览器插件：查看和标记移动设备可选软件，如应用程序。
- ❑ 时间戳：比较设备登录到服务器的时间，精确到毫秒。
- ❑ 用户代理：类似于 cookies，能够识别移动设备正在使用操作系统的类型。
- ❑ 用户 ID：分配一个唯一的令牌，可以用来追踪移动设备的所有活动。

BlueCava 设备识别技术创建一个电子指纹，它基于任何移动设备的唯一特征。这意味着没有两个数字设备是相同的，与人类的指纹一样，数字指纹对每台机器是独一无二的。可以识别和区分设备代表了一个强大的工具，可用于身份验证、审计、访问控制、授权、欺诈检测。但最重要的是，这项技术可以达到一个新的高精度水平，并为移动设备数据挖掘定位。BlueCava 设备标识平台为移动跟踪提供了一个独一无二的 3 个重要特性的结合。

（1）独特性：其设备指纹识别基于许多组件类型和属性加值，保证移动设备的独特性。

（2）耐受性：其设备识别算法在物理移动设备及其配置中是弹性变化的。

（3）完整性：该平台的混淆、散列、加密和随机化共同提供完整安全设备指纹。

有两种指纹客户：物理设备指纹客户机和网站客户端。物理设备指纹客户端被安装在实际的移动设备上并运行。物理设备客户机可以被打包在应用程序，或者可以作为一个独立的下载来安装。物理设备指纹客户端可在多种平台上使用，包括 Apple、Android、BlackBerry 及其他移动设备。另一方面，网络指纹客户在浏览器上运行，可以从网页自动调用，而不需要单独下载。为了得到持续的设备令牌，两种指纹都会被传到移动设备查找服务。除 BlueCava 之外，还有其他几个公司提供指纹技术服务，包括 iovation®（http://www.iovation.com/）、4lsc Parameter®（http://www.the4l.com/）和 Imperium®（http://www.imperium.com/）。就像 BlueCava，主要使用数字指纹技术来进行安全与欺诈检测，但也适合移动分析和营销。

iovation 公司提供所谓的 Real IP，来识别用户的 IP 地址和地理位置。位置细节帮助 iovation 公司服务的用户和软件，在地球上任何地方确定移动设备的位置。真实 IP 可以使之很容易地三角定位和锁定任何移动设备的真实位置。iovation 公司真实 IP 告诉移动分析人员网站访客来自哪里。地理定位数据包括国家、规定和真实的 IP 地址、纬度和经度。Real IP 验证在毫秒范围内就可以实现。移动分析可以设置使用参数，并提取业务规则，这可以通过决策树分析实现。ReputationManager360 揭示了每一个网站交互移动设备的行为和声誉。

4lstParameter 提供的 Deviceinsight，可以使网站与所有的固定或移动交易"沟通"。通过这个 nonobtrusive，自动进行对话，创建一个移动的数字指纹，然后可以用来匹配设备登录或事务。Deviceinsight 不需要用户参与、硬件部署或破坏用户体验。

4lstParameter 提供 Deviceinsight 的开放 API，使得它很容易就可以集成到现有的应用程序，可操作任何设备连接到一个网站，包括通过任何浏览器连接的移动设备。网络和移动 cookies 平均可以分析大约 70%的设备。Deviceinsight 几乎可以为 100%未侵犯消费者隐私的所有机器生成基于设备的代理服务器。

"营销设备洞察"基于专利技术生成一个数字指纹，可以作为 cookies 功能的优越替代品或 Flash 本地共享对象（LSOs）。不需要用户参与、硬件部署或改变用户体验，消费者的数码设备也不写入任何内容。该技术不会留下任何残留形式的 cookie、FlashLSO 或任何其他对象，从而使其成为有效和透明的移动分析解决方案，甚至适用于有最严格的个人隐私法规的国家。

为进一步在设备之间进行区分，特别是那些基本不具备生成数字指纹可用属性的移动设备，741st Parameter 已获得时间微分链接（TDL）软件的专利，相比单独指纹识别的精度，设备指纹的唯一性增加并达到 43.7%。这种级别的分化可以使移动分析定位更准确，比使用传统 cookies 的时长增加了一倍。他们的技术为 Apple iOS 打包作为 Web/HTML API 和移动应用 SDK。

另一家数字指纹公司 Imperium 提供 3 种产品：RelevanrID 用于移动分析和数据认证，Verity 用于验证真实性，RelevantView 用于市场研究。与其他指纹公司一样，Imperium 也涉猎了双重欺诈检测和实时分析。RelevantID 数字指纹技术超越了传统的 cookie 方法，创建一个新的方法来确保和证明行为收集的数据是可靠的，并且移动行为是可预测的。

RelevantID 作品通过数字水印和数字指纹的结合来工作。数字指纹是一个数据收集的过程，对超过 60 个移动设备数据点进行收集。然后，这些数据点通过专有算法处理，编制了一个独特的数字指纹。RelevantID 使 Imperium 的专有技术符合美国隐私和欧洲数据保护法律，支持机器对机器，对企业高度精确，与消费者高度相关。

当用户访问一项服务时，RelevanrID 可以识别移动设备，并收集其属性和设置的大量数据点。收集到的信息通过确定性算法，来为每台移动设备创建一个独特的数字指纹。Imperium 过程对用户是不可见的，也不会干扰用户体验。一旦确认指纹，设备对移动分析开放。例如，指纹设备可以使用自组织映射（SOM）神经网络软件聚集成不同类别，还可以划分为基于机器学习决策树业务规则的不同部分。这些建模技术和软件将在第 5 章论述。

数字指纹是移动分析的未来，主要因为它是无形的，难以抵挡，并且是抗干扰的，比 cookies 更准确，是半永久的，适用于所有类型的数字设备。据估计，仅在美国的产值就超过 230 亿美元，当典型的移动设备连接到一个网站或服务器时，它广播数以百计的本身细节。每台数字设备都有不同的时钟设置、字体、软件、操作系统、应用程序以及其他许多特性，使其与众不同。

这些数字指纹公司不收集用户个人的姓名，只收集数字设备的细节信息。BlueCava 可以在移动网站、应用程序和移动设备嵌入指纹识别技术。这还可以包括移动应用的匹配和融合，从网站获取的属性和移动设备的行为。例如，一个 Havas SA 的移动设备广告公司 Mobext（Mobext.com），已经开始在移动设备测试 BlueCava 指纹技术。

随着越来越多的移动设备被嵌入英特尔和其他微处理器，数字指纹的重要性将会增加。英特尔（http://www.intel.com/）将数字广告招牌视为 Atom™ 芯片新的增长市场。例如，LG 电子（http://www.lg.com/us）使用英特尔的 Atom 芯片识别游客的年龄、性别和其他特性，并相应地改变广告间隔。ARM® Holdings（http://www.arm.com/）同样向 Texas Instrument™（http://www.ti.com/）、Qualcomm®（http://www.qualcomm.com/）和 Marvell®（http://www.marvell.com/）营销智能芯片，它们被嵌入在形形色色的移动设备中。

3.21　捕获移动数据

为满足日益增长的全球市场对移动数据采集解决方案的需求，naturalFORMS®、ExpeData®（http://www.expedata.net/，如图 3.17 所示）向客户提供 9 种语言的软件，包括荷兰语、英语、法语、德语、意大利语、葡萄牙语、俄语、西班牙和瑞典语。

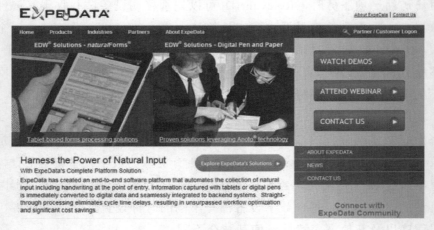

图 3.17　捕获移动数据

有了新定位增强功能，用户可以访问菜单和键盘，并可以查看用其母语书写的文字说明，进一步提高整个应用程序的灵活性和可用性。naturalFORMS 可以使用户在 Apple 和 Android 平板电脑上使用自然输入（如手写），轻松高效地完成各种业务。

移动设备上输入的捕获信息会被立即解释，并转换成数字数据，如果表单数据不完整或不符合企业规定，会被即时验证和反馈。直通式处理可以使高质量的数据无缝流动到后端系统，提供无与伦比的工作流程优化。naturalFORMS 提供了最佳的笔迹解释精度，通过在市场上利用来自 VisionObjects（http://www.visionobjects.com/）的 MyScript 技术，该技术被公认为最先进和准确手写识别技术之一，在全球拥有超过 2000 万用户。

3.22　移动感知数据

一项被称为感知的技术，将触觉维度添加到了移动设备，这样消费者就能够在购买之前感受到产品的纹理。触觉技术软件和数码屏幕初创企业，如被 Synaptics.com 收购的帕西尼公司、Senseg 和 Tactus Technology（http://www.tactu-stechnology.com/，如图 3.18 所示），竞相增加触觉感知到移动设备（添加一个新层次的消费者互动和顾客参与），这一承诺满足了人类感觉事物的基本愿望。移动分析将完成购物体验（应用不仅定位消费者正在寻找的牛仔裤或钱包，还要能比价，执行不同颜色和款式的配置，还可以在购买前触摸和感觉它们），所有这些都可从移动设备获得。

图 3.18　Tactus 带来新水平的移动数据互动

数以百万计的 Nokia、三星和 LG 电子设备，已经预置了由 Immersion 为游戏和营销应用程序制作的感知软件。触摸屏幕和表面将迅速成为首选的新移动设备界面。帕西尼公司已经开发了一款屏幕，用于创建一种没有机械部件按钮的感觉。Senseng 的涂层屏幕可以产生如振动、点击和纹理感觉。TactusTechnology 获得了互动弹出屏幕的专利，可以使消费者感觉边缘的字母、数字、符号、旋钮、仪器字符串（最重要的是，产品的材质可以在移动设备上模拟出来），回应其使用者的要求。

Immersion（http://www.immersion.com/）进行了一项研究，采用定性和定量的方法来评估消费者对移动设备感知的态度。控制涉及使用行业标准触觉技术的设备和没有任何感知功能的移动设备。以下是几点主要结论：

❑ 绝大多数（90%）受访者表示，相比标准或无感知技术的替代品，他们更喜欢提供感知技术的移动设备，很少受访者表示，他们并不在乎这样的特性。多数受访者首选标准感知移动设备，而不是无感知的移动设备。

❑ 研究发现消费者对已激活感知的应用程序有清晰的、可衡量的偏好。这项研究为参与者提供机会，在两款具有代表性的游戏（"冰冻泡沫"和"弹球"）中测试他们对感知实现的偏好。对控制而言，消费者更喜欢每个游戏的感知版本。感知实现的成熟对玩家的反应有重大影响。当实现被定制来交付具体而不是广义触觉效果时，通过所有性能参数评估，消费者对感知的偏好选择大幅增加。

❑ 感知技术提升用户应用体验，在触摸时，参与者有机会评估感知激活输入应用生成按钮移动的感觉。参与者表示，他们更喜欢提供感知效果的设备。

❑ 消费者已经意识到下一代应用程序具有很高的价值。研究的参与者为触觉技术引入一个新的概念，叫作"表达警报"，使用户能够使用感知来个性化各种类型的消息传递警报，并使其他移动设备收到通知。建议功能有极高的吸引力，几乎所有参与者都表示，如果功能可用，他们可能使用该功能。

❑ 研究发现，用感知定制和个性化移动设备的能力对消费者而言非常重要，因此，对移动设备技术的成功至关重要。测试输入应用程序后，几乎所有参与者都表示希望能够增加或减少感知的强度。用不同触觉感知定制警报的能力（特别是区分个人和企业信息），对绝大多数的参与者十分重要。

3.23　移　动　狂　人

热门电视节目"狂人秀"中的角色和当今现实生活中移动设备使用者几乎是一样的。在业务运行运转正常的情况下，两者都可以享受雪茄和马提尼，像国王一样生活在自己的商业王国。麦迪逊大街和移动运营商世界正在被像 Google 和 Facebook 这样的企业完全改变。这两个行业都是改造自己，好消息是，他们实际上需要彼此帮助，共同生存和茁壮成长。"狂人"意味着个性，Don Draper 有句名言："广告就是建立在一件事上：幸福感"。看一下新加坡电信（http://info.singtel.com/）以 3.21 亿美元的现金收购总部位于加州的 Amobee。现在，对 Amobee 来说，就是幸福感。

这是移动广告领域最大的并购之一，仅次于 Google 兼并 AdMob 和 Apple 收购 Quartro。它也在运营商的世界留下了浓重的一笔——他们正在针对 Google 和 Facebook 过火的行为做出反击。运营商希望得到他们在媒体的应有份额，并意识到应该采取行动了。最大的问题是：这些电信公司可以用专业广告为品牌和消费者打造一个伟大的价值主张，使他们都快乐吗？这是一个 220 亿美元的问题，或组合交易市场规模的大致估计、地理围栏移动营销和基于位置的服务。

世界上最大的电信运营商 AT&T、西班牙电话公司（http://www.telefonica.com/）、新加坡电信和其他公司，都创造了集中在数字广告和移动支付交付的新业务单元。为什么？他们都认识到其广告移动数据的独特价值资产：他们可以随时随地定位用户，可以与用户建立一种信任关系，还可以支持闭环、真实的交易。他们意识到，最迫切的是当面临着基础设施成本上升、顾客流失、利润下降，媒体和支付代表了增加自身业务的最佳机会。

对于消费者来说，该主张可能很有说服力。从支持超本地化供应和使用移动支付的能力来看，消费者最终开始接收真正有价值的媒体，而不是基于移动设备数据挖掘的侵入媒体。考虑一个选择性加入的世界，在这里消费者事先选定想要得到的供应类别和类型，例如当他们在附近时，可以从他们最喜爱的商店收到一个提示信息。有了链接他们的信用卡和移动支付的能力，这些和其他许多服务都可以使用这种方式——如果处理得当，可以把移动设备变成高度个人和无价的商务工具。

对广告商来说，建议甚至会更好。虽然绩效模型的移动广告正在起步，设备品牌仍在苦苦挣扎（无非是下调 Apple 品牌中心 iAd，其定价过于复杂）。直接广告交易像专有应用程序一样，只有当应用程序打开时，它才会工作。运营商把重点放在移动广告，可以给品牌带来真正的关联效应，并夺回从其他移动主动权消失的区域。

当消费者在商店附近时，定制就会触发，运营商也不必提供强大的应用程序。把它与消费者偏好和匿名移动数据用户及品牌结合，最终可以得到一个工具，可以用于每一个接触点。这个"移动狂人"场景侧重于数字购买，用来驱动实际商务的瓶颈。使用这种方法，移动广告人已经看到其他媒介无可比拟的结果——附近移动营销购买率高达 65%。

上面列举的运营商代表了三十多个国家超过 10 亿的消费者。在像英国这样的市场，主要运营商试图加强合作，来使品牌利用单个广告购买更容易地接触国家的整体受众，其潜力是巨大的。

组合词 SoLoMo 代表社交、本地和移动。虽然 SoLoMo 的组合是一个荒谬的缩写，但使用正确的方法组合在一起时，为运营商描绘了一个美好的愿景，通过组合不同的运营商来获得一项收入，即添加数字广告专业知识到他们的"DNA"，因此将给从其他地方无法获得的广告商供应带来突破机会。例如，下面是运营商处于独特的地位需要提供的：在网站上交付有针对性广告印象的能力，然后，当没有应用程序的消费者在商店附近时，尽可能在 Wi-Fi 或邮件中发送定制提醒。

除了 Amobee 等事务外，这些公司正在从大量的数字技术公司和广告公司招募人才。他们也在硅谷开设办事处，与 Bubble Motion（http://www.bubblemotion.com/）、Placecast（http://placecast.net/，如图 3.19 所示）等公司密切合作，使运营商通过不同的媒体得到了一个 220 亿美元的项目。运营商可以在这里获得成功，因为有很多商家需要 Google、Facebook 和 Apple 无法提供的移动广告。

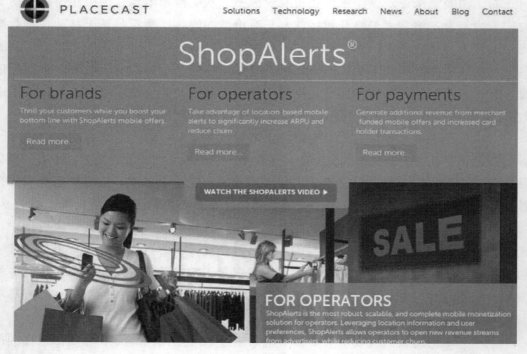

图 3.19　Placecast 基于位置的提醒

然而，运营商必须创建一个分化供应，基于用户的独特属性数据、实时位置、直接消费者的关系和关闭循环与事务的能力，而不只是试图复制当前的生态系统。从开发人员的 APIs 到提供丰富的位置环境和网站及移动设备上的目标用户数据，运营商可以交付给消费者一条畅通的渠道（从认识到现实的交易）。这已经变得清晰，品牌和机构希望比现在得到的还多，并且运营商有能力开启有效规模的移动营销。不管这成功与否，都可以简单地归结为运营商拥抱未来的速度如此之快。如果行业朝着新加坡电信和西班牙电信这类模式发展，移动数据帝国的前主宰者可以继续分得一大杯羹。

3.24 移动数据隐私政策

移动分析隐私政策通知揭示了部分或全部企业、开发人员、品牌和营销人员收集、使用、披露及管理客户移动数据的方法。隐私政策的具体内容取决于适用的法律，还可能需要解决多个国家或地区的要求问题。虽然对隐私政策具体内容没有普遍的方针，但移动分析人员和营销人员要确保这些隐私政策和通知被制定出来，并突出显示在消费者移动设备上。如果不这样做，就可以毁灭一个移动分析项目，摧毁一家公司——Carrier IQ（http://www.carrieriq.com/）就是一个例子。

Carrier IQ 是安装在数以百万计移动设备上的一款软件，记录用户所做的每一件事，从用户浏览的网站到短信的内容。移动监控软件制造商四面楚歌，其软件被秘密安装在约 1.5 部移动设备上，它有能力记录 Web 用途，记录电话和短信的收发时间、地点、数字。为了提供服务，它从移动设备捕获大量的数据。其服务器软件可以监视应用程序部署、电池寿命、设备 CPU 输出及数据，还有基站连接等。

Carrier IQ 随后被提请诉讼，国会要求其就曾经捕获的移动数据做出答复。开发者社区开始揭露多年来一直在设备上安装的软件。T-Mobile、Sprint 和 AT&T 已经承认使用它，但都没有告诉消费者是如何使用的。然而，在 1986 年的电子通信隐私法案中规定，未经用户同意，禁止获取通信的内容。

Carrier IQ 可能没有意识到形势的严峻性，直到美国参议员 A1 弗兰肯开始施加压力并要求公司做出回应。参议员弗兰肯指出："位置和其他数以百万计的美国人敏感数据正在被秘密记录和传播这个启示，可能会令人深感不安。这则消息凸显了国会迅速采取行动、保护位置信息和个人消费者敏感信息的需要。但是现在，Carrier IQ 必须要对一系列的问题做出回答（FTC.gov）"。

隐私政策声明通知应涉及遵守各个州、联邦隐私法和第三方的举措，包括美国联邦贸易委员会（Federal Trade Commission）公平信息实践（http://www.ftc.gov/reports/pri-vacy3/fairinfo.shtm）、《加州网络隐私保护法》（COPPA.org）、儿童在线隐私保护法案（COPPA，http://www.coppa.org/）、Trust Guard^{TM}（Trust-guard.com）隐私准则（http://www.trust-guard.com/）、反垃圾邮件法令、Apple 和 Google 的 Adsense^{TM} 和 AdWords^{TM} 隐私政策要求。下面为移动分析人员、营销人员、企业、开发人员和品牌着手开发一个合法的隐私政策通知提供了一个模板：

（1）给用户有意义的选择来保护其隐私。

（2）使收集个人信息透明化。

（3）做一个负责任的管理者，合理管理捕获的用户信息。

（4）开发强烈反映隐私标准和实践的产品。

（5）利用信息提供给用户有价值的产品和服务。

（6）在用来跟踪和锁定设备的移动机制中，为消费者提供一个选项来选择。

（7）解释这些跟踪机制被使用的原因——为增强移动设备的相关性和客户服务。

（8）如果使用匿名技巧和技术，如数字指纹，要让消费者知道，这样他们可以就隐私和相关性做出选择。

（9）列出被 cookies、beacons、数字指纹和其他跟踪机制捕获的信息。

（10）应该遵循移动分析政策完全透明制度，解释什么数据被收集和用于什么目的，告知消费者对这些信息收集技术的好处。

（11）开放是很好的移动分析总方针。当无数的陷阱和意想不到的危险交织在一起，完全透明度是最好的保险政策。

（12）声明设置第一或第三方 cookie 的目的。移动营销人员应该限制使用第三方的 cookie，因为它们稀释专有的消费知识，这可能是公司最有价值的资产。

（13）移动分析涉及长时间捕获客户事件和动作，以及这些存储交互的建模，为未来预测收入增长和消费相关性来决定典型行为和偏差。

3.25　移动大数据

多年来，IT 部门在访问权限问题上一直存在争论。当一切包括用户、应用程序和数据都纳入一个公司时，这是一个设计很好的模型。但是四大趋势打破了现实：云、社交、移动和大数据。今天的世界与之前相比差别很大，所以移动数据策略和解决方案也必须随之改变。品牌、开发人员和营销人员未来需要考虑一个世界，在这里，用户、应用程序和移动数据跨越互联网，看上去似乎是一个随机的马赛克。消费者和企业应用程序存在于企业内外。业务流程和品牌（一旦内部专有）现在跨越了云、社交、移动网络和终端用户的移动设备。

在这个新兴计算环境，旧的安全和控制模式（安全地存在于公司的物理和虚拟墙后的某个地方）完全分解。在新的世界，企业必须从根本上用不同的方式重建安全与控制，其中，分布式系统仍然显示为一个，但保持独立，那就是身份因素的所在。

在当今互联世界中，身份是自由和安全的核心。移动用户需要突破旧的壁垒，获得自由，还需要自身的安全，而无须记住每个单独资源的用户名和密码。正确地取得它，企业将随时随地启用任何设备生产率的视觉。如果出错，成本、复杂性和安全隐患都有可能否定任何收益。

在这个新的世界，我们的目标不再集中在管理访问企业资源的员工信息。对于身份管理的业务案例，传统的以承诺和安全为中心，现在范围太窄。企业用户目录只有一个存储库的信息，帮助识别用户和控制访问权限。企业计算的动态变化需要当前模型以云和移动大数据作为补充。

幸运的是，身份的基本结构单元（也就是开放身份标准）正达到一个临界点。就像电子邮件的 SMTP（简单邮件传输协议）或 TCP/IP（传输控制协议/互联网协议），网络的互联网协议，这些开放身份标准承诺开启个人和工作相关活动的云、移动设备、社会和大数据的潜力，同时为用户提供更多的便利，更少的登录和更强身份验证的安全保证，还有更好的 IT 控制。

IDC（国际数据公司，http://www.idc.com/）预测，在未来几年内，将会有更多的美国互联网用户通过移动设备访问云，而不是通过个人移动设备或其他固定设备。身份的变化来得还不够快。对于大型企业，转变将比较平缓（自然演化），因为新模式必须作为一个当今投资安全与控制的扩展被吸收。这将体现在组合架构上，现有的身份仍然在企业内部控制，但一些用例为了速度、方便、节约成本而迁移到云。

对那些传统类行业子公司较少的企业来说，当开始在云中使用新模式并不断前进时，这一趋势将更为激进。这种可定义的转化正在进行中。在过去的十年它建立缓慢，但伴随着目前关键标准接近完成，公司正在接近一个临界点。在这个新的世界，人、应用程序、移动设备和大数据将被分配，但这些识别标准将会被无缝地对串在一起。

3.26　移动数据三角测量技术

在让人眼花缭乱的移动市场中，每台移动设备都有其独特的功能和局限，但有两个主要的操作系统：Android 和 Apple。在这些移动设备与平台的冲击下，广告商的任务是创建接触其目标人群的内容（不论目标人群在哪，使用什么设备）。这需要构建一个移动分析战略和发展的营销框架。然而，为每种移动设备类型定制内容和体验（在其特定位置）代表了为分析人员、开发人员、营销人员及其品牌提供了赚钱的机会。

为这些移动设备交付内容需要细致的前期规划。消费者期望，不管他们有什么设备或技术，内容都能按预期显示和执行。移动设备存储，像 WURFL（无线统一资源文件）或 ScientiaMobile（http://www.scientia-mobile.com/）数据库等，提供当前成千上万、频繁更新的设备信息，每个都有数百种不同的功能。一旦确定了特定设备的功能和设置，最合适的内容可以通过执行一些会话业务逻辑，被选择或生成和服务。

不同移动设备屏幕尺寸不同，并支持不同的视频格式和协议，如 Flash 或 HTML5。有些设备支持默认的第三方 cookies，这可以通过移动分析激活行为锁定，而其他的则不会。这是很重要的，因为必须使用其他移动机制，如数字指纹。激活点击进入移动网站、点击呼叫、点击视频、点击发送短信、点击定位、点击购买和点击串连图板转变的动作（导致后续间隙广告）都依赖设备的功能。

与其建立和维护支持不同移动广告的多个版本，不如为每台设备发出请求，定制实时交付，创建和维护一个通用版本。这是一种常见的设计策略，因为它消除了创建和维护大量支持不同移动设备、不同内容的需要。

营销人员也可以从移动设备的类型和定制的应用程序推断人口统计信息，这可以用于影响内容或体验交付的时间、地点和方式。移动设备的数据挖掘的内涵远远超出传统用户分类统计。正如我们所看到的，有许多机制和技术可以实现数据挖掘（所有都是基于行为锁定）。例如，Google.com 的研究显示，相比其他广告渠道来说，移动设备上显示一个基于位置、时间敏感或基于兴趣广告的用户中，有近一半的人采取即时行动。

今天，移动设备的能力延伸到了地理定位服务，如 W3C 的地理定位 API（http://www.w3.org/TR/geolocation-API/）来确定其当前位置。W3C 地理定位 API

是万维网联盟（W3C）的一个成就，它标准化了一个接口来检索客户端移动设备的地理位置信息。设备的实际位置可以从这个信息实时检测，这通常被称为"反向地理编码"，以便提供适当的地点敏感广告或内容。

例如，在接近用户移动设备时，基于位置的广告可以以业务或品牌优惠券、交易、折扣的形式提供经济激励，从而进一步增强服务的吸引力。移动分析人员和市场营销者必须构建应用程序，可以提供适当的内容，并最大化每个移动用户的体验，不管用户在什么设备上使用。这可能意味着流视频内容——使用正确的格式，有正确的协议和适当的特定移动设备比特率。

企业、机构、出版商和营销人员可以选择把这项工作外包给 Metamarkets（http://metamarkets.com/，如图 3.20 所示）这样提供移动报告、基准测试和分析的公司。大市场整合了数十亿的移动交易来交付动态价格数据、流量聚合报告和解析媒体市场观。基本上，其移动分析服务已经应用这项技术到移动平台和网站，并可以处理、存储和分析日常移动事件，进而完成类似广告宣传和收入这类指标。

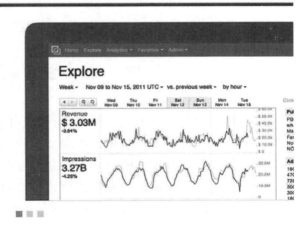

图 3.20　大市场的移动指标

3.27　移动数据与移动收入

根据研究显示，流经全美国四大移动运营商网络高达 85% 的流量是纯数据，表明美国移动行业早已放弃了音频覆盖，而成为数据驱动的主宰。研究还发现，数据仅占所有运营商收集移动数据收入的 39%。运营商可能正在运行主要数据网络，但其主要收入仍来自语音。

然而，这些数字也描绘一个精确的画面。而 85%的流量可能是数据，承载它的网络要求比以前更有效。相同的基础设施和频谱投资，运营商可以交付几百万位的能力，此前，运营商只能提供拨号调制解调器的速度或满足拨打几十个电话的需求。这些网络效率意味着，即使它接管了 100%的流量，运营商也可以利用数据赚钱，只要他们不断升级网络，但语音收入的损失是个大问题。声音占了如此多的收入流，然而他们的网络资源太少，运营商显然是使用它来弥补利润。如果一些顶部 VoIP 服务得到广泛采用，它可以消除很大比例的客户账单，迫使运营商构建主要数据的商业模式。

这并不意味着他们不能赚钱，只是意味着他们会少赚很多。来自 ATT.com 的一项研究发现，只有 30%的移动设备用户每月流量消耗超过 1GB。然而，运营商销售的数据计划旨在扩大平均消费领域。最小的移动数据量销售版本是每月 30 美元包 2GB 流量，而美国电话电报公司（AT&T）提供了一种新的定价结构，顾客可以用 20 美元购买 300MB 流量，接下来可以用 30 美元购买 3GB 流量。这意味着绝大多数的美国移动设备用户用出于礼貌的方式购买了数据，而其中的大量数据他们可能永远不会用到。

3.28　通过移动数据三角定位

作为移动设备和其朋友之间交流和分享信息的手段，社交网络日益突出，并且提供了许多方法来识别、定位、实现新的收入增长，还通过移动分析划分新的潜在客户。移动设备数据挖掘的技巧不仅是跟踪和定位行为，更重要的是用一种相关且明智的方式为其建立模型，此外，通过建立移动行为模型，营销商和品牌可以开始参与他们未来行动以及对特定内容、产品和服务的偏好。

为评估和提高移动设备的性能及其主流操作系统，Apple 和 Google 都从随机选择的设备收集诊断信息。例如，当一个 Apple 移动设备拨打电话，开始可能在通话开始和结束时确定设备的位置，来分析同一地区其他设备是否有电话掉线问题发生。Google设备也会每隔几秒钟收集位置，并传输数据到公司服务器，每小时至少好几次。

Apple 和 Android 移动设备也嵌入了 GPS 芯片。GPS 芯片通过分析卫星信号到达设备的时间，来尝试确定设备的位置。通过这种分析，GPS 芯片可以识别设备纬度和经度坐标——就像高度、速度和运动的方向，还有当前日期和时间及设备所处的位置。例如，Apple 公司收集 GPS 信息来分析流量模式和不同区域的密度。收集的 GPS 信息被批处理到设备上，加密并通过安全的 Wi-Fi 网络连接，使用 24 小时随机生成的身份证号，每 12 小时传送给 Apple 的服务器。其信息不涉及特定个体。

Apple 和 Google 很早就进入了移动广告网络领域。Google 收购了 AdiMob，而 Apple 公司推出了 iAd。iAd 网络在应用程序中，提供了一种动态的方式整合和访问广告。移动设备可以接收用户感兴趣的广告。例如，在 AppleiTunes 数字商店购买了播放科幻电影的一台设备，可能会接收到一个关于相同类型新电影的广告。

Apple 公司也通过其纬度和经度坐标收集移动位置信息，所以，当一个请求发出，例如说一个运动酒吧，这个信息通过移动网络连接或 Wi-Fi 网络连接，被安全地传输到 AppleiAd 服务器。纬度/经度坐标立即通过 Apple 服务器的 5 位编码转换。Apple 不会记录或存储坐标——Apple 只存储编码。然后，Apple 使用编码为移动设备选择一个相关运动酒吧广告。

Apple 不会与广告商共享任何来自移动设备的基于位置和兴趣的信息，包括由 iAd 服务器计算的邮政编码。在只能由 Apple 设备访问的一个独立 iAd 移动数据库中，Apple 保留每个广告发送到特定移动设备的记录（确保客户不会为自身行政目的和网络规则，重复接收或复制广告）。为了提供其 Google 地图™ 服务，Google 也将通过 GPS 或 Wi-Fi 三角形定位移动设备的位置。

Google 和 Apple 正在竞相构建可以三角定位基于移动设备位置和兴趣的大规模数据库。据研究公司 Gartner（Gartner.com）调查，这些数据库可以使他们点击进入 29 亿美元的广告行业市场。营销商和品牌还可以创建自身基于位置和兴趣的 Apple 和 Android 应用程序，利用三角测量技术定位数以百万计的移动设备。

3.29　移动数据的挑战

品牌、企业和营销商应该能够满足用户的需求，这就是拥有这么多移动数据的优势。但他们需要教给消费者关于移动设备数据的知识。应该讨论的是他们得到的便利和相关的服务。消费者会因为分享了自己的数据而感到快乐（像 Facebook 这样的社交网络），但他们想得到一些回报。移动运营商、商家和品牌有很好的机会，就实时移动数据形成自己的主张。移动运营商应该赞同与品牌和其他移动企业之间的商业合作关系，为消费者创建实时的价值主张，因为他们有能力把实时洞察转化为消息发送的机会。

在驱动终端用户主张方面，移动运营商很有优势。然而，问题是这些运营商可以或正在使用访问过的数据到什么程度（移动数据可能在错误的地方）。Google 和 Apple 需要巩固和分享移动数据。封锁移动数据有一定价值，但因为商家都不共享数据，所以有很多机会被错过了。秘密花园不是消费者的兴趣所在。如果公司获取数据并明智地使用数据，可以为消费者提供真正的价值，数据整合将会起到非常关键的作用，但商家还没有意识到这一点。运营商和其他商家需要通过伙伴关系使消费者体验更加简单。消费者不愿被约束，他们期望移动数据的自由性和相关性。

3.30　移动数据三角定位交易

移动营销的方法之一是通过广告网络的使用和交易。这些网络为移动品牌管理和运行广告活动。随着设备数量的增长，移动广告市场也在扩张，并且有向移动广告行业转变的迹象。

根据 MarinSoftware（MarinSoftware.com）广告平台的一项研究，针对移动设备的付费搜索广告，为广告商提供了比固定设备高 37%的点击率（并且平均成本较低）。消费者以低成本和更高点击率点击移动广告，从而产生了一个更好的投资回报率（ROI）。Marin 的客户咨询案例研究使用了 Google 数据。

下面是一些关键的移动广告实践，可以通过移动设备更好地参与和转换消费者。这些实践从 iOS 和 Android 广告活动的趋势研究和模式发展而来。移动广告人员的底线就是捕获用户关注，并通过快速激活行为召唤获得消费者参与和转换，来提供关键信息：

（1）移动视频广告应该控制在 15 秒以内或更短。

（2）行为召唤必须清晰："看这个"和"试试这个"。

（3）棘手问题和短动画接触增加了 40%。

（4）地理定位和提供驾驶指令接触增加了 27%。

（5）提供"发电子邮件给我"、"发电子邮件给朋友"或"稍后给我发文本信息"。用户非常活跃。

移动广告网络解决方案发展迅速，尤其专注于基于兴趣和位置组合的互动应用程序以及来自移动网站的个性化推荐，还有移动广告网络和广告机构。以下是一些最佳企业的简短列表：

www.mobsmith.com——"一站式"移动广告平台。

www.01tribe.com——意大利的品牌移动广告公司。

www.12snap.com——德国移动营销公司，促销 Nokia 设备。

www.2ergo.com——专注于新媒体，客户包括福克斯新闻。

www.5thfinger.com——"维多利亚秘密"的时髦移动营销机构。

www.acision.com——通过自己的平台提供交叉渠道广告。

www.addictivemobility.com——社交移动定位机构。

www.ansiblemobile.com——全面服务的移动机构，客户包括英特尔。

www.buongiorno.com——Buongiorno 的一个部门，提供移动营销活动。

www.carat.co.uk——媒体计划和购买机构，隶属宙斯盾集团。

www.cellempower.com——中东移动营销服务提供商。

www.fetchmedia.co.uk——国际移动营销机构，其客户包括 Polydor。

www.gomeeki.com——移动互联网机构，也提供移动营销服务。

www.grey.com——全方位服务机构，隶属于 WPP（无线数据包平台）集团，客户包括可口可乐。

www.groupm.com——GroupM 拥有 Mindshare 移动机构。

www.iconmobile.com——来自柏林的设计机构，有自己的服务平台。

www.imagineww.com——在 95 个市场，服务超过 30 亿台移动设备。

www.insidemob.com——提供了整个移动广告活动的管理服务。

www.jinny.ie——为品牌和运营商提供活动引擎。

www.marvellousmobile.com——计划、跟踪和报告移动广告活动。

www.mcsaatchimobile.com——萨奇的一部分，领先的全方位服务移动广告公司。

www.mindshare.com——一个跨国广告公司。

www.miva.com——一系列 Web 和移动广告公司。

www.migcan.com——提供了移动广告和营销服务。

www.mo2o.com/en——西班牙的移动营销先驱。

www.moblin.com——以色列广告公司，客户包括 Microsoft、多力、耐克和雀巢。

www.ogilvy.com/o_one——奥美广告公司的移动分支机构。

www.phonevalley.com——移动媒体计划、互动服务、网站和应用程序。

www.planrain-media.com——总部位于西雅图的移动营销公司。

www.plasticmobile.com——加拿大的公司，拥有强大的客户投资组合。

www.publicis.com——跨国移动营销集团。

www.ringringmedia.com——英国移动广告公司。

www.spongegroup.com——使用任何可用移动通道用于品牌。

www.sponsormob.com——国际移动广告网络和应用程序。

www.textopoly.com——富媒体移动应用和广告。

www.thehyperfactory.com——专门从事长期移动广告活动。

www.useradgents.com——为品牌、应用程序和网站创建移动活动。

www.velti.com——在其广告模板移动平台，有 70 个随时可用的临时广告活动。

http://www.vdopia.com——运营最大的视频移动广告网络。

www.welovemobile.co.uk——总部位于伦敦的移动广告公司。

www.wpp.com——跨国营销公司运营的移动设备广告部门。

www.adfonic.com——一个移动广告人自助服务移动广告市场。

www.aditic.com——一个富媒体视频广告网络。

www.admob.com——被 Google 收购，已并入 AdSense。

www.admoda.com——一个广告网络，服务于移动设备或应用程序。

www.buzzcity.com——移动社交网站，提供广告位。

www.casee.cn——中国最大的移动广告交易网。

www.decktrade.com——一个自助服务移动广告多网络机构。

www.cligital-advert.com——法国新媒体移动广告网络。

www.dsnrmg.com——基于成果的移动广告网络。

www.advertising.apple.com——Apple 应用程序和广告网络。

www.gigafone.com——俄罗斯聚合应用程序数据移动广告公司。

www.egsmedia.com——法国移动机构，提供所有类型的媒体活动。

www.google.com/ads/mobile——在移动领域提供广告投放服务和目标市场选择服务。

http://rn.hands.com.br——巴西移动广告网络。

www.hipcricket.com——基于许可的综合移动广告网络。

www.iloopmobile.com——通过可定制的移动设备网站，提供广告活动。

www.inmobi.com——印度移动广告网络，由软银创建。

www.jumprap.com——搜索市场和移动广告网络。

www.leadbolt.com——帮助发布者和广告商交付结果的平台。

www.madhouse.cn——MadNetwork 是中国最大的移动广告网络。

www.madverrise.de——拥有自助服务平台的一个德国广告网络。

www.millennialmedia.com——通过自身 MBrand 运行的网络富媒体移动广告。

www.mobiadz.com——广告网络，专注于新媒体和度量。

www.mobilefuse.com——达到 8500 万移动设备的移动广告网络。

www.mobiletheory.com——授权顶级品牌提供移动广告活动。

www.mobgold.com——可以帮助广告商在移动设备上接触目标用户。

www.mobileiq.com——其交错平台为移动设备提供广告服务。

www.mojiva.com——一个自助服务移动广告提供商。

www.nexage.com——移动广告优化平台。

www.offerpalmedia.com——货币化社交移动应用程序。

www.pixelmags.com——具有 HTML5 应用程序功能的美国广告网络。

www.quattrowireless.com——基于 Apple 平台的广告商。

www.thirdscreenmedia.com——自助服务移动广告网络。

www.tmsfactory.com——创造、分配和管理移动活动。

www.todacell.com——基于位置的以色列移动广告网络。

www.webmoblink.com——移动广告的自助服务市场。

www.widespace.com——处理广告发布、分析和支付。

www.ybrantdigital.com——在游戏中，显示 Facebook 的广告网络。

www.zestadz.com——通过网络提供 WAP 和移动设备短信广告。

3.31　移动数据的未来

美国国家科学基金会（NSF）已奖励加州大学伯克利分校 1000 万美元，旨在推进一项"大数据"研究和移动数据技术。该项拨款是全国大数据技术启动资金的一部分，奥巴马政府分配了 2 亿美元到该启动资金。加州大学伯克利分校的资金将用于大学算法、机器和人（AMP）的探索研究，它已经实施了几个大型数据集处理项目。之前，AMP 探险队主要是由私营部门资助，但美国国家科学基金会的奖励超过了其运行预算的一倍。随着越来越多的消费者活动转向移动领域，收集详细的数据也变得非常容易，但实际困难是理解这些信息。隐藏在所有这些移动数据之下的信息，是理解进展如何以及如何改进的关键。

大数据目前主要问题是双重的：数据颠覆了现有基础设施的规模，当今数据来自不同的数据源，并且使得它很难编译和理解。伯克利 AMP 探索研究正在进行的项目中，有一项癌症基因组应用项目，试图理解所有这些数据。该应用程序的目的是分析许多类型癌症基因序列，去帮助那些在医学领域的人针对患者制定个性化治疗方案。有大量的基因组学数据涌出，研究人员必须能够处理。目前，移动数据的增长远远超过计算机的变化速度。

另一项目是 Mobile Millennium（http://traffic.berkeley.edu/），一个交通监控系统，每天使用 6000 万个 GPS 点，跟踪加州北部以及斯德哥尔摩、瑞典这些区域。Mobile Millennium 使用人群源以及其他数据源，如交通摄像头、监控流量和预测。虽然 Mobile Millennium 不是跟踪交通的唯一实体，但从研究视角它却做到了（不是一个商业实体）。UrbanSim（http://www.urbansim.org/Main/WebHome）是 AMP 考察的另一个项目，需要来自不同数据源的数据，包括城市记录和第三方数据库（如企业名单）来形成非常详细的城市模型。目前，该项目正在旧金山收集数据。

UrbanSim 的幕后人员希望在项目创建一个模型后，能够根据实际情况尝试不同的政策决定。例如，可以显示一个新公共交通枢纽的模拟结果，或者如果建立新步行街，这个城市会受到什么影响。移动设备数据挖掘的关键在于使用 AI 为行为建立模型，但在下一章，先探讨几个主要企业如何创建不同的市场，并用不同的追求和目标区分不同的移动人群。

第4章 移动人群

4.1 移动用户

移动设备数据挖掘是一宗大生意。移动分析是关于数据挖掘数 10 亿用户随身携带的数字设备，它正在不间断地广播多数市场商从未有过的几个因素——消费者正在告诉品牌和市场商：何地、如何、何时想从他们的产品、服务或内容中得到什么。因为移动设备是活动的，数据建模是分析它们的行为。这些行为无处不在，紧密细致，并且都是基于个人兴趣、设备位置以及社交网络的互动和交流。

移动设备的数据挖掘就是利用 AI（人工智能）技术，如聚类、文本挖掘和决策树算法来预测移动设备可能需要的内容、产品或服务。所有这一切都可以归结到模式识别。不管是取证、欺诈检测、网络分析还是当前的移动分析都无关紧要，重要的是把"手榴弹"尽可能扔到离目标最近的地方。

移动分析是通过人工智能软件，分析移动网站和应用程序的数字指纹、移动 cookies、beacons、Wi-Fi 以及 GPS 三角测量的数据（通过 AI 软件聚合数据并建模），实现数以亿计的消费者相关内容、产品或服务的三角测量营销。移动设备就是消费者对移动设备和人本属性加以了解并建，可以实现高盈利（这是品牌、企业、开发人员和营销人员应该争取的）。移动人群也区分市场，主要有 Twitter、Apple、Google、Facebook 和 Amazon。

Google 打算向基于 Web 搜索的用户发送移动广告获取高额利润。Facebook 则致力于基于其用户和朋友互动的三角形定位移动广告。Facebook 有了解其用户和朋友行为的优势，而 Google 知道用户在线上寻找什么。也许在移动市场，真正的"移动者"是 Amazon 和其移动网站，它提供了廉价且简便的方式访问全球最大的零售系统（内容、电影、书籍、音乐、存储云空间），不管消费者需要什么，都可以在 Amazon 网站上找到。另一世界范围内的数字产品零售商是 Apple 公司及其 itunes 商店。

Amazon 设备将成为全球零售业务增长最快的主渠道，它将用户带到 Amazon 精心打造的内容、商务和云计算的世界。AmazonPrime 可以驱动玩具、烤箱、尿布等商品的购买。公司还积极开拓云计算业务（Amazon Web Service®），移动设备所有者可以在其云服务器上免费存储大量书籍、歌曲、电影或其他内容。

4.2　交 易 人 群

　　社交媒体和移动技术公司 Parallel6（http://www.parallel6.com/）推出了一款新的移动应用程序，为交易人群的客户提供本地交易服务。交易人群的移动应用程序使用 Parallel6 自定义品牌 Captive Reach 的平台创建。平台的地理围栏算法和分割算法可以使交易人群基于特定群体确定目标消费者表现的相关性。该平台可以使交易人群（现在是 Parallel6.com 的一部分）根据的年龄、性别和位置锁定目标消费者。

　　一旦消费者获得一笔每日（或每周）交易，则能够定位、接收、购买，并通过 Facebook、Twitter、LinkedIn 这些社交网络分享交易乐趣。Captive Reach 移动应用程序延伸功能超出了社交分享范围，为其用户提供"移动设备钱包"。用户可以输入信用卡信息，在移动应用内购买交易码。一旦购买结束，用户会得到一个可兑现的代码，然后在购物时出示给零售商。Promotions Management Panel 被集成到交易人群移动应用（如图 4.1 所示），可以作为内容、促销活动、供应和激励措施以及消费者洞察和分析的枢纽中心。通过创造良好的人际关系，交易人群可以为商家识别目标市场，使市场范围最终扩大到全国。

图 4.1　交易人群移动应用程序

Forrester Research（Forrester.com）报道，使用移动设备在网上购买占所有交易的 20%，近 60%的消费者选择了这种购买方式。移动消费者的行为分析涉及机器学习算法的使用，该算法可以生成使用自组织映射（SOMs）的移动活动聚类，使用文本挖掘程序从非结构化内容中提取的关键概念，使用决策树软件开发预测业务规则来量化和货币化的移动行为。

通过对随身携带的移动设备行为建模，移动分析能提供"情境智能"和对行为的理解，不仅是一个人在哪和做什么，最重要的是其"目的"是什么（或者在未来可能会做什么）。分析有能力建模和预测人们会干什么——不只在搜索和社交网站，还有文本消息的挖掘以及他们在任何时间、地点的通话。通过移动分析可以全面了解人们如何使用移动设备连接和搜索。这可以对运营商、零售商和企业的定制服务、产品、营销人员以及内容形成有价值的参考。

案例研究：Urban Airship

Dictionary.com 作为世界上最大的和最权威的在线字典，为用户提供了各种教育和娱乐造词工具的平台，包括由 Urban Airship（http://urbanairship.com/）开发的定制应用程序。公司的核心应用程序在所有主流移动设备中的安装已经超过 2200 万，使 Dictionary.com 成为世界上下载量最大的移动词典。Dictionary.com 不断升级其应用程序，增加创新的功能，如语音和动态内容。

Dictionary.com 的今日词汇是该移动应用程序的一项主要功能，其目的是提供一种随时、随处可用的单词探索体验，并使这种流行的功能尽可能易用，并具有优先权。在评估了今日词汇的高使用率和积极的用户评论后，Dictionary.com 决定向用户推送通知，使用户能够轻松获得今日词汇。当 Dictionary.com 继续添加辅助功能和升级应用时，公司希望保持专注于移动业务的核心。Urban Airship 每天以推送通知的形式向数以百万计的移动设备发送今日词汇。

使用 Urban Airship 后效果显著，Dictionary.com 已经看到活跃用户使用率和其移动网站的月访问量增加。Urban Airship 的推送通知已经可以使 Dictionary.com 用户与应用程序互动，提示用户其应用程序中可用和翔实的内容。成功的推送式通知项目已经成为 Dictionary.com 整体品牌战略的一个关键组成部分。

移动行为建模还涉及移动购买的分析，也被称为移动钱包，它是另一种支付方式。消费者不是用现金、支票或信用卡完成支付，而是使用移动设备支付大范围的服务、数字产品或耐用商品，如音乐、视频、铃声、在线游戏订阅或物品、壁纸以及其他数字化产品。此外，还包括购买运输巴士票、地铁票或火车票，甚至计时停车费和其他服务，如书籍、杂志、门票、商品和其他耐用商品。移动支付有 4 个可分析的主要模型：

（1）基于 SMS（短消息服务）的交易付款方式，消费者通过短信发送支付请求，付费链接就会发送到消费者的电话账单或网上钱包，商家收到付款成功的通知，然后邮寄客户已购买的商品。

（2）移动终端直接支付（DMB）。在电子商务网站结账时，消费者使用移动支付选项，如在线游戏网站的付款。通过包含 PIN（个人识别号码）和一次性密码的双重验证之后，消费者的移动账户为购买进行支付。

（3）移动网络支付，消费者使用显示的网页或另外下载应用程序，并安装在移动设备上进行支付。它使用了无线应用协议（WAP）作为底层技术，因此继承了所有使用便捷、高客户满意度和跟进销售等优点。

（4）非接触式近场通信（NFC）协议，支持简化交易、数据交换以及在两台相距不远（通常不超过几厘米）的设备间的无线连接。在美国，它已经成为一种广泛使用的移动支付系统。目前，市场上很多设备已经集成了嵌入式 NFC 芯片，可以在很短的距离（近场）向固定阅读器发送加密数据，例如，零售收银机旁边。信用卡信息存储在消费者的 NFC 移动设备中，消费者可以通过在收款附近晃动设备或在读卡器上轻轻点击来完成购买支付，而不必使用真实的信用卡。

移动分析者对这些"购买行为"进行建模，就能够跟踪和预测消费者将要做什么（从购物的初始浏览到比价阶段，再到最终购买产品或服务）。在未来几年，银行、商人、创业公司、信用卡公司、移动运营商以及 PayPal、Amazon、Facebook、Apple 和 Google，将加入提供"移动设备钱包"的战斗，并控制美国数万亿美元的支付行业。

移动设备行为建模不仅涉及购买，还可以通过社交网络在设备间共享信息，社交网络中有兴趣或爱好相同的用户可以使用他们的设备彼此交谈和联络。就像传统的社交网络，移动社交网络中也产生在虚拟社区。随着移动设备的数量超过笔记本和台式机，Facebook 等社交网站的发展趋势将转向一种纯粹的移动模式。

案例研究：Foursquare

Foursquare（https://foursquare.com/）是一款受欢迎的返利应用程序，移动设备可以在商店、机场、零售商、餐馆等处"登记"获得折扣和特价，以下是一些案例。

- ❑ 星巴克：星巴克将本地店"市长"促销活动（签到次数最多的人将成为"市长"）推广到了所有的商店，任何星巴克市长可以在任一店铺使用 1 美元优惠券。

- ❑ BART：湾区捷运推出了 BART 主题徽章，可以由运输系统的常旅客解锁。每月提供 25 美元的返利促销票，随机赠送给在 BART 站登录、签到的乘客。

- ❑ BravoTV：当浏览者访问超过 500 个 Bravo 的位置，Bravo 就会提供给 Foursquare 用户徽章和特殊返利。这些位置由对应的 Bravo 节目选定。

- ❑ MetroNewsCanada：加拿大的头号免费日报，其 Foursquare 应用程序添加了特殊位置编辑内容。通过其应用程序选择关注 Metro 的人，当被选者接近加拿大的城市或省份时将会收到提醒信息。例如，有人接近一家 Metro 评论过的餐馆，将会收到一个有关该餐厅的提示信息，并可以链接到 Metro 完整的餐馆评论。

- ❑ The History Channel：The History Channel 在 Foursquare 上创建小常识栏目，当用户入住提示的建筑时，Foursquare 就会与用户分享具有历史意义的小常识。例如，第一栋使用奥的斯电梯的建筑。

- ❑ Golden Corral：Foursquare 的市长每天可以吃一次免费餐。在其他位置服务签到，同样给他们提供一次免费品尝的机会，比每日免费品尝还诱人的就是赢取一个 iPad。

- ❑ 哈佛大学：哈佛大学鼓励学生评估校园场所、分享技巧，通过在一定数量的地点检查工作来获得哈佛院子 Foursquare 徽章。他们还建议学生在校园中为其他喜欢探索的学生和游客留下位置信息。

- ❑ The Today Show：想看 30 Rock 的 Foursquare 用户通过签到可以获得 3 个定义徽章，首次签到得"新手"徽章，3 次签到得一个 Roker 徽章，那些在主题广场音乐会签到 10 次以上的人可得到一个 10 to 10 徽章。

　　同时，已经建立了许多本地移动社交网络，如 Foursquare 和 Gowalla 等。最初，移动社交网络有两种基本类型：第一类是公司与无线电话运营商合作，通过移动浏览器默认主页分配社区，如 Juicecaster（http://www.juicecaster.com/）；第二种类型，公司和零售商不存在这样的运营商关系（也被称为"脱离甲板"），而依靠其他本地方式来吸引用户。

案例研究：Gowalla

　　（1）国家地理：Gowalla（现在已经停止运营）扩展行程功能，包括 15 条徒步旅行线路的探索目的地，如巴黎的塞纳河、费城的艺术大道和圣地亚哥的巴尔博亚公园。

　　（2）雪佛兰：雪佛兰和 Gowalla 合作，在得克萨斯州奥斯汀 SXSW 给签到用户提供机场到酒店的免费接送服务。

　　（3）华盛顿邮报：该报创建了自己的冒险旅行，旨在帮助旅行者发现景点和探索华盛顿特区，包括所有国家博物馆、购物中心和 Metro 地图中的其他圣地。

　　而移动网站由移动专有技术网络和完全适合移动设备访问的网站发展而来，已经演变成了两种主要类型的移动社交网络：基于网站的社交网络正在通过移动浏览器和移动应用程序为移动设备访问进行扩展。本地移动社交网络专门关注移动设备的使用，像移动通信、基于位置的服务和增强现实（需要移动设备和技术）。

　　在过去几年中，使用移动设备的离线购物大幅增加，即使消费者没有使用移动设备购买，在购物时也会用移动设备查询产品和价格。摩托罗拉在美国的一项调查中发现，客户有充分的理由在移动设备上比较价格：43%的受访者表示，移动设备提升了离线购物体验，而 87%的零售商表示，客户可以通过移动设备找到一笔更好的交易。

　　有大量移动应用程序和网站可以帮助店内顾客查询和比较产品价格，但 Ebay（http://mobile.ebay.com/iphone/ebay）和 Amazon（http://www.amazon.com/gp/help/customer/display.hrml?ie=UTF8&nodeId=200557220）的比价应用程序可能是离线零售商的最大威胁。在应用程序中使用条形码扫描功能，或者直接输入一个搜索项，客户就可以在其商店或网站轻松地查看正在关注的产品。因为如此多的人有 Amazon 账户，并且已经在网站上保存了有关支付的详细信息，如信用卡的信息（再加上

Amazon 在价格上是非常有竞争力的），所以这个零售巨头很容易就会获得很大的销量。

设备行为建模中正在融入移动设备和云计算。短短几年时间，将会有超过 1 万亿台云计算就绪设备。新设备的制造整合了传感器和必要的硬件，它发送一个 SMS 消息给本地 Wi-Fi，以便在移动云账户交付一个地址。这些机器对机器（M2M）类型的通信，也称为"遥测"，不久的将来会取得更广泛的市场领域优势（在制造、零售、医药、交通、金融等方面）。移动挖掘人员可以为这些 M2M 行为建模并参与其中（采取先发制人的行动）。

在移动生态系统中可用的云计算服务涉及诸多要素，包括零售到消费者和端到端的移动宽带服务。云计算可以使便捷的请求式网络访问共享池的可配置计算资源（如网络、服务器、存储、应用程序和服务），用最少的管理努力或服务提供商的互动就可以快速配置和发布。

不但零售和匿名广告将随时随地受到移动云的影响，其工作模式和习惯也会随之改变。皮尤互联网项目（Pew.com）调查的专家认为，到 2020 年，使用互联网的大多数用户将主要通过远程服务器上基于网络空间的应用程序使用联网的移动设备来工作。移动分析能够使工作模式建模提高生产力和效率。

4.3　移动分析：对象、地点、方式和原因

移动分析是指，在服务器中对设备层匿名、全面地对移动设备进行数据挖掘的行为。数据分析使用精确、私人且相关的内容对消费者需求做出反应，并通过消费者的移动设备在微秒级时间内交付。移动挖掘者的策略是采集数据并为设备数据建模。这需要通过对移动网站和移动应用的分析，捕捉、分析并按照消费者行为做出反应。移动分析通常涉及以下步骤：

（1）通过移动网站和应用程序的分析，使移动行为盈利。

（2）使用移动 cookies、三角和双曲线定位。

（3）使用数字指纹对移动设备进行分类。

（4）使用移动社交媒体 WOM（口碑）和数据采集器。

（5）使用 AI（人工智能）预测移动行为。

移动挖掘者需要制定策略，并设定明确、可衡量的目标。为了执行任务和移动

广告活动，挖掘者必须充分了解可用软件、网络和解决方案提供商。移动环境是一种快速、自适应的营销生态系统。在这个系统中，消费者驱动需求、产品设计、服务功能和价格结构。

下面看一下数据挖掘的对象、地点、方式以及原因。

- □ 挖掘对象：移动设备的行为。数据挖掘者需要注意消费者如何使用移动设备并对此做出响应（消费者在哪、何时搜索、分享和购买特定服务和产品）。

这对于移动设备多渠道的内容和用于读取、研究信息的应用程序同样适用。

移动设备的数据挖掘是以频率、设备类型、最近活动、喜好、历史行为、关键字和位置为基础的营销，这在通过移动设备归纳和演绎分析的三角建模中至关重要。消费者利用移动设备通过其搜索行为和在社交网站中的行为展示了对其有用和有价值的内容。移动分析的作用是交付服务和满足消费者需求，否则就没有必要随时、随地预测移动设备上的用户需求。

目前，只使用分析工具和软件跟踪移动站点访问者是不够的。越来越多的企业转向使用工具和方法，不但跟踪站点访问者，而且监测访问者停留、离开或购买的动机。这种工具与方法的组合被称为行为分析，主要分析移动行为是什么、为什么分析以及如何分析。为发现访客如何使用移动网站，越来越多的企业正在加大资源投资。其中的原因非常简单：如果知道有人没有购买而离开其网站的原因，他们随后就可以采取必要措施来解决该问题，并提高客户转化率。

Crazy Egg（http://www.crazyegg.com/）是一款移动 Web 应用程序，展示了用户可点击的挖掘者热图（无论有没有真实的链接）。这有助于用户找出是否有应该链接而没有链接的图片或网页区域。挖掘者可以以热图的形式浏览结果，查看网页上的流行点，或作为“纸屑”为个人推荐源分类。然而，另一种工具 Clicktale（http://www.clicktale.com/）也显示点击地图，它为访问用户录制视频来提升服务水平。想象一下可以观察访问者如何通过网站内容导航。结果令人大开眼界，它可以帮助分析人员做出正确的改进。

最简单的销售是面向现有客户。KISSmetrics（http://www.kiss-metrics.com/）可以使开发人员关注实际消费者的生命周期。KISSmetrics 数据是接近实时的，这意味着开发人员在早上做出改变，下午就可以看到其影响。他们还有一个实时视图，这样开发人员可以看到网站上正在发生的事情。

❑ 挖掘地点：在网站、社交网络和移动设备漫游的无线世界挖掘。Apple、Amazon、Microsoft、Google 和 Facebook 越来越多的转向移动领域，挖掘者和营销人员需要制定策略来了解和预测移动流量的发展趋势，以及在移动广告宣传、网站和应用程序体系中的演化情况。

随着移动设备更广泛的普及，用户、移动网站以及服务器之间的互动也在变化。移动应用正变得越来越自主和隐蔽（将更依赖环境知识，它们正在此环境中运行，并减少与用户的交互）。对于移动挖掘者，这转换成高动态环境中（这里的资源，如网络连接、聚合数据，建模成为一个无缝的过程）移动设备关于"随时随地匿名广告应用"的一种强化，而这种环境由高度精确的数字移动分析行为驱动。

案例研究：Skyhook

Skyhook 位置引擎被 Priceline 用于其 Android 应用程序，来增强其所有移动设备的本地定位系统。酒店砍价应用程序可以使旅行者用移动设备来快速找到酒店，用当前发布的最新价格预订酒店客房。或者，要想有 60%的大折扣，可以使用 Priceline's Name Your Own Price®来与酒店砍价。如果需要房间，酒店房间可以预留到美国东部时间晚上 11 点。Skyhook 提供需要的定位精度，并允许 Priceline 进一步增强其 Android 应用程序。

酒店砍价应用可以使旅行者简单、方便地预订酒店。该应用程序可以帮助用户定位，并用最合适的价格快速、轻松地预订本地顶级酒店。

Skyhook 技术使 Priceline 的应用用户了解其在某个小镇的精确位置，以及最佳意向的酒店的位置。Priceline 认为 Skyhook 提供的高精度位置信息将大大增强整体客户体验，并满足酒店砍价应用程序用户的需求。

❑ 挖掘方式：对于移动数据挖掘者，这意味着人工智能软件、网络和无线机制、网络策略以及建模技术的运用。移动行为建模的关键是执行移动分析（加上使用应用程序来了解如何以及何时对市场和移动设备进行分析）。

移动行为的建模不同于传统零售业或网络零售业，区别在于其他方面的因素，涉及基于位置和基于兴趣的属性（还有实时交易）和移动设备的独特属性。移动设备驱动消费者参与移动交易，涉及 3 个相互关联的行为：移动设备获取产品或服务信息；移动设备提供某种类型的消费者信息，如消费者的位置；使用移动设备实际购买。这些移动行为的数据挖掘者必须认识到这一切，并且将其作为预测模型的一部分。

　　有针对性的活动，如扫描、分享和比较可以吸引移动用户。当用户按下"购买"按钮时，下载应用程序可以直接产生收入。数据挖掘者要确定这种购买倾向，并且排除只扫描产品而不产生实际购买的用户。分类软件（如决策树应用程序）可以用来执行这种类型的分段分析来增加销量、消费者的相关性和忠诚度。

　　可创建预测模型用来发现移动行为的关键特性，确定最有可能产生购买的设备来增加收入。零售商可以使用这些分段分析来发现什么移动行为能产生最高的转化率。通过行为划分用户，可以发现什么移动设备扫描了产品，以及哪些行为会最终导致与其他设备分享。更重要的是，哪些能产生移动销量。为这些移动设备提供相关内容同样适用，移动设备可能是正在寻找一种特定的服务，如几家公司提供的比价服务，包括 Amazon 和 Ebay。

案例研究：Ebay

　　Ebay Mobile（http://mobiIe.ebay.com/）是一款多操作系统应用程序。在 Ebay 公司意识到其下一个收入增长的主领域是移动购物时，便开发了这款应用程序，并在移动商务领域进行了重大战略投资，推出了 Mobile Breakthru 来设计、开发和交付 Ebay 移动战略。目前，EbayMobile 每年有 6.5 亿美元的收入，超过发布几年来收入增长的 200%。

　　Mobile Breakthru 为 23 个运营伙伴、13 个国家和 7 种语言，指导了 Ebay 移动网站的重新设计和部署。他们管理远程开发和设计团队，开发已定义关键特性的产品需求项目，如商务级加密、短信集成、定制移动检测和带通知功能的新买家/卖家仪表板。

　　Ebay Mobile 是一款具有比价功能的"杀手应用程序"。考虑到蓬勃发展的移动应用和相对便捷性，Ebay 正在向消费者推出一项主打活动，鼓励用户通过移动应用程序来购物。产品升级，包括 RedLaser 应用程序（http://redlaser.com/）的推出，实现了通过条形码扫描进行即时比价购物。考虑到 PayPal 已投入巨资，通过收购像 Zong（http://www.zong.com/）这样的企业来提高其移动支付能力，Ebay 也准备从其支付环节中获取利益。

　　目前，Ebay 将 PayPal 集成到其 RedLaser 应用程序，用户可以直接在其应用程

序商店支付，而不用在柜台实际支付。可以证实，这对 Google 进军移动支付领域和
Google 钱包，是一个严重威胁。

❑　挖掘原因：随着世界各地移动设备数量的不断增长，用户需要在这种扩展
　　渠道中即时访问相关移动数据。移动用户需要基于 Web 的电子邮件、新闻、
　　天气、游戏、书籍、运动以及各种形式的娱乐（所有这些数据挖掘和三角
　　定位营销，都可以通过划分和分类移动行为来交付）。

移动数据挖掘者和营销人员需要一种分析解决方案来应对整个移动生态系统的
挑战，在该系统中，各种移动设备和操作系统竞争非常激烈。随着移动社交网络、
病毒渠道、支付过程选项和收入流的迅速崛起，准确的数据挖掘分析对理解移动市
场和洞察用户行为更为重要。

为了开发一个消费者行为的动态预测模型，移动分析每天都需要在不同的位置
处理数百万个移动事件。需要用时间轴视图追踪移动事件，因为不同移动设备的病
毒追踪要使用多操作系统。可能涉及事件标记的内部应用程序（可能需要为不同时
间轴的每个事件定制标签），进而划分与之相对的再访用户。

还可能涉及不同时间片用户行为的划分，包括移动会话总时间、应用程序安装
到激活的时间和花费在移动网站上的时间。这些趋势将帮助开发者开发一种更复杂
的数据挖掘移动行为的方法。

移动数据挖掘者需要明白，有时从移动分析数据中提取结论就像在挖坑（并且
要挖很多）。提取结论并不容易，有些需要直觉和必要判断来决定要查找哪些数据
以及从哪里进行挖掘。移动数据挖掘者需要花更多的时间来理解，为什么行为模式
发生，而不是试图找到它们。

虽然移动数据挖掘者可以通过移动分析数据理解移动行为，但要弄清这些客户
是谁，仍有很长一段路要走。某些垂直行业（如零售、旅游、金融）习惯于多接触
点了解客户，因为他们的客户在购买时提交数据，要么通过其应用程序完成，要么
通过移动网站完成。

对专注于打造品牌的行业，未来可能介于连接现场活动和由第三方在网站形象
确认的流量源之间。这些角色，如尼尔森和其 Claritas PRIZM® 产品（http://www.
nielsen.com/），可以将第三方 cookie 与行为分析结合，如来自 DoubleClick
（http://www.google.com/DoubleClick/）的 cookies。第三方数据的合并是一种有力的

工具，可以学习更多信息，如什么设备正在访问移动网站，以及正在驱动它们行为的可能因素是什么。

　　事实是，现代移动 Web 分析工具常常不能捕获打造品牌活动的价值，而品牌市场商没有足够重视了解现场活动和思考如何提高购买广告的质量。为了达成协议如何界定成功，有必要在活动之前启动移动广告买家和移动网站分析人员之间的对话。

4.4　社交移动人群

　　社交移动分析也涉及洞察用户在一个特定应用内如何连接、互动和表现。有一家提供移动分析的公司 Kongtagent（http://www.kontagent.com/，如图 4.2 所示），其平台称为 kSuit，主要为移动应用提供社交数据模式可视化技术和分析。另一家公司 Xtract（http://www.xtract.com/about-us）结合了社交、行为和移动分析来吸引和赢得消费者，提供"社交链接"，可作为一种许可软件产品，也可以作为一种托管服务。其社交链接技术分析行为、互动和来自用户签约网络的统计数据，为有效和个性化的营销活动确定最佳对象。

图 4.2　Kontagent 也提供数据挖掘

另一家移动分析公司 Flurry（http://www.flurry.com/，如图 4.3 所示）提供了软件代理和开发工具，利用其专有的软件即服务（SaaS）分析引擎可以追踪任何移动应用。其 AppCircle（http://www.flurry.com/appCircle-a.html）是为当前已使用应用的用户推荐应用程序的一项服务。当 Flurry 确定其远景时，公司就会用 Flurry 应用付费整合来获得推荐的商品。个人数据永远不会被销售或泄露，Flurry 用自己的设备实现软件即服务（SaaS）。Kontagent、Flurry 和其他 SaaS 公司都开始支持这些社交移动市场分析。另一家公司 Localytics（http://www.localytics.com/）同样执行移动云分析。

图 4.3　Flurry 的应用分析

移动分析使"市场-交易-管理-授权"生命周期成为可能，其中 GPS 芯片、蜂窝塔三角测量、用户 IP 知识和网络地址引入了位置感知服务，可以响应甚至参与移动用户的需求。移动数据挖掘者可以看到移动设备在做什么（不仅在像 Facebook 或 Twitter 这样的社会交往网站，还可以看到移动设备的文本信息或者通话记录）。这些对全面了解用户如何连接很重要，因为这些信息代表了社交互动，包括为定制服务和内容产生有价值观点的移动设备和消息，还有基于移动设备数据挖掘提供的目标产品和服务。

根据分析公司 IHLGroup（IHLGroup.com）的一项研究，移动设备正在重新定义零售购物体验。移动设备的出现是一个"古登堡"时刻,它正在对购物体验的很多方面进行革新。Lowe's(http://www.lowes.com/)正在为雇员配备移动设备用于清点库存和为客户提供建议。PacificSunmear(http://www.pacsun.com/)使用移动设备为客户创建装备,而 Brookstone(http://www.brookstone.com/)正在使用设备证实其产品可以使用移动应用程序来控制。

消费者将会在餐馆的点餐服务过程中看到更多移动设备。消费者可以在桌上使用移动设备下单,还可以玩游戏以及享受其他娱乐服务。对移动数据挖掘者更重要的是,模式将会用来提升零售商和餐馆的交叉销售及增值销售。这将会产生一个更有效的逆转——使用移动设备进行销售的餐馆,扭转局势的次数增加了 25%,因此在每个转变中服务了更多消费者。

多年来,零售商一直在寻找一种技术,既能提供与其交付更多产品信息联系,又能在消费者进店时,识别和奖励他们。移动设备正在使之逐步实现。

我们正处在移动设备革新的临界点,移动设备的人群正在全球范围内暴增。一场根本性的变革正在发生,运营商、企业、市场商和数据挖掘者为此制订战略计划。他们正在草拟如何建模移动行为的行动检查清单和过程:必须做什么——不仅是在移动和云环境的前端,还要考虑如何为数据挖掘移动设备整合移动行为数据。

移动人群正在揭示一些消费者行动的基本模式和其购买特定产品和服务的倾向。各类消费者正决定通过移动设备购买,杂货、服装和娱乐销售继续领先。大部分消费者正在越来越多地决定使用移动设备来购买旅行、金融服务或者汽车。很大比例的消费者表示,他们会因看移动广告而浏览一个网站。更多消费者表示,他们会因在移动设备上看一个广告而兑换或下载优惠券。

移动营销的影响正在扩大,并在世界范围内对消费者行为产生了直接影响。这表明,移动营销已经迈出了一大步,消费者的行为和兴趣是移动市场领域趋势变化的指向标。考虑到零售业中移动设备的爆炸式增长,Apple、Facebook、Google、Twitter和 Amazon 正在铺开各自的"市场",都为其移动人群提供独特的功能。

4.5　Apple 移动人群

Apple 从音乐设备 iPod 开始起步,通过在 iTunes 平台以 99 美分的价格提供歌曲，慢慢扩展到电影和电视节目，这将成为其应用程序商店创建的核心引擎，Apple 应用商店已经称为大量移动创新程序之家。到 2010 年，Apple 已经售出了 1.3 亿部 iPhone，约占其总收入的一半。同年，Apple 推出了 iPad，凭借其多点触控技术快速售出了 3000 万台，这项技术来自 2005 年收购的 FingerWorks 公司。

更重要的是，Apple 市场一直用不断更新的移动设备位置信息维持着数据库。很明显，这使 Apple 可以根据其广告在移动市场设置的时间和位置点来锁定设备。同样可以使 Apple（Apple.com）根据消费者在 iTunes 门户（如图 4.4 所示）的购买情况，了解消费者期望的内容。根据 IHLGroup 的调查，移动设备正在重新定义零售购物体验，每年将会出现一个 50 亿美元的市场。根据这项调查（迁移：零售行业的古登堡时刻，对销售终端的威胁），Apple 和 Amazon 移动设备的发布已经创造了价格点，形成了最终允许零售商用工具武装其合作伙伴关系的移动因素，并将改变消费者的店内购买体验。

图 4.4　Apple iTune 商店

零售商对“Apple 商店体验”的期望正在驱使他们审视移动技术，以便既可提供与供应产品相关的更多数据销售，又可在消费者进入店销时识别和奖励他们，移动设备使这成为可能。对 Apple 人群来说，更重要的是 iOS 为其所有移动设备提供了统一体验。

Nielsen（Nielsen.com）近期发布了关于 iPhone 的新统计数据指出，全球使用的移动设备大约三分之一是 Apple 公司的产品。Nielsen 还指出，Apple 人群在网站同样占据高位，其网站在美国拥有 7200 万唯一访问者，并且已经入选所有网站品牌的前十强。当月，Apple 网站访问者平均每次花费的时间是 1 小时。分析公司还指出，Apple 网站用户平均下载 50 个应用程序，Facebook 是最常用的应用程序，仅次于地图应用程序。在过去 30 天，有三分之一的 Apple 人群下载付费应用程序。

Apple 的成功归功于广大分销商（加上 Sprint 和其他运营商，还有低价运营模式），还有另外的分销合作伙伴，如沃尔玛、Amazon 和百思买，以及 Apple 移动设备与竞争产品的成本一样的事实。Virgin Mobile（Virgin Mobile.com）正在推出一项无协议预付计划来销售 Apple 移动设备，这对 Apple 人群来说不失为一个好消息。iPhone 本身会花费用户 649 美元，但据 PCWord 统计，两年间持有者的所有花费可达 1369 美元，比 AT&T 少 300 美元，比 Version 和 Sprint 多 500 美元。

相比高度分散的 Android 市场来说，Apple 移动设备相比其竞争对手 Android 的优点是更少、更简洁的选项。虽然 Android 市场的一些服务和竞争者有某些优势，但 Apple 移动设备有单一的屏幕尺寸，并且具有多跨线工作的附属生态系统，也有其自身的优势，就像大量 Apple 应用程序生态系统一样。Apple 不断提高它在 J.D.Power and Associate（JDPower.com）移动制造商中的排名，获得了 839 分（总分 1000），而 HTC 位居第二，获得 798 分。

Apple 正在帮助 Apple 应用程序开发者跟踪使用其软件的用户。公司最近正试图用消费者对个人数据使用的忧虑来平衡开发者对跟踪数据的欲望。Apple 工具致力于更好地保护用户隐私，而不限于现有的方法。Apple 随后令移动行业感到紧张，它宣布将禁止应用程序制造商将唯一标识符嵌入移动设备并通过不同的应用程序跟踪用户。许多移动公司依靠唯一设备标识符（或 UDID），在用户使用和切换应用程序时推送广告并收集数据（如位置和喜好）。但是一些隐私倡导者认为，这串数字是匿名的，可以加上足够的数据来识别个体。

从 Apple 开始拒绝一些应用程序利用移动设备 UDID 跟踪用户行为以来，它已经安排开发人员尽快寻找跟踪的替代方法。但目前看来，Apple 正准备推出自己的解决方案。iPhone 的制造商正在开发一种新的应用程序跟踪工具，它将为开发人员提供有用的信息，比 UDID 方法更能保护用户隐私。

　　开发人员最初依靠 UDID 是有道理的。因为不同于使用 Web 浏览器来跟踪用户活动的 cookies，Apple 设备 ID 是永久性的，用户不能限制它们向第三方传送。开发人员需要有跟踪查看用户如何与其应用程序互动的能力。移动广告公司也要通过跟踪来锁定用户，并发送相关广告。但由于隐私问题凸显，Apple 被迫给出一个更安全的解决方案，毕竟大量的应用程序由于访问了用户的通讯录数据和其他个人信息而处在水深火热之中。Apple 人群的选择是使用一个"跟踪+切换"的选择开关。

　　使用 UDID 进行用户跟踪，最大的问题是消费者并不知道其行为是被跟踪的。对开发人员来说是好事，因为这意味着他们几乎可以获取每个人的有用数据，但是也会使大多数消费者处在黑暗之中。Apple 可以解决其大部分隐私问题，只需让消费者意识到他们的行为可以被追踪到，将跟踪功能默认设置为"关闭"，并提供一种简单的方式来切换跟踪开关。

　　另外，Apple 公司已经开始执行更严格的开发规则。通过控制应用的跟踪过程，Apple 公司能够更好地约束开发人员。Apple 向开发人员明确表示，如果他们滥用工具，可能会失去跟踪特权。Apple 仍然可以完全拒绝应用程序，但是一种更细粒度的工具可以使 Apple 保持现有盈利软件的扫描跟踪功能。单应用追踪（就像 iOS 如何以单应用处理通知），Apple 提供由单个应用程序调整跟踪的功能设置。

　　Apple 最近放弃了其移动地图提供商 Google。从第一部 iPhone 发布以来，Google 提供了 Apple 的移动地图系统，但两家公司不再合作。Apple 收购了 3 个地图初创公司，已经将他们的技术融合到一个地图应用程序。Google 担心 Apple 的背叛会大大缩小 Apple 的用户群，进而影响通过地图而获得广告收入吗？搜索公司将失去其作为在线地图的领导地位，以及一个长期的竞争优势和良好的广告收入来源的位置。

　　然而，Google 推出的一些新产品可以为世界主要城市的所有建筑创建三维图像；还有一种方法，移动设备用户可以离线访问 Google 地图。对 Google 来说，即便如此，失去了 Apple 移动设备主屏幕上的位置也是个坏消息，此举是这家搜索公司难以克服的。对 Apple 来说，地图永远是一个边界协议，只是一种完善 iPhone 的方式。

　　对于 Google，地图是其努力组织世界信息的一个关键方面。对 Google 搜索引擎，可以处理大量的物理位置查询也至关重要。这就是当谈到地图，Google 不会掉以轻心的原因。公司已经投资数亿美元来巩固在线地图的主导地位。

　　Google 不仅有一个汽车团队不断在地面搜集街道周围的照片，还有一个飞机团队，并且在轮船、自行车、摩托、雪橇上也安装了摄像头。目前，公司的工程师发明了一个完全便携式全景摄像头背包，叫作 Street View Trekker™，可以用于拍摄车辆难以到达的地方，如美国大峡谷内部。

　　Foogle 3-D 成像能力也令人耳目一新。公司利用多架飞机沿不同飞行路径拍摄城市，可以从平面照片结合并提取三维细节，这一过程被称为"立体摄影测量技术"，并提供俯视城市的视图，就像用户乘坐直升飞机飞行时看到的一样。与用户在 Google 地图中看到的平面视图相比，三维图像看起来更壮观。

　　Google 也遇到了麻烦，如果从 Apple 移动设备中去除，它的所有科技进步可能化为乌有，Apple 用户目前占公司移动地图用户的一半。如果 Apple 真的不再把 Google 作为默认地图应用，搜索公司可能需要为 Apple 移动设备人群建立自己独立的地图应用程序。即使 Apple 将 Google 应用程序收录于应用程序商店，Google 仍将难以让用户在 Apple 原生系统中选择应用程序。Google 也可以尝试说服用户使用基于浏览器的 Google 地图系统，让用户从其 AppleGoogle 访问 maps.google.com。当需要一个地图时，大多数人的第一反应就是点击 Apple 的地图应用程序。

　　Google 的其他选择是，保持对其地图部门越来越多的投资，但愿随着时间的推移，消费者会坚持下去，因为 Google 地图是更好的选择，那曾对 Google 的搜索业务起了极大的作用。毕竟，即使 Apple 系统不提供与 Google 相同的 3D 图像，即使它不能提供大峡谷内部的照片，但那对大多数用户来说真的重要吗？在大多数用户使用地图应用程序作参考时，只是进行极其简单的查询：我现在在哪里？我要到哪里去？当然，飞过 3D 渲染的城市是很棒的体验，但如果用户是匆忙的走动着，他们就不会在乎这些。如果 Apple 能够使一款应用程序满足基本要求，可能会比做到完美更有效。

　　其中一个最惊人的统计是，Apple 人群的 Google 使用率占美国所有平板电脑总流量的 97%。此外，IDC（IDC.com）的分析师最近估计，Apple 已经售出了 75%的平板电脑。虽然 Google 的 Android 操作系统软件在移动设备竞争中已经领先（在用的 Android 设备数量超过了 Apple 设备）。在移动流量使用中，Apple 仍然是强有力的领导者。ComScore（http://www.comscore.com/）表示，iOS 移动设备（包括 iPhone、 iPad 和 iPod touch®）占所有在线连接移动设备的 43%。这是一个证明 Apple 使用人群占统治地位的重要统计数字。

更令人震惊的是，相比竞争对手，Apple 用户花在 iOS 设备的上网时间。ComScore 表示，56% 的移动网络使用源于 iOS 设备，尽管 Android 设备激活量超过了 Apple。相比之下，来自 Android 移动设备的活跃移动流量占 32%。当比较这些数字时，这意味着拥有 Apple 移动设备的用户上网和购物时间要比持 Android 设备的用户长得多。Research In Motion，BlackBerry 移动设备制造商，这家曾经领先的移动设备销售商的移动上网流量仅占 5%。

运行在 iPhone 和 iPad 的 iOS 移动操作系统，正在变得更加用户友好。例如，Siri（http://www.apple.com/ios/Siri/），iPhone 4s 上的可用声控私人助理变得更智能，能够提取当天的体育比赛成绩和最近一次演示统计。Siri 现在还可以简单地启动应用程序，只需对它说出"运行愤怒的小鸟"，或任何用户想要启动的应用程序。Siri 将包含在 iPad 内。此外，iOS 软件也与主要汽车制造商（宝马、通用、奥迪、丰田、本田等）有合作关系，制造商将 iOS 集成到选定的车型。为 Apple 人群在方向盘上设置了一个按钮，可以让驾驶员免提使用 Apple 移动设备上的许多功能。

从 Applei OS 6 之后，Facebook 将会集成到 Apple 人群的移动设备上。它还将集成应用程序商店以及 FaceTime®、公司视频聊天功能软件，在 iOS 6 蜂窝网络中是可用的——不只是 Wi-Fi，Safari、Apple 移动浏览器，也同样得到一些改进，增加了 3D 交通地图程序和实时信息的同步导航，并整合了 Siri。

Apple 应用程序商店在全球有 4 亿个账户和 65 万个应用程序，其中有 22.5 万个是专门为 iPad 设计的。Apple 支持用户从不同的应用程序向 Facebook 发布消息，类似于 Twitter 目前的集成水平。用户将会从 Facebook 的"通知中心"看到通知，而 Facebook 事件和生日将出现在"日历"应用上。第三方应用程序目前可以用一个命令启动 Siri，例如，"运行神庙逃亡"打开应用程序。用户还可以从 Siri 发 Twitter，先前在 iOS 系统集成 Twitter 是一个明显的不足。

Siri 对于餐馆和剧院相关信息更加熟悉，可以评级 Yelp（http://www.yelp.com/miami）分类的餐馆搜索结果，点击它们把用户带到 Yelp 应用程序。OpenTable®（http://www.open-table.com/）是一款预订应用程序，也集成到了餐厅的搜索结果中。对于电影，Siri 可以推荐作品和附近剧院的上映影片记录，还有从 Rotten Tomatoes （http://www.rotten-tomatoes.com/mobile/）选出的信息。Siri 可以回答体育相关的问题，包括查询比赛排名和球员统计数据。

Apple 在其 iTunes 网站使用了"像素标记"。这些标记通常被称为"信标"或者"漏洞"，是非常小的图形图像，用于决定访问者导航网站的哪一部分。它们默默地跟踪标记，用于衡量在线访问者在网站中的动作和行为。2010 年，Apple 为运行 iOS 4 的设备，启动了 iAd 移动广告网络。iAd 网络在其应用程序中提供一种合并和访问广告的动态方式。移动设备用户通过基于位置的营销可以接收与其兴趣相关的广告，如基于兴趣的营销或者用户的位置。

这就是"像素标记"的工作方式。如果一台移动设备在 iTunes 上购买一部动作电影，用户可能会收到一个相同类型新电影的广告。而当设备搜索一个意大利餐厅时，可能收到附近的曾经光顾过的餐馆的广告。Apple 具有优势，它知道用户过去在何时、何地，购买了什么产品、服务、应用、电影和其他内容。使用移动分析，Apple 可以构建模型来预测消费者的未来行为和偏好。

这对成千上万的 Apple 应用开发者同样适用，就像潘多拉，通过注册其应用程序，索取用户的年龄和性别，从而整合重要的消费者匿名信息。Apple 和应用程序开发者可能额外选择移动设备的属性，如它们的操作系统和硬件版本。关键是所有这些数据点都是通过数据挖掘移动设备分类和锁定的对象（以一种匿名和高度精确的"服务对设备"水平）。

然而，即使 Google 系统吞并了市场份额，Apple 还有一个优势：移动程序开发者的忠诚度。许多开发者继续把应用程序放在第一位，有时只为 iPhones 开发。他们发现为 Apple 移动设备开发软件要比现行 Android 容易得多，或者是更容易赚到钱。Apple 人群对 Apple 的忠诚手机成为他们的动力。

Android 在上市的手持设备中可能领先，但在应用程序开发者从中获益方面却没有优势。应用程序在最强的武器 Apple 和 Android 之中向消费者营销它们的移动技术。竞争技术因应用程序的稀缺而夭折，包括 RIM 的 BlackBerry 和微软的 Windows Phone，很难说服开发者向他们投资。Apple 在移动应用开发者之间的持续影响，打破了在 Android 移动设备泛滥的市场中，Apple 逐渐失去影响力的预测，这个市场代表着有很大目标受众的开发者。

毫无疑问，移动设备市场中 Apple 在 Google 面前黯然失色。任何想制造移动设

备的硬件制造商都可以免费使用 Google 的 Android 系统。尽管第一台 Android 手持
设备的发布要比 iPhone 晚一年，来自手持设备制造商的广泛支持，特别是三星，还
有无线运营商的推进，Android 在移动设备市场占有率达到了 59%，相比之下，Apple
只占 23%。以上是来源于研究公司 IDC（IDC.com）的估测。

　　开发者认为开发 Apple 应用要比 Android 更简单，因此也更经济。从某种程度
上看，是因为 Android 移动设备使用了更多模型，还有不同的屏幕尺寸、中央处理
器和其他技术。开发者表示，硬件和软件多样性是不可逾越的障碍。但是执行测试，
确保应用程序在大多数 Android 移动设备上正常运行，增加了时间和花费。移动分
析公司 Flurry（Flurry.com）估计，一个开发者在 Apple 的 iOS 开发应用，每赚取 1
美元，在 Android 上可能只拿到 24 美分。

　　此外，Apple 在给用户 iPhone 升级最新版本方面，要比 Android 更有效。这使
得编写 iPhone 的应用程序变得更简单，因为设备上的基础软件很少有变动。Apple
对于开发者而言，另一个有利条件是，除了一些来自 Android 平板的挑战外，iPad
在平板电脑中占有绝对优势。因为 iPhone 和 iPad 都使用 iOS 系统，对于开发者，适
应运行在 iPad 上的软件相对容易些，因此极大地扩展了潜在消费者群体。Apple 应
用开发者对资源的不满是，公司在其应用商店的控制，相比 Google 来说，它需要一
个更烦琐的手动方式来批准软件的分配。

　　Apple、Google 和 Microsoft 被认为是室内空间地图服务的主导供应商。IMS
Research（IMSresearch.com）预测，移动巨头正在争夺城市景观，下一步将定位在
室内空间，如机场和购物中心。IMS 预测，消费者和 Apple 人群将有 1.2 万张室内地
图可用。Apple 收购了 Placebase、Poly9 和 C3 Technologies，代表了 Apple 和 Google
下一步相互竞争的领域。

　　Microsoft Bing Maps™ 开始搜集商场和机场地图信息，Google 地图为 Android
系统发布了 Google Map 6.0，同样添加了这些内容。后者的目录通过移动设备到了
用户的手中，帮助用户确定目前在哪儿，要到室内的什么位置。Micello（http://www.
micello.com/）、aisle411 和 PointInside（www.pointinsid.com/）都有巨大的室内地图
库，目前 Micello 是市场的领导者（如图 4.5 所示）。有了通过室内位置提供的潜在
广告产生的收益，以及即将提高的室内定位技术，这些新兴公司的收购时机已经
成熟。

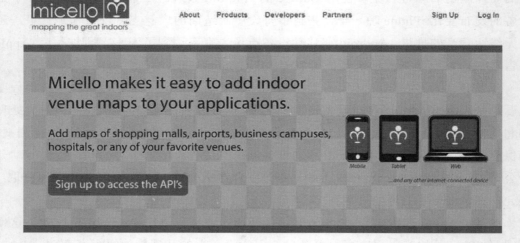

图 4.5　移动室内地图

　　Passbook@是一款植入 Apple 移动设备操作系统中的应用程序，可以帮助 Apple 用户收集积分卡、登机牌、活动门票和优惠券到一个"虚拟的家"中。Apple 将其作为购物、旅行和看电影的一种更高效方式。Passbook 代表了一种 Apple 人群物品支付方式的潜在转变。Apple 支持用户在 Passbook 存储支付卡信息，把公司的位置标记到已经变得拥挤的市场，因为它必须打破主流模式。

　　Applei Tunes 商店的在册活跃信用卡已经达到 4 亿。目前，这些信用卡主要用于购买数字音乐、电影和书籍。但有了 Passbook，这些相同的账户可以使消费者从任何接受其信用卡的零售商购买实物商品。Passbook 是 Apple 开发数字钱包迈出的第一步。

　　数字钱包的创意理论上比实践更流行。对于数字音乐和平板电脑，同样可以这么说。早期参与者关注度不高的其他市场，已经看到 Apple 通过化繁为简获得了成功。Passbook 意识到移动设备的地位，所以当网上买票的用户到达电影院，就会弹出一个通知，链接到电影票以备服务员扫描。

　　同样，当频繁光顾某家特定星巴克餐厅的用户到店时，就可以看到其积分卡在设备屏幕上弹出。有了 Passbook，Apple 把移动支付推向一个新的水平。零售数据显示，消费者的购物意愿正在增加而且主要在移动设备上消费。它消除了先前的一些障碍，把精力用在设备上。大多数公司都依靠 NFC 技术，在移动设备上使用了一个芯片与专门的批发商硬件沟通。

就像前面提到的，像 AT&T 和 Verizon 这样的运营商，Visa 和 American Express 等金融服务公司，还有 Square 这样的企业，正在构建自己的电子钱包系统。如果 Apple 公司已决定在 iPhone 上启用支付功能，它将会有很多的竞争对手。但即使信用卡从未进入 Passbook，应用程序仍然可以为 Apple 提供大量有价值的数据，有关 Apple 人群商店位置，人们光顾特定店铺的频率，以及哪种类型驱使人们购买。有了移动数据，一系列新的业务机会向 Apple 开放，因为商业不仅仅是支付。商业是一条链，从一开始的思考消费者也许想选择一个特定的品牌购买，到决定在哪里购买，再到售后服务。这是一个丰富的链，有了 Passbook，公司就能够服务或影响 Apple 人群。

4.6　Facebook 移动人群

目前，Google、Facebook 和 Twitter 都有自己的新平台，称之为 Places。Facebook Places™ 的理念是，让移动设备用户与朋友在线分享其物理位置。提供本地信息的移动业务正在不断增长，基于移动设备用户位置及其朋友设备的目标广告正在兴起，Facebook Places™ 为 Facebook 在这种环境下参与竞争铺平了道路。

尽管 Facebook（Facebook.com）与其 9 亿用户通常被认为已经从根本上改变了人们看待和使用互联网的方式。大部分网站的流量来自移动设备（大约 33%）也是众所周知的，正确认识移动设备的影响对任何业务都很重要。在美国，人们每天花在移动设备上的时间是 142 分钟，而花费在电视和计算机上的时间分别是 135 分钟、96 分钟，这使得移动设备成为美国主要的媒体消费渠道。

然而，移动设备广告支出并没有以适当的速度增长。这是因为移动营销需要一种全新的思维方式，一套新的规则和标准，一种本质上不同的策略。Facebook 可能对移动设备的实现方式有所帮助，Facebook 已经意识到移动设备的发展趋势，而其他一些主要竞争者目前还没有意识到，随着移动设备普及率的增长，营销商可获得广告曝光次数（广告印象）的增长并不等同于用轰炸式广告使渠道盈利的机会。

移动设备属于私人物品：营销研究公司 Upstream 最近发布的调查显示，72% 的美国用户在移动设备上能找到侵入式广告。更重要的是，在移动设备上使用浏览器的美国人只有 15%曾经点击过移动广告。为了使消费者通过移动设备回应广告，各品牌要少说话，采用正确的社交网络技术和格式，通过口碑相传，而不是完全依赖于硬广告。

　　另一种吸引访问者的方式是向用户提供移动应用程序，Facebook 正在通过其"应用程序中心"来实现，该中心就像一个枢纽，可以使用户从 Facebook 和相关第三方访问应用程序。该中心开始约有 600 个应用程序，包括深受欢迎的 DrawSomething、Pinterest 和 Nike + GPS。Facebook 正在把一种创造性方法运用到应用程序中。除了流行的应用，它还推荐用户可能想尝试的较新应用程序，如 Jetpack Joyride、Mistwood of Miswood 和 Ghost Recon Commander。这只是为 Facebook 人群列出的"高质量"应用清单，是一种基于实际使用人群反馈的描述。

　　这就是 Facebook，"应用程序中心"用户的社交元素。它有一个个性化的推荐，可以让游客浏览他们的朋友所使用的应用程序。还有一种移动观点反映出 Facebook 在该领域建立资源的决心。应用中心包括 iOS 和 Android 的应用程序。还有一种功能可以使 Facebook 人群在"应用程序中心"把找到的应用程序发送到其移动设备。对 Facebook 人群来说，应用中心的吸引力是显而易见的。不受任何平台限制的应用程序过滤列表只会背离 Facebook 的目标，使其网站麻烦重重。

　　现在，Facebook 人群可以从计算机桌面或移动 Facebook 应用中心看到所有授权应用程序的分类列表，而不用手动搜索或从朋友那打听新应用。为实现目标，Facebook 已经使"应用程序中心"尽可能便于搜索，用户已经厌倦了凌乱的 Android 界面，也厌倦了看似无穷无尽的 Apple 应用商店的选项。

　　应用程序附加了截图和细节描述（包括应用程序需要的信息），所以用户可以决定是否下载。有关隐私权的另一个选项就是"应用程序中心"允许用户在 Facebook 上选择其活动的分享对象。总的来说，Facebook 正在提供与主站相同的用户隐私保护，但只是把过程的便利，通过每个应用的详细页面直接集成到应用程序中心。在使用之前，用户必须对 Facebook 应用程序适当授权。

　　另外，"应用程序中心"还为 Facebook 人群和开发人员建立了粉丝团。Facebook 用户庞大群体的要求不容忽视，如果它帮助用户更具魅力，或得到 9 亿 Facebook 用户群成员的关注，这对开发者来说可能是一件好事情。受欢迎的"应用程序中心"

证明 Facebook 仍然在培育第三方开发者。当 Timeline™ 启动时出现了恐慌，怕这些应用程序会使 Facebook 失去活力。相反，该网站接着引入了一些新工具，来帮助第三方更好地监控其网站的人气，包括让开发人员看到安装、保持和变化趋势的图表工具。

Facebook 正在使用"应用程序中心"加快这一进程，它正在 App Insight 内为品牌聚合可用用户反馈，以便应用程序开发者可以在负反馈临界点改善应用趋势、修正错误，并且在来自 Facebook 的预期社交环境中，不断提升他们的产品。此外，付费应用程序没有特别优惠来与免费应用程序竞争——在 Facebook 用户中，应用程序是如此受欢迎。使应用程序查找起来更方便，就会有更多的应用类型成功。

Facebook 专注于将正确的应用程序推荐给合适的人，这样开发者就可以用更多的时间来构建强大的应用，用更少的时间考虑分配问题。这非常重要，因为营销中社交网络的使用在继续增长（尤其在移动设备上）。目前，使用 Facebook 来营销的受访公司比例为 84%，这一数字与以往相比呈上升趋势。例如，Facebook Places（Facebook.com）依靠来自朋友的推荐，发现相关内容或可用的产品和服务。移动设备的地理位置非常重要。Facebook Places 通过"签到"来让移动设备分享用户的当前位置。Tap Places 是一款移动设备的应用程序，从中可以看到最近签到和好友的移动设备签到。用户可以找到关于其好友签到的更多细节信息（如地图位置、描述、方向、评论和其他签到）。

一旦移动设备用户点击了"签到"按钮，它将被赋予一个其他"好友"移动设备已经签到的位置列表。用户可以点击一个想要的签到，还可以在其中添加评论，或添加 Facebook 好友。Places 主要是针对移动设备，不依赖于 GPS 三角测量来查找位置（用户需要签到），任何人都可以添加一个 Facebook 位置。企业用户可以用 Likes、Wall、其他社交媒体促销折扣、特殊交易和服务把 Places 的列表变成一个合适的 Facebook 页面。

Facebook 位置服务为企业提供了一个营销和促销平台，还提供了一个构建客户忠诚度的机会。就像目前基于位置的社交签到服务，Facebook Places 让人们分享其位置，看到哪些好友在当地区域，通过关注社交网络其他人的签到位置来发现新的位置。Places 应用程序允许好友的移动设备接触、连接和分享。

如果有商家要申请 Places，需要在 Facebook 上通过正常的搜索栏搜索商铺名称，然后点击 Places 页面，在底部左侧会出现一个链接，提示"这是你要找的商家吗？"。

　　点击该链接，用户将被引导到申请流程。Facebook 将通过电话验证过程，要求它们确认商铺的所有权，而且它们可能会需要一些记录在案的证据。如果确认无误，商家就可以管理他们在 Facebook 上的 Places。

　　Facebook 已经开始推出移动支付服务，试图提供一种更快捷、更简便的在线支付方法。世界最大的社会交往网站引进了该系统（这是一种"低摩擦"移动支付系统，用两步支付系统来取代之前的七步骤过程），为用户在线购买 Facebook Credits 提供了一种更简单的方法。

　　购买会简单地添加到每月电话账单，Facebook 表示它可用于所有的移动网络。付款流程很简单：要在移动网站应用程序上支付虚拟或数字产品的用户，可以打开支付对话框并确认购买。Facebook 移动支付服务对游戏开发者来说，很容易集成。想在其网站上添加系统的移动网站，开发者可以通过 Facebook 支付 API 使用它。

　　根据数字营销研究公司 comScore 的数据显示，超过 7200 万的美国人通过移动设备访问 Facebook、博客等社交网站，其本质是移动设备的社会交往变得越来越好。comScore 估计，近三分之一的美国移动设备用户正在使用社交媒体服务，接近 4000 万美国人每天这样做。

　　然而，据一位分析师预测，Facebook 在 5～8 年内将成为明日黄花。根据预测，社交网络将会以 Yahoo!的消失方式淡出人们视线。Yahoo!仍在赚钱（仍然在盈利，仍有 13000 名员工为其工作），但仅仅是其 2000 年鼎盛时期市值的 10%。事实上，Yahoo!已经消失了。预测是基于互联网公司有三代这样一个事实。门户网站 Yahoo! 是一个很好的在线先锋案例。然后，Facebook 作为第二代社交媒体代表席卷而来。第三代是有关移动领域的方方面面。

　　根据预测，Facebook 遇到的问题之一是，公司已经不能从其蓬勃发展的移动人群基数赚钱。2012 年春天，公司高管甚至将该问题列入首次公开募股前的文件中，提交给美国证券交易委员会。这可能真会阻碍公司发展，而给别人在该领域一个蓬勃发展的机会。预测也是基于这样一个事实：Google 已经全力以赴进军社交领域，Facebook 将会遇到进入移动领域同类型的挑战。

　　即使 Pinterest（http://www.pinterest.com/，如图 4.6 所示）和 Goba（http://goba. mobi/）等更多地面向垂直网站的公司崛起，Facebook 也不会消失。消费者将仍然需要一个所有熟人和朋友都可以访问的社交平台。

图 4.6 Facebook 的一个挑战者

即使 Facebook 逐渐消逝，那也是在其他公司崛起之后。这与 AltaVista、AOL®和 Yahoo!的衰落没有任何区别。消费者的品味和技术都在变化，即使是一个 800 磅重的大猩猩，如果犹豫，也可能会被击倒。Facebook 在移动前沿进展缓慢，Facebook人群可能会发现界面很难查看和使用。

Facebook 重新设计了其移动界面，使用户更容易看到图片，这是朝正确方向迈出的一步。但他们为了吸引广告商，也需要建立一个移动加强业务模型。CurrentAnalysis@（currenranalysis.com）赞成移动设备将会变得很重要（可能成为一个帮助 Facebook繁荣的平台，也可能成为一个阻滞它的平台）。据研究公司所言，它们相信这不过是一种极为重要的市场驱动，这很可能在 Facebook 的未来发展中扮演重要角色，取决于该公司是否能够应对这种全面的移动趋势。

然而，有了近 10 亿的 Facebook 人群，数据挖掘移动设备至关重要，因为据comScore（comScore.com）统计，五分之三的移动设备用户每月正在访问社交媒体。当然，随着移动社交活动的增加，Facebook 和 Twitter 在市场的移动活动中，正在经历一个可衡量的注入流。Facebook 的美国月移动人群年内增长了 50%，达到了 5700 万。

但是，Facebook 通过收购 Pieceable Software，继续加强其移动专有技术，开发了一个称为 Pieceable Viewer 的 iOS 应用程序，该应用程序允许出版商通过 Web 浏览器查看其 iPhone 和 iPad 应用程序。Facebook 还收购其他几个移动公司。据 TechCrunch 和 Android 照片应用 Lightbox 的开发者所言，它抢购了移动商务初创公司 Karma。

根据 comScore（comScore.com），移动社交网络行为最主要的变化是，更多的移动用户通过移动应用程序访问社交媒体。但随着 4200 万美国移动用户通过移动设备访问社交媒体网站浏览器，浏览器目前仍然是最受欢迎的社交网络模式。

Facebook 可以使直接广告商和广告代理在移动设备上购买赞助商的内容。对于那些熟悉 GoogleAdWords 广告的人来说，这个新功能相当于付费搜索活动的移动定位。Sponsored Story 允许 Facebook 广告客户在 Facebook "动态消息" 中显示其口碑（WOM）推荐。

Sponsored Story 不同于广告，可以放大目标群体的品牌参与。例如，如果一个人的好友 "喜欢一个页面"，他们除了在其 "动态消息" 中查看新闻内容，还可以在右侧栏目看到相同的内容。Sponsored Story 可供广告推广 Page、Place、应用程序或域名。目前，通过广告 API 和 Power Editor 可用的 Sponsored Story 目标选项包括以下几项。

❑ 所有配置：该选项包括右侧栏、动态消息桌面和移动设备动态消息。

❑ 所有桌面配置：该选项包括右侧栏和动态消息桌面。

❑ 动态消息：该选项包括动态消息桌面和移动设备动态消息。

❑ 移动设备动态消息：该选项只包括移动设备动态消息。

这对 Facebook 和它的广告客户意味着什么呢？当然，这种变化使营销人员可以更好地控制他们的广告，以及优化活动数据的可见性。但对任何熟悉广告的人来说，这也意味着 Facebook 的更多广告收入。来看一下这些数字：Facebook 的广告收入是 32 亿美元，其中，移动广告收入为 5 亿美元。目前，伴随着移动广告领域向移动 Sponsored Story 开放，以及每月活跃移动用户持续的增长，很明显，Facebook 将从这个尚未开发的移动广告市场产生至少上亿的收入，可能会超过 10 亿美元。

Facebook 可能需要考虑提供更大的算法能见度，它影响了出现在用户动态消息中的广告，如点击率。该算法类似于 Facebook 现有的 EdgeRank，包括归属感、权重因素，使动态消息社交内容的排名下降。开发一种透明且有效的标准提升广告的关联度，将有利于处在内容和消费者意图动态变化环境中的营销者和 Facebook 用户。

　　Facebook 可以使广告客户，特别是在移动设备中通过其广告 API，在动态消息中购买 Sponsored Story。Nanigans 是一个初始 Facebook 广告 API 的开发者和首选营销开发者，开发并将此功能集成到了其 AdEngine™ 平台。现在，Nanigans 客户可以专门选择交付 Sponsored Story 到 Facebook 移动设备动态消息。Facebook 的 9.01 亿活跃用户中，超过一半的人在移动设备上访问社交网络，并且美国用户在 Facebook 单独使用移动设备的时间平均每天超过 14 分钟。移动营销机会不容忽视，它帮助大规模的广告客户第一时间接触繁忙的 Facebook 用户。

　　该 Nanigans 移动广告功能作为其 Ad Engine 的一个新目标领域整合进来。营销人员可以指示是否将 Facebook Sponsored Story 交付移动设备动态消息、桌面动态消息，或两者兼而有之。营销人员可以利用 Nanigans 先进的 Sponsored Story 锁定功能，它位于"移动设备动态消息"交付旁边。例如，营销人员有能够在移动设备上对 Facebook 用户锁定 Sponsored Story，主要依据人口统计数据，包括性别、年龄、地域。

　　营销者可以从广告引擎自动优化功能和健壮报告仪表板受益，来了解 Facebook 用户如何与他们的品牌或 Facebook 移动设备动态消息内的应用程序交互。广告引擎可以使营销人员在 Facebook 上，从效果和点击一直到营销漏斗，跟踪和优化 Facebook 上的移动广告成果。

　　目前，人们在 Facebook 市场花费了大量的时间。花旗集团的一项关于美国互联网使用情况调查（citigroup.com）显示，Facebook 占人们平均上网总时间的 16%。相比之下，Google 占 11%，Yahoo!占 9%。很明显，参与程度表明 Google 搜索和 Facebook 社交，各自都是有效的渠道，但两者结合，会为移动挖掘者和营销人员带来一个知识和机会的虚拟圈。如 SocialCode（socialcode.com）的报道，Facebook 的移动广告表明，在动态消息出现的 Sponsored Story like 广告比其他位置的类似栏目能获得更多的点击，如图 4.7 所示为 like 广告。

图 4.7　like 广告

研究调查了正在实行粉丝收购活动中超过 700 万的 Facebook 广告曝光次数，包括大约 24.2 万动态消息的广告曝光次数，它们产生了 1911 次点击。相比所有 5 个计划配置——移动设备、唯一桌面动态消息、唯一桌面（要由右侧栏广告组成）、唯一动态消息（桌面和移动设备）和控制组（在放置统一报价）的平均点击率 0.148%，移动广告的点击率达到 0.79%。据 SocialCode（socialcode.com）的数据，唯一桌面动态消息广告的点击率大约下降一半，为 0.327%。

有效的移动广告 CPMs（每千人成本）（以点击付费广告为基础，连同研究中的其他库存）是 7.51 美元，相比之下，在 5 个位置的平均成本是 1.62 美元。SocialCode（socialcode.com）表示，更高的移动广告 CPMs 很大程度上是由于已经生成的更高的点击率。如果营销人员可以制造一个用户"不讨厌的"广告，它实际上完全可以盈利。大量的移动广告点击来自乱碰移动设备键盘和错误点击的用户，这将有助于解释为什么"点击即喜欢"的比率（或点击广告随后喜欢那些文章或者粉丝页的用户比率），低于移动设备的平均比率。

SocialCode（socialcode.com）结果表明，移动设备上的显示和搜索广告点击率通常高于桌面广告。Twitter 最近也报道，其移动设备提升 Twitter 接触率高于桌面客户端。然而，点击率是不是正确的指标还有争议。来自 Prerarget 和 ComScore（comScore.com）的一项研究表明，点击和转换之间几乎不存在相关性。即使移动广告对用户体验是无中断的且更本地化，导致更多的用户点击，问题仍然是 Facebook 人群是否能得到正确的频率。

Facebook 允许移动开发者使用公司的 API，将 Facebook 的 like 按钮有规则地整合到他们的设计中，允许用户执行一个相当于 like 的操作到另一个应用，然后把那个动作重发到 Facebook。不能把需要用户定级的应用程序（例如，类似于饭店的五星级评级）中的一些动作变成 like 按钮。利用 like 按钮属性的应用程序需要得到用户许可，才能把那条消息发布到 Facebook 动态消息。这一发展意味着在 Facebook 持续集成到移动设备和社交技术范围迈出的另一步。Apple 宣布 Facebook 将会出现在 iPhone 的 iOS 中，从而使用户更容易地从 iPhone 交叉发送项目到 Facebook。

担心应用程序涉及隐私问题的加州 Facebook 用户终于可以放心了。根据与加州总检察长 2012 年达成的协议，Facebook AppCenter 的所有应用程序都需要有书面的隐私政策详细配置信息，来说明哪些个人信息被使用以及如何被共享。

4.7　Google 移动人群

Google Places 平台为个人业务推出了专注于具有驾驶导航功能的网页（可以展示所在地的 Google 人群、Google 地图街景影像以及顾客评论的服务和产品），可以是一家酒吧、餐厅或商店，商家还可以通过 Google Place 页面发布广告。Google 出售位于搜索结果栏旁的广告位，并且已经在 Google 发布广告的公司仍需要验证他们的清单，并确保其各种细节准确和全面。

各类移动设备用户的移动映射请求的处理，可以为 Google 提供有关用户行踪和偏好的有价值的参考，反过来，帮助 Google 向当地企业卖出更多的广告，包括更多的三维图像。Google 拥有 10 亿用户，并提供了 2600 万英里里程的驾驶导航，75% 的美国人可以在 Google 地图上看到自家的高分辨率图像，启用的街景视图功能里程达到 500 万英里，并可以在地面水平看清该区域。

隐蔽区域也能获得照片，如美国大峡谷，这些照片将通过设计附加在背包上的设备获取。设备将用于具有拍照功能的自行车，而不是汽车。飞机还将拍摄城市图片，在 Google Earth™ 版本的地图中可以呈现出现实都市景观的三维视图。飞机拍摄的照片会自动转换成 3D 副本。

Google 人群可以从 Google Places 入手。这些 Google 清单是维持移动版本的一种简单的方法，即使商家没有移动网站。商家和零售商可以随时访问 Google Places，编辑信息或者查看有多少人看到并点击他们的清单（一项移动分析和市场营销的重要指标）。商家可以使用照片和视频，使他们的清单更加醒目。可以纳入自定义类别来突出所销售的品牌，还可以帮助用户找到停车位。时间敏感的优惠券或优惠可用于鼓励移动设备用户做出基于位置的购买。

SoLoMo（http://www.slmtechnology.com/）是社交、本地和移动的融合，这同样也是 Apple 和 Google 的"战场"。随着网站渐渐淡出计算机桌面、走出办公室、被人们随身携带，Apple 和 Google 都想拥有更多的客户。互联网的第一阶段是构建一个虚拟的世界，有别于现实世界。由于转向移动设备驱动，如 Apple 的 iPhone 还有其他设备，互联网的下一阶段是将虚拟世界与现实世界结合在一起。

Google 和 Apple 都已经拥有 Mo 部分。每天有 90 万 Google 的 Android 移动操

作系统被激活。Apple 已经售出 3.65 亿台 iOS 系统设备，其中约有 80%的设备运行最新 Apple 移动操作系统。但为了结合虚拟与现实世界，Google 和 Apple 都需要两件事：指示消费者地理位置的数据；明确本地数据，Lo 告诉消费者邻近的相关位置。

　　Google 已经有一项映射服务。它用 1.51 亿美元收购了评论网站 Zagat（http://www.zagat.com/）进入本地评论业务领域，将其作为 Google+Local 推出。此外，它还可以添加来自 Google+朋友的评论到消费者的搜索结果中。与此同时，Google 已加大力度来吸引当地企业。其工作重心是该公司的社交网络 Google+，它希望消费者会用 Google+来与在网络上有专门网页的本地企业进行交互。这些 Google+页面将从公司的网络搜索引擎获得流量。当顾客访问这些企业时，Google 希望顾客可以使用其网络链接的移动电子钱包获取积分，并在注册 Google 新服务的商店付款。

　　相比之下，随着 Facebook 与 Apple 持续紧张的关系开始缓和，其用户已经超过了 9 亿。继 Apple 成功整合 Twitter 到操作系统的最后一次迭代后，下一阶段将 Facebook 集成到系统也就理所当然了。

　　然而，充分利用移动设备上的每个应用，Apple 用户可以在其设备上得到高度一致的体验。所有服务的彼此集成方式都是无与伦比的。其中一个例子是 Apple Passbook 新应用程序，这款应用非常强大，任何使用会员卡的公司都需要考虑整合它。例如，假设一个消费者去看电影，他可以使用 Siri 查找靠近的影院。然后，可以使用存储其信用卡细节信息的 iTunes 来购买电影票。之后，他可以使用新 Passbook 来存储票据。他还可以使用 iPhone 导航到影院，也许会使用 NFC 兑换电影票等。整个过程都非常流畅。

　　Apple 支付系统简单、快捷，在 iTunes 上购买商品的人都有体会。开发者喜欢它，用户也喜欢它。相比之下，Google 的付款服务还需完善。然而，根据不完全统计，Android 移动设备已经是无处不在了。但现实是 Apple 的使用人群更引人注目。那么这些企业中，谁是最大的输家？首先，其他的移动设备制造商，尽管 Nokia 一直把映射作为其战略的一个关键部分，但是它有能力去开拓吗？第二个失败者是网络运营商。很长一段时间，移动网络运营商梦想有新的收入流来取代下降的语音和短信服务收入。但是，在这条产业链中，很难看到他们的出路。运营商开拓 iOS 系统的机会也非常有限。除了作为 Apple 移动设备零售渠道外，运营商的机会十分有限。

　　Google Places 要求企业通过电话或明信片验证他们的申请。Google 这样做是为了确保只有正确的用户才能够修改本地商人或零售商的公共数据。该业务清单也被称为 Place Page，它是一个网页，可以搜索世界各地的信息。Google Place Page 的服务对象有世界各地的企业、景点、交通站点、地标和城市。一旦企业验证其 Google 地点清单，它可以通过添加照片、视频、优惠券来丰富 Place Page 的内容，甚至可以为活动的 Google 人群实时更新每周特价信息等。

验证该清单为企业提供了一个机会，可以与 Google 人群来分享业务相关的更多信息。Google 中的每个企业清单代表信息的一个"聚类"，Google 从形形色色的消息来源组织这些信息（如黄页，以及其他第三方提供者和聚合器）。然而，企业通过 Google Places 提交的基本信息是 Google 最信任的，也是在搜索引擎被提升和优先处理的。这意味着它会出现，并替代 Google 从其他地方聚集的基本信息。

为了确保企业提交的基本信息准确可靠，Google 首先会通过输入发送到其商业地址或移动设备号码的 PIN 来询问商人或零售商以完成验证。这是当地商人和零售商利用移动搜索营销的一个重要因素。随着越来越多的消费者在他们的调查和购物中使用移动设备，Google 强烈推荐这些本地企业开发和使用移动网站。

除非 iPhone 用户不经常升级操作系统，或每次升级同一个 iOS 版本，否则为 iPhone 开发应用程序还会涉及标准屏幕尺寸的问题。但为 Android 系统及其所有设备编写和测试应用程序却是一项艰巨的任务。这对许多不轻易升级到软件最新版本的 Android 设备没有帮助：只有 7%的 Android 设备运行"冰激凌三明治"，又名 Android 4.0。

根据应用程序分析公司 Flurry 的分析，开发人员每开发一款 Android 应用程序，可以开发两款 iOS 应用程序。至于回报，他们从 iPhone 用户处获取相当于 Android 用户处 4 倍的收入。这个差距很重要，因为正如 Flurry 指出的，"开发者社区更倾向于一个平台，他们将会开发无限扩展用户体验价值的软件，赋予该平台一个更有意义的优势。"

开发者不仅仅被 Android 系统使用的复杂性困扰。Gartner（Gartner.com）最近的一份报告显示，当 iPhone 已经进军企业市场时（黑莓公司的利益受损），Android 系统在大公司"严重受限"，因为其工作涉及管理这些设备和操作系统版本的变动。

当然，Google 的大部分收入来自广告。Android 在某种程度上起到了很大作用，因为它为这些广告提供了一个现成的平台。但 Android 看起来要像 Google 一样达到巅峰，在其他平台上正面临着新的威胁。Apple 已经在 iPhone 用自己的地图应用程序取代了 Google 地图——整合 Facebook 的功能到 iOS，这使 Google 在社交网络的努力成果大打折扣。

这并不意味着 Android 退出了市场。IDC（IDC.com）预计 Android 的市场份额不断下降，但在未来几年仍然会领导移动平台。在过去几年令人印象深刻的迅猛势头减缓之前，Android 遇到的挑战非常明显。如果出现这种情况，Google 任何通过移动设备用户盈利的计划将会受到阻碍，公司也必须让移动网站更有创意。

由于本地业务和服务的需要，成千上万的用户每天会通过移动设备搜索 Google Places。用户更可能点击本地地图清单，而不是其他网站清单，因为 Google 地图是邻近的、可信赖的。一些有关 Google 的统计需要牢记，Google Maps 和 Google Places 的用户占所有用户的 75%，这些用户在邻近家或者公司的区域寻找服务和产品：65% 的地图搜索包含一个本地参考，Google 地图中所有点击清单的访问者有 46%将通过移动设备购买提供的产品或服务。

在 Google Places 添加清单是免费的，Google 对在搜索结果中包含的特定列表或网站不接受支付。但是，Google 通过 AdWords 广告计划提供本地目标广告。Google Places 的另一个要求是每家企业清单必须有一个邮寄地址，这是个物理地址，邮件可以用 Google Places 发送到一个企业清单。另一个限制是每个物理地址不应超过一个清单，即使零售商或批发商有多个地址，也不能同时有两个清单。

移动搜索营销和 Google Places 的优势之一是与 Google Maps 的合并，这是一种多功能的免费服务。Google Places 把 Google Maps 作为 Google 搜索的一部分，为移动用户提供许多对其推荐企业清单导航的地理功能。Google Maps 还通过提供公共交通信息、步行或骑自行车的导航，以及估算驾车成本，来对 Google Places 提供帮助。

例如，Google 人群可以根据 Google Maps 提供的导航线路，选择使用几种不同的道路或路径。骑行导航在美国 150 个城市可用，这是 Google 移动搜索营销的关键优势之一，几年前它已经开发这些地理数据特性，先于 Google Places 的引入。

Google 已经有效地垄断了移动搜索市场，如图 4.8 所示。根据 Global StatCounter（http://gs.statcounter.com/#mobile_search_engine-ww-monthly-200812-201205），在 2012 年 5 月，Google 移动搜索市场份额是 96.9%。相比之下，据 comScore（http://ir.comscore.com/releasedetail.cfm?ReleaseID=682913），Google 的桌面搜索份额为 66.7%，海外可能更高。在 Apple 的 iOS 和 Google 的 Android 之间，Google 是默认

搜索引擎，代表了大约 80%的全球移动设备市场，其占据主导地位并不奇怪，但也提供了一些移动广告市场参考。

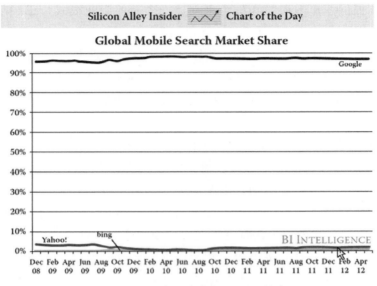

图 4.8　Google 完全掌控了移动搜索

大多数移动广告收入来自搜索，这实际上只是桌面的一个扩展。很多人认为，像 Google 这样的公司，移动设备将是一个巨大的收入来源，但广告商可能只是改变他们的资源来满足不断变化的消费者移动行为。

Google+ Local 和本地企业清单优化（LBLO）培训由最大化社交媒体公司（Maximize Social Media LLC，http://maximizesocialmedia.com/）提供。这种社交媒体管理公司将提供对 Google 企业清单目录变化的最新参考。最大限度地提升管理水平将为客户提供一系列的洞察，如企业如何优化其清单放置，以及如何成功整合社交网络。LBLO 与社交网络之间的融合，正如 SEO（搜索引擎优化）和社交网络与 Google 融合，必应也在搜索引擎结果页面整合社交偏好。对企业来说，一直使用社交媒体与其客户互动非常不错，很多企业也正在奋力直追。

移动设备用户访问量增加，使 Facebook 从这些用户处赚取收入的能力与现实脱轨。公司试图扩大自身移动业务的潜在苛刻问题，给流行前沿带来了压力：移动设备如何成功地盈利？它可以完全货币化吗？销售应用程序就是第一步。Apple 和

Google 托管健全的应用程序商店，其他商家也纷纷效仿，如 Amazon 和 Facebook。多数 Google 应用程序是免费的，大部分销售的应用程序由 Apple 提供。

　　移动设备提供了更多潜力和机会来创建一个新的商业模式，已经超越了桌面设备十年前的水平。

　　（1）用户已经历过了技术周期，所以体验并不是全新的——只是在不同的领域。

　　（2）每一个新周期比先前的周期会更快被适应、接受和包容。

　　（3）广告商和市场商更富有经验、更灵活，也更愿意创新并在新领域创造性地工作。

　　（4）移动设备可以快速赢得用户关注，并且保持下去。

　　（5）移动设备需要更加关注维持客户关系、优化内容，并且与客户互动。

　　移动用户通常是在户外活动，因此需要在嘈杂的环境中更加关注设备。通常情况下，用户的目标是关注移动设备，而不是环境，例如，当他们在排队、购物或在公共交通工具上时。此外，在桌面内容之间切换很容易，只需要输入一个新的 URL，或者点击另一个链接来打开浏览器。相反，在一台移动设备上，每一个动作在选择一个新的地点之前，需要先前应用程序的"返回"。

　　此外，还需要考虑数据。Flurry Analytics（Flurry.com）最近的一项研究发现，人们在移动应用程序消耗的时间超过了网络。这些数据说明了一个持续的趋势，即移动设备将超过台式机和笔记本。可以说，不仅是人们花在移动设备上的时间变长了，而且体验的质量也得到了提高。

　　Ooyala 在各种设备上测试了视频接触，发现观众在其移动设备上观看视频比在桌面上有更多的耐心（http://videomind.ooyala.com/blog/size-matters-consumers-watch-40-more-video-tablets）。事实上，相比桌面浏览者，两倍的移动浏览者（40%）有可能观看一个视频的四分之三。对于中、长视频，浏览者一般是在移动设备上观看。大多数桌面视频都在 3 分钟以下，而在移动设备上的大多数视频，观看时间超过了10 分钟。

　　应用程序为用户交付信息。移动设备用户可以下载应用程序，接收感兴趣的信息，而不必在一个超小的搜索框，用大手指在小按钮上选择类型。所以，如果有人对装饰感兴趣，可以下载 Houzz（http://www.houzz.com/）。或者，如果对滑雪条件感兴趣，可以下载 SkiReport（onthesnow.com）或 MyFitnessPal（http://www.

myfitnesspal.com/），跟踪卡路里摄入量。

　　用户可以为他们感兴趣的话题找到最适合的应用程序，这些数据被直接发送给用户，就像点击一个图标那么方便。应用程序是交付有针对性信息的一个大领域，因为兴趣已经被定义，用户已经选择接收信息，与搜索对比，这可能是一次性的或随机的。应用程序提供与潜在客户接触的机会，而不是简单地发送一个消息。

　　在移动设备上的传统互联网广告（条框广告），其明显的局限是屏幕尺寸小。而移动设备的明显优势是它更易接触和有针对性。通过特定类型的应用程序，观众可以被明确定义，并对营销信息开放。营销人员面临的挑战是定制广告格式要远离横幅，向良好的示范、介绍或标签、直接一键式销售机会发展。

　　Google 推出了一项企业服务，帮助企业组织移动工作者分享位置数据，不停地收集工作相关的数据。这个应用程序名为 Google 地图坐标（http://www.google.com/enterprise/mapsearth/产品/coordinate.html），可提供员工位置的实时信息。移动设备和基于 Web 版本的应用程序将允许组织更新和跟踪分配给现场员工各种任务的过程。Google 通过公司博客表示，公司可以以每月 15 美元的价格分享位置信息，并可以维护每个人都去过的地方的永久记录。它结合了 Google 映射技术，使用移动设备帮助组织分配工作，并更有效地部署人员。

　　一旦员工认同条款和条件，在他们移动设备中下载应用程序，就可以每 5 秒或 1 小时更新他们的位置。员工也可以用 Android 应用程序安排他们的跟踪行程，可以选择在地图上不可见，或设置其他方式，让他们在工作时间后不被跟踪。Google 表示 beta 测试者包括公用事业公司、城市政府、披萨店和大规模的电信提供商。

　　人们使用移动设备来探索周围的世界并与之接触。查找本地信息是移动设备最常见的一种活动。在美国，94%的受访者表示他们已经这么做了，几乎每个被调查国家报道的数量超过 80%（Google.com）。有了 Google 地图，他们对要查看的位置、要去的商店、要选择的餐品等，可以做出明智的决定。为了使广告商能够通过移动搜索更好地与潜在客户沟通，已经为 Google 移动地图（http://www.google.com/mobile/maps/）重新设计了本地广告形式。这些已经产生可衡量的结果：在最初的测试中，这些重新设计的格式点击率增加了 100%。这种视觉设计将在 Android 移动设备中推出。

　　当 Google 推出了 Google 地图，大多数人很快意识到独立 GPS 设备的时代马上就要到来。Google 的 Android 操作系统提供地图、步步导航甚至交通状况——所有服务都是免费的。但 Google 莫名其妙地忽略了 GPS 设备的核心功能：位置。当从 Garmin（http://www8.garmin.com/apps/）或 TomTom GPS（http://www.tomtom.com/en_us/）建立一个独立的 GPS 时，用户提出的第一个问题是设定他们的家庭位置。Google 地图并不这样，事实上，Google 花了 3 年时间在桌面版 Google 地图上实现了家庭位置功能。

在 Google 移动市场，Android 是一个至关重要的组件，其计划是赚大钱。鉴于未来移动设备数量和使用量的增长，它将变得更加重要。

Google 对 Android 操作系统不收取使用费，不提取 Android 市场销售的分成，70%的利润归开发人员，剩下的 30%由运营商和支付平台分享。然而，它确实为 Google 属性的引导用户提供了一个很好的平台，在那里他们可以看到自己的广告。由于 Google 以 7.5 亿美元收购了移动广告网络 AdMob，于是有了移动广告发布的平台应用程序。

在一个案例研究中，呼叫性能营销公司 RingRevenue®（ringrevenue.com）（http://blog.ringrevenue.com/bid/64084/Search-Marketers-Want-to-Improve-Mobile-CTRs-by-250）揭示了最近的测试结果：有电话号码的移动搜索广告超过没有号码的广告 250%左右。有电话号码的移动设备搜索广告只是表现得更好，并为移动营销人员驱动更有价值的转换。据 Google 统计，70%的移动搜索结果在不到一个小时内完成。结合添加专门活动电话号码到移动设备搜索广告，这对移动分析师和市场营销者应该是显而易见的。点击呼叫是一个最明显、最直观的移动消费者行为召唤——当地企业呼叫已被证实，导致了转化率和平均订单价值高于固定点击。

4.8　Twitter 移动人群

搜索营销（Google）和社交营销（Facebook）之间的史诗战役已经拉开帷幕。中小型企业在当地广告上的花费已经达到了数百亿美元，而且会越来越多。不甘落后的微博巨头 Twitter 也推出了自己的 Twitter Places，它可以使设备对所有关注者的消息，包括正在访问的消息，广播他们的 Twitter 和位置。

Twitter 显示，与网站相比，在移动平台上能够生成更多的网站广告收入。Twitter

人群有一个传统（140 个英文字符的限制是由短消息 160 个英文字符的限制驱动的），显然，其管理者希望人们明白，它没有在移动盈利方面遇到与 Facebook 一样的挑战。这并不意味着 Twitter 在移动领域没有挑战自己。相反，Facebook 也没找到一种利用自己的移动设备客户赚钱的方法。Twitter 的最大挑战将是找出一种使用第三方客户移动设备赚钱的方式，这是在早期的唯一选择，仍很流行。Twitter 已经通过满足一些最受欢迎的客户来尽力克服这一难题。

　　Twitter 目前拥有 1.4 亿活跃用户，每天生产 4 亿条推送信息。之前，该公司决定使用一个基于广告的模型，尽管它也追求数据许可的机会。显然，公司有一种坚实的商业模式，同时也提供了一个很棒的服务来使世界更加紧密地联系在一起。公司的未来似乎非常光明，它同样是在勾画如何盈利的移动时代中的先驱者之一。

　　Twitter 推出了一个项目，使用户可以根据其选择的位置和在短信博客上的追捧者来创建趋势，帮助用户发现人们在 Twitter 上谈论的新话题。用户可以看到这些以全球范围列表形式显示的话题，或者可以从 150 多个位置中选择其一。为了向用户展示更重要的新话题，开发者已经改进算法，来根据用户位置和在 Twitter 上跟随的趋势做出调整。趋势列表将工作在 Twitter 网站，以及为 iPhone 和 Android 移动设备开发的 Twitter 移动应用程序上。如果用户不想要这些"定制的趋势"，而更喜欢一般的趋势，需要做的就是在 Twitter 网站上改变他们的位置。当然，只要用户想在 Twitter 上查看发生在世界各地的对话，同样可以选择个别国家和城市查看这些位置的话题趋势。

　　Twitter 的"用你的位置 Twitter"这一特性，允许用户有选择地添加位置信息到其微博。这个特性是默认关闭的，所以用户需要激活此特性才能使用。一旦用户决定使用，可以添加位置信息到他们的新微博和 Twitter.com 上，通过移动设备和应用程序支持这个特性。一些第三方应用程序可以使移动设备微博广播他们的确切地址或坐标。用位置微博可以添加背景到更新，并帮助用户加入当地的对话，不管他们在哪里。

　　目前，当一个移动设备使用位置微博时，可以指定一个明确的地点或其他感兴趣的点。通过这种方式，移动设备可以提供额外的信息，使微博更有意义，而不占用额外的字符。公开共享位置可以是提供移动设备坐标的确切位置（商店、购物中心、酒吧等），也可以是邻近的区域或城市的某个部分。

微博通过 Places 可以使移动设备添加信息到其更新，并随地参与当地的业务讨论。Twitter Places 已经集成了其他基于位置的社交网络，如 Foursquare 和 Gowalla 等。许多 Foursquare 和 Gowalla 用户用这些 Tweet 关键组件的物理位置在 Twitter Places 发布签到。

这意味着当用一部移动设备点击 Twitter Places，会显示标准的微博和来自 Foursquare 和 Gowalla 的签到。企业 Twitter 高级搜索的使用可以即时限制移动设备在特定地理区域内的搜索，通过搜索关键词等特定因素，如人、位置、日期、评论和态度来进一步完善。

Twitter 最近为其扩展的微博发布了一个更新，使人们在 Twitter.com 或移动 Twitter 网站上可以直接预览文章、视频和其他内容。这一改变意味着用户无须离开网站，就可以在 Twitter 上直接使用更多内容。Twitter 合作伙伴包括《华尔街日报》、《时代》、Microsoft 全国广播公司、《纽约时报》、《旧金山纪事报》和明镜在线。

之前，来自 Instagram（http://instagram.com/）或 YouTube 的微博直接从 Twitter 的这些服务上显示照片或视频，但是目前新闻出版商也提供该功能。当用户单击扩大新闻微博时，将看到新闻文章的第一部分，还有作者的 Twitter 操作。对于图片，用户可以从来自 BuzzFeed（http://www.buzzfeed.com/）、TMZ（http://www.tmz.com/）或 WWE（http://www.wwe.com/）的 Twitter 流内看到内容。视频可以从 BET（http://www.bet.com/shows/106-and-park.html）、Lifetime®（http://www.mylifetime.com/）和 Dailymotion（http://www.dailymotion.com/us）购买。这只是内容，但不难想象为广告商提供的流内内容。

Twitter 正在 mobile.twitter.com 网站和移动设备上提供更多的富媒体和预览内容供微博用户查看。新的内容预览会用来自《纽约时报》《华尔街日报》和其他的文章链接，显示在扩展的微博中。用户可以查看文章标题、介绍，有时还可以查看作者和出版商的 Twitter 账户。微博与其他来源链接，如 BuzzFeed 和 TMZ 将额外显示照片和图片。

Twitter 使人群基于其选择的任何位置创建趋势，同样也要基于其在短信博客上的追随者。趋势帮助其人群发现人们在 Twitter 上谈论的新话题。用户可以看到这些作为一个全球范围列表的话题，或者可以从 150 多个位置中选择其一。为了向用户展示更重要的新话题，他们已经改进算法，来根据用户位置和他们在 Twitter 上跟随的趋势做出调整。

　　Twitter 来自移动，在移动环境下成长，正在影响移动的发展方式。另一方面，Facebook 也一直是一种桌面体验。它的移动应用程序也是相当可怕的。这是一种过载软件，试图满足 Facebook 无数的特性。体验非常缓慢并且烦琐。

　　然而，Twitter 轻便、快速且简洁。人们不断关闭移动设备上的 Facebook，切换到 Twitter，只是因为他们已经厌倦了等待加载。或许正是出于这个简单的原因，越来越多的人开始发布他们 Twitter 的更新状态、位置、照片和问题（它界面整洁、简单，并且运行流畅），因为这是 Twitter 在其界面上发布的 144 个字符的承诺。

　　一项来自移动分析公司 Localytics（Localytics.com）的研究表明，移动用户在新闻应用程序和 Twitter 移动应用程序花费的时间相同，每月大约 115 分钟。移动设备在短短几年内，成为最常见的互联网访问方式是不可避免的。整个移动转换期间，传统的本地新闻站的落脚点在哪里？Localytics 数据显示，移动用户将使用应用程序三分之二的时间，用在娱乐、健康、健身和运动上，而不到一半的时间使用游戏应用程序或新闻应用程序。

　　显然，本地新闻应用程序有很大潜力，并且作为整个行业也有足够的增长空间。平板电脑和智能移动设备的新闻应用程序作为人们传递信息的有利工具。虽然对消费者做出了承诺，这些移动应用程序真的能在盈利上驱动新闻机构吗？考虑到应用程序不会成为印刷或广播的直接来源，这是没有必要的。

　　新闻聚合器应用程序 Flipboard（http://flipboard.com/）和 Onswipe（http://www.onswipe.com/）试图"重新包装"已有内容，然后使其可以简单地通过移动浏览器来访问。然而，管理工具的企业决定推广哪些广告，而通过新闻工具发布他们内容的出版商只能获得生成广告收入的一小部分。大多数通过移动设备服务广告提供移动应用的新闻品牌，从移动广告网络收入中分成。

　　CNN 最近收购了受欢迎的新闻聚合器平板电脑应用 Zite，它通过 Apple 移动设备寻求最终直接支持的新闻机构。虽然这将使 CNN 受益，但是对参与城市网点的本地新闻站影响甚微。社区新闻站的命运无法完全确定，它们的预测路径令人相当不安。

　　目前，桌面是当今人们获取大部分数字新闻的主要来源之一。正如大多数人所言，他们宁愿通过桌面方式访问新闻公司设计的网站来获取新闻。但是，随着移动应用程序的崛起，毫无疑问，移动设备在即将到来的新闻消费时代占有一席之地，成为数据挖掘的新目标。

　　Facebook 自上市以来备受关注，而 Twitter 一直为未来的发展默默地改变。公司希望成为一个 Google 式的互联网社交媒体搜索引擎。为实现该目标，Twitter 已经宣布，他们正在努力改善其搜索功能。目前，随着许多公司使用 Twitter 通信，设计该演化的目的是驱动其广告和市场价值。

　　切入搜索的同时，该公司还推出了其"扩展"微博。Twitter 人群目前可以预览并链接到微博的页面，而无须加载。这使得 Twitter 的使用更加快捷，这对移动设备尤其实用。公司希望将自己定位成"专有"网站，作为移动方式而取代桌面。目前，Twitter 清醒地看到大约 48% 的社交媒体使用移动设备（Localytics.com）。

　　另一变化是 Twitter 称为"定制趋势"的功能，它可以根据用户的位置和他们关注的人选择特定的热门话题。该特性为人群提供全球 150 个城市作为主位置的选择。Twitter 可能会根据人们的兴趣、话题和未来追随者变得高度分化。Twitter 反馈是一种承诺，需要内容和移动设备数据挖掘的规划。

　　Twitter 人群可以迅速发布 144 个字符以内的内容，并且他们希望 Twitter 消息永不过时。用户可能想要用它来接收来自其他用户的推文。Twitter 人群提供了一个很好的新闻消息和在行业内维持的有效方法。Pew 研究中心（Pew.com）的一项新研究提出了一些见解。根据其报告，大量的互联网用户目前在使用 Twitter。不足为奇的是，当前最活跃人群是年龄在 18～29 岁的城市居民。Twitter 的少数人群也有增加趋势，而在 Facebook 和 LinkedIn 中并非如此。

　　不管用户在使用 Twitter 或打算使用它，都要牢记创建有效的、吸引人的内容是一种艺术形式。一种开始的好方法是紧跟做得好的机构，并让追随者来证明这一点。他们需要学习如何使用问题、不同的句子风格、标签以及创建引人入胜的内容链接。此外，开发人员和营销人员需要注意，通过推文滚动提高吸引用户的注意力。Twitter 人群开始作为 Facebook 的一个小竞争对手，在移动主宰的世界它最终会变得非常重要。

　　当地企业可以利用 Twitter Places 独特的实时位置特性。例如，一个商人或零售商可以通过关键词搜索、位置、日期或态度，来发现他们通过 Twitter 可能想要回应的推文。本地微博搜索"玉米饼"或 enchilada，可能会弹出一家完全用照片推出特定午餐的墨西哥餐厅。随着客户粉丝基数的增长，餐厅可以征求 Twitter 关于客户希望看到的每天媒体推荐建议。通过 Twitter Places 社交移动营销的核心是消费者接触和参与。

　　高级搜索将根据微博发布人的操作和头像提取所有满足业务标准最近的微博。企业可以从结果页面关注这些人，或者点击属性获取更多个人资料信息，收获新的追随者和客户。Twitter 发布了一个 API（应用程序编程接口），可以使开发人员将 Twitter Places 整合到他们的移动应用程序。当然，Twitter 支持所有主要移动浏览器，包括 Apple 和 Android。

　　Twitter Places 不仅知道用户是谁，而且知道用户对什么感兴趣，还知道移动设备的实时位置。使用文本分析算法，Twitter 可以很容易地提取中意特定类型服务和产品移动设备的偏好的相似性，这样他们可以通过移动分析和移动营销盈利。公司正试图通过移动设备利用 Twitter Places，建立并提供成千上万的基于当地企业物理位置的广告。以下是一些对 Twitter 人群营销的小窍门：

　　（1）做一些微博观察。这是最简单的。移动营销人员需要去商店、去商场、出去吃饭、坐下来，看着人们发微博。只是观察。这是老式的营销，他们应该看到每个人都在关注他们的移动设备，他们正在其设备上花费相当多的时间，他们不一定是打电话，也不仅仅是使用短消息服务（SMS）——他们在做许多事情。

　　当开发人员和营销人员观察发生在 Twitter 人群周围的事情、他们去的每一个地方以及他们如何互动时，他们需要考虑如何插入其产品、品牌或消息到这些体验。他们需要观察周围的世界，聆听在数字时代长大的年轻人心声。他们的数字行为完全不同。营销人员将会明白，这绝对是要采取的路线：花时间去学习、理解它——营销人员需要探索新的 Twitter 人群。

　　（2）移动营销人员需要盯着"年轻人"正在做的，还要关注巨头们正在做什么。这将是渐进型创新的一场革命。今天，建立一个移动网站或应用程序非常简单。因此目前的情况是，已经有一些人在自己的生活和行业开始解决他们的问题。

　　（3）建立一个对品牌有意义的营销流程策略。Twitter、Facebook、Foursquare 等软件征服了许多人。但是，当与客户谈论为现有和潜在客户创建有价值的内容时，他们得到了认可。关注基本需求，不要装成别人的样子——做自己该做的事！

　　（4）创建一个专门为移动网站设计的交互式"富媒体"。在移动设备上没有灵活性，但可以控制整个设备。通过晃动移动设备，或者使用相机功能增强现实或位置功能，可以整合丰富的功能。移动设备还有许多其他独特的矢量或参数，使其更独特、新颖和丰富。

（5）弄清楚客户想如何与一个品牌或企业交流，所以短信并没有取代网络，网络也没有取代电话。想打电话的人仍想打电话。之前那些从不打电话的人有望通过文本来交流。有些人更喜欢整天待在 Twitter 或 Facebook 上。这是一个选择的时代。

4.9　Amazon 移动人群

Amazon 首席执行官杰弗里·贝佐斯认为，作为一项服务，他们的市场在全球范围内整合了硬件、软件和最大的零售商店。当然，他们的 Kindle Fire 移动设备是硬件，但实际上，这是他们的网站，而且更重要的是其内容。它是一个移动设备、云计算以及世界上最大零售商的无缝集成。Amazon 市场涉及多个领域，囊括了 1800 万多个消费品、电子书、歌曲、电影、电视节目和云存储空间。内容的访问很重要，因为 Amazon 将其业务转换成一个数字零售商，并且通过他们的移动设备响应消费者需求。

Amazon 市场的核心是 Kindle Fire（如图 4.9 所示），一个为消费而设计的移动设备——将直接提供访问所有类型的产品、服务和内容——可以享受数字视频和音乐。最重要的是，Amazon 已经知道消费者喜欢使用其专有的协同过滤技术阅读什么，并且现在可以扩展到其他类型的零售和数码产品。Kindle Fire 的运行基于 Google Android 操作系统的一个特殊的 Amazon 版本。然而，用户界面避开 Android，支持一个以 Amazon 为中心的体验，以 Amazon 云播放器^{TM}和 Amazon 云驱动^{TM}作为外围构建。

其中，浏览器被称作 Amazon Silk^{TM}，它使用 Amazon EC2^{TM}计算机集群。这意味着 Amazon 公司将利用巨大的处理能力（压缩）来减少移动带宽需求，将更多的处理放在云中。难以置信的是，Amazon Silk 可以学习用户的浏览模式，预载最常阅读的页面。这同样是一个设备上的平板电脑优化购物应用程序，这样可以简化页面，使购买产品变得更容易。Kindle Fire 对 Amazon 移动人群来说，是一种直观、无缝浏览和购物体验的关键。

图 4.9 Kindle Fire 移动设备

密苏里大学新闻学院（Missouri.edu）雷诺兹新闻研究所（RJI）曾经开展的一项全国性调查发现：三分之二的美国成年人在日常生活中至少使用一种移动媒体设备。RJI 调查发现，在人们使用移动设备的原因中，新闻消费排名第四，紧跟人际交流、娱乐和非新闻机构提供的互联网信息使用。RJI 调查发现，尽管已经有大量的移动设备用户，移动设备报产品似乎没有像之前预测的一样快速取代印刷报纸。

移动设备使用的增加似乎还没有像之前调查预测的一样，加快从平面到数字新闻消费的转换。RJI 调查表示，受访的移动用户中，有 40% 的人仍然订购报纸和新闻杂志。这一比率几乎与非移动设备用户相同。

RJI 调查采访了 1000 多个随机选择的调查对象，调查了 4 类移动媒体设备：大型平板电脑、小型平板电脑、电子阅读器、移动设备。超过 21% 的受访者表示，他们目前使用的大型平板电脑多年前就已经进入移动市场。结果表明，Apple 是大型平板市场的主导，超过 88% 的大型平板电脑用户使用 iPad，而 Amazon 主导小平板电脑和电子阅读器市场。调查还发现，移动设备和大型媒体平板电脑是两种最受欢迎的消费消息设备。当锁定目标观众时，新闻机构应参考这些数字。

　　Amazon 和 Apple 人群在顾客中建立了品牌忠诚度。44%的 Apple iPhone 用户也使用大型媒体平板电脑，96%的是 iPad。这显然对试图忽略 Apple 而关注使用 Android 操作系统的出版商和广告商构成了重大挑战。结果表明，要达到移动设备和大型媒体平板电脑拥有者的较高比例，新闻机构必须使他们的内容在 Apple 的 iPhone 和 iPad 可用。

　　就 Amazon 而言，RJI 调查显示，22%的 Kindle 电子阅读器用户还拥有小媒体平板电脑，其中 71%是 Kindle Fire 平板电脑，而只有 14%的人拥有 Barnes & Noble Nook 平板电脑。调查还发现，Apple iPhone 和 iPad 的所有者往往年龄偏长，家庭收入明显高于移动设备持有者和 Google Android 操作系统大型媒体平板电脑的所有者。

　　Kindle Fire 可以访问 10 万部电影和电视节目、1700 万首歌曲、Kindle 书籍，还有许多杂志和报纸。Amazon Prime^{TM} 成员享受超过 11000 部电影和电视节目的即时、无限免费流，而无须额外的费用。还会有免费的 Amazon 云存储，以便用户可以在 Kindle Fire 中看电影，并把它转移到其他设备，如电视或桌面。

　　Amazon 最近为 iPhone 和 iPod touch 发布了人们期待已久的云播放器应用程序。该免费应用程序可以使用户的 iOS 设备，包括 iPad，播放或下载音乐，并可以在线存储于云账户中。推出云驱动器和音乐服务后，Amazon 确定了其 iOS 本地应用的发布时间。Amazon 的云播放器与 Safari 的移动版兼容。然而本地应用——云播放器还可以使用户管理和创建播放列表，并可以播放已经存储在移动设备上的音乐。Amazon 客户可以得到 5GB 的免费云存储，还可以购买额外的存储空间，包括每年 20 美元包 20GB 或 55 美元包 50GB。购买存储套餐的用户免费获得 MP3 和 AAC（.m4a）音乐文件无限的空间。

　　Amazon 应用程序商店开发者程序可以使移动应用开发商在 Amazon.com 上出售他们的应用程序。Amazon 应用程序商店目前支持 Android 操作系统，工作在运行 Android OS 1.6 和更高版本的 Android 设备上。Amazon 要支付给应用程序开发人员销售价格的 70%或清单价格的 20%，看哪个更大。Amazon 正在为应用程序开发者提供 Amazon 数字服务（AWS^{TM}）和其 Web 服务。

　　对于那些点击"添加到购物车"按钮上瘾的人，Amazon 已经为 Android 设备开发了自己的 Amazon 移动应用，使烦琐的购物和信用卡透支变得更容易。Amazon 移动的最新版本新功能如下：

- □　排序和过滤搜索结果的崭新方式。
- □　使用快捷键和最受欢迎的页面下拉菜单更快、更简单地导航。
- □　直接从主屏幕发射条形码扫描。
- □　添加项目到任何现有的愿望清单。
- □　额外的国家支持。Amazon 商店中新增 8 个国家，包括西班牙和意大利。
- □　漏洞修复和性能改进。

在 Android 中的 Amazon 移动设备应用程序仍然完整。搜索和比价，就像阅读评论一样轻而易举。设想一下用户关注的产品在超市太贵，用户可以使用软件来扫描产品条码，就会即刻知道它在 Amazon 上的价格。Amazon 移动设备应用程序还可以使用户在 Amazon 中访问现有的购物车、愿望清单、付款、订单历史、1-Click^{TM} 设置等。总之，该应用程序非常接近 Amazon 购物体验。

在美国，Amazon 应用商店第一年已经开发了成千上万的应用程序和游戏。作为像 1-Click^{TM} 购买和测试驱动类似属性的结果——它允许消费者在购买之前试用应用程序——开发人员通过 Amazon 提供的应用程序发布强劲的盈利消息。Amazon 推出了一项应用内购买服务，使开发人员更容易地集成应用程序和游戏，并且轻松盈利。这甚至比以前还好，同时还为 Amazon 人群提供无缝、安全的一键购买体验。许多开发人员看到由于 Amazon 应用内购买而使收入飙升，并欣然将其应用程序提供给更多的海外客户。

Amazon 玩家都渴望丰富的内容，并且愿意开放他们的数字钱包来支付。采用一个像 Amazon 一样成功的平台，在全球范围内扩展，将使他们具有更广泛的客户基础，并创造一个产生更多收入的机会。开发人员可以访问分配界面，了解不同地区本地化资源文件的本地化应用程序分布，以及其他关于准备为其应用程序进行国际分销的要点。

开发人员有能力选择他们想出售应用程序的国家，还可以为不同的市场设置价格列表。那些已经参与其应用程序开发的人员，会默认可用程序面向国际销售。如果开发人员不希望在选择的国家出售应用程序，可以很容易地通过分配界面改变程序的国际可用性。新程序开发人员可以在 Amazon 注册移动设备应用程序分配界面（https://developer.amazon.com/welcome.html）。

　　Amazon 网络服务（AWS）提供了一组简单的搭积木服务，在云中共同形成一个可靠的、可伸缩的、廉价的计算平台。

　　移动应用程序开发人员可以通过简单的 API 调用，使用 AWS 移动 Android SDK（和其他 OSs）访问这些"计算和存储"资源。SDK 是一种软件开发工具，可以使开发人员直接从他们的开发环境中更容易地访问 AWS 资源。Android AWS SDK 为开发人员提供了一个库、代码示例和文档，使其可以构建使用 AWS 连接的移动应用程序。

　　Amazon 决定 Kindle Fire 的定价比 iPad 2 更便宜，也比绝大多数的 Android 平板电脑便宜，这是一项战术行动。Amazon 的策略显然不是为了销售移动设备赚钱，而是在设备销售中，利用生成的内容以及成千上万的产品和云服务盈利。Kindle Fire 销售的关键组件之一是集成 Amazon 的许多服务，包括其云网盘、MP3 下载商店、Kindle 电子书。只有 Apple 和 iTunes 平台可以和 Amazon 集成产品抗衡。然而，Amazon 市场销售超过了数码产品，它们在云空间提供从鞋子到尿布的各种产品。

　　考虑到吸引更多的用户，其他移动设备制造商已经转向更大的平板电脑空间。但具有 7 英寸多点触控显示屏的 Kindle Fire 只是一个为购物设计的口袋大小的设备。这可能证明更大的平板电脑空间并不一定意味着是一个更好的设备。Amazon 已经设计了 Kindle Fire，可以使成千上万的访问其市场的人购买更多的高度针对性商品、建模方式：其内部移动分析提供产品建议，这将与消费者更高度相关，并给 Amazon 带来更高的利润。

　　Google 以 199 美元的价格首次销售平板电脑，希望能成功复制其移动设备在竞争激烈的市场中的成功模式。但该市场目前由 Amazon Kindle Fire 和 Apple iPad 主导。通过在平板电脑市场扮演重要角色，Google 希望确保其各种在线服务在变化技术格局的中心地位，改变 Apple 和 Amazon 的平板电脑越来越成为人们访问网络和基于网络内容的途径，如电影和音乐等。

　　Google 首次进入平板电脑市场，也将看到 MicrosoftSurface^{TM} 的问世。这些移动设备有助于加快平板电脑 Android 操作系统专用应用程序的发展，这是曾经有助于推广 Apple iPad 的关键因素。Nexus 7 平板电脑由台湾华硕研发，并共用商标（http://www.asus.com/Tablet/Nexus/Nexus_7/）。

　　Google 以 125 亿美元的价格收购了移动设备制造商摩托罗拉。但 Google 已表示，摩托罗拉将作为一个独立的实体。而 Google Glass™ 将被用于硬件开发，这是一种面向未来的智能眼镜，能够直播事件、记录，执行计算任务。基于美国的开发者可以以 1500 美元的价格获得该移动设备。Nexus Q 是一台价值 300 美元的设备，它有一个内置放大器，用户可以从 Android 设备获得内容流投影到电视。Nexus 7 平板电脑，标价 199 美元，机长 7 英寸，都是直指 Kindle Fire。但 Nexus 有一个前置摄像头，而 Amazon 平板电脑没有。

考虑到 Apple 设备的"视网膜"显示屏分辨率远超过 Kindle Fire，并且售价仅为 499 美元，分析师认为 Kindle Fire 是进入 Amazon.com 在线内容宝库的一个窗口，而非 iPad 的竞争对手。Google 同样可以使用 Nexus 7 连接到其在线产品，其中包括 YouTube 和 Google Play（https://play.google.com/srore）。Google Play 是其在线商店，用来销售数字音乐、电影和游戏。它将会追逐更加注重成本节约而放弃昂贵 iPad 的用户。

Nexus 7 是理想的读书设备。Google 将在 Google Play 商店提供给 Nexus 7 买家 25 美元的信用消费。它展示了几项功能，如一个新的杂志阅读应用。Nexus 7 甚至被称为 Kindle Fire 的杀手。它们显然是在寻找 Apple iPad 背后目前被 Kindle Fire 占据的第二位置。但是作为购买和消费媒体专有地点，它们在人们的心目中还没有形成印象。

Google 已经与移动设备制造商合作多年，开发 Nexus 品牌移动设备。它提供一个展示产品，为基于其 Android 软件的设备交付 Google 理想版本。分析师认为，扩展 Nexus 概念到平板电脑同样应该建立一个其他硬件制造商可以效仿的模型，形成一个更有竞争力、统一的 Android 平板电脑市场。Nexus 将搭载 Google 软件的 4.1 Jelly Bean 版本，以及一个前置摄像头、1280×800 分辨率屏幕和 Nvidia Tegra 处理器。Google 的免费 Android 软件是移动设备的第一操作系统，每天约有 100 万台 Android 设备被激活。

然而，Google 一直在与 Apple iPad 竞争的平板电脑市场中挣扎，很大程度上是因为其内容和可用的平板专用应用程序远远落后于 Apple 和 Amazon，如游戏。与此同时，Apple 对 Google 服务设备的依赖日益减少。而基于 Google 开源 Android 软件的 Amazon Kindle Fire 搭载了许多不使用 Google 服务的功能定制界面。根据公司和新特性的需要，如"语音搜索"，新软件交付了更快捷的性能。

　　服务范围将会成为秘密，将名不见经传的小装置一起整合到一个可以与 Apple 竞争的平台，引起用户的瞬间关注，而不是出售昂贵的设备。平板电脑的有限可用性（公司高管表示除了 Google 自己的网站，还没有计划扩大范围）可能减少最初的销售增长。

　　Google 曾将定制 Android 移动设备 Nexus One 直接出售给消费者，但 4 个月后关闭了其在线商店，说明这并没有达到预期。但这是由于它缺少本地应用（也就是，为更大平板电脑而设计的软件）而不是从移动设备移植，这也是目前 Nexus 的最大障碍。

4.10　移　动　四　杰

　　所有主要国内运营商——AT&T、Sprint 和 T-Mobile——都出售其移动数据。这些运营商知道移动设备访问的网站、用户下载的应用程序以及他们喜欢的内容。最重要的是，知道移动设备何时在何地。Verizon 正在向第三方提供客户设备位置数据和浏览历史，它结合其他匿名人口统计，如年龄、性别等，从而使挖掘者、营销人员、零售商和企业为消费者行为建模，进行高度精确和相关的移动分析。这种移动数据对设备时间、地点、兴趣和匿名人口统计的三角测量是非常有用的，也是可以盈利的。

　　AT&T AdWorks 计划用基于匿名和总体人口的定制观众段（如图 4.10 所示），为移动营销人员促进数据聚合。Sprint，像 Verizon 一样也跟踪各类移动设备访问网站的用户，以及用户使用的应用程序。Sprint 也使用这些数据来帮助第三方锁定相关的广告客户。

　　Verizon 可以使广告商锁定 Verizon 用户移动设备定制的消息，但不包括其客户浏览或位置数据。Verizon 依赖其他个人信息，包括客户的统计细节和家庭地址。T-mobile 收集客户访问的网站信息以及他们的位置。它以匿名方式使用该信息，聚合形式来改善他们的移动服务。Apple、Google、Research in Motion、Microsoft、Nokia 也在他们的服务器中通过结合 GPS 和三角 Wi-Fi 网络收集用户设备位置的数据。

　　移动设备的崛起为移动供应商和制造商提供了大量的可售数据。数十亿随身携带的移动设备，都是极具个性的跟踪装置，它们比任何人更了解其主人——他们何时、何地想要什么。这是在消费者即设备的情况下。通过移动设备的数据挖掘，大量未开发的本地和品牌移动市场都是可以大大盈利的。

图 4.10　AT&T 移动数据

BIA/Kelsey（BIAKelsey.com）的一项研究预测，美国每年的本地移动广告收入将达到 425 亿。Google、Apple、Amazon、Twitter 和 Facebook 都争相与本地企业合作，来拓展他们的新市场。同样，AT&T、Verizon 和 T-mobile 在他们的数据库中存储了大量移动行为客户数据，也能够一举在这些移动人群中立足。

近场通信（NFC）并非仅仅是一个移动支付标准，但感应刷卡技术可能已经获得了运营商社区最大的信任。其中，有 45 家支持 NFC，并致力于支持和启动基于它的服务。

采用 NFC 标准的 45 个运营商，包括墨西哥美洲电信公司、美国电话电报公司、AVEA、Axiata、AXIS、Bharti Airtel、Bouygues 电信、中国移动、中国联通、CSL、德国电信、Elisa 公司、阿联酋综合电信公司（du）、阿联酋电信、Everything Everywhere、全球电信、KPN、KT 公司、Maxis、Mobily、MTS、Orange、Proximus、Qtel 集团、罗杰斯通信、沙特电信公司（STC）、SFR、SK 电讯、Smart、软银移动、意大利电信、新西兰电信、Telecom Slovenije、西班牙电信、奥地利电信集团、Telenor、TeliaSonera、Telus、TMN、Turkcell、Verizon、VimpelCom、VIVA Bahrain 和沃达

丰集团。

Dwolla、Venmo（https://venmo.com/）和 Square（如图 4.11 所示）正在将移动设备转换为 POS 终端的付款机制。新地理围栏技术使应用程序加载到移动设备，与零售商店的支付系统"沟通"成为可能，从而消除了排队购买甚至是与销售店员互动的需要——从 2 万亿信用卡行业，获得了一定的市场份额。

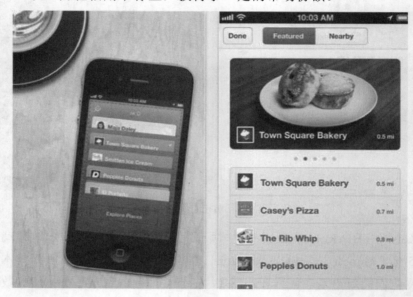

图 4.11　Square 移动支付系统

正如所见，移动人群是由 4 个美国公司来驱动，定义了 21 世纪的信息技术、娱乐和零售：Amazon、Apple、Facebook 和 Google 正在使用移动设备、应用程序、搜索和社交网络，在这些新的移动市场竞争。Twitter 已经出局，因为它目前没有任何硬件。就在几年前，可以总结每个公司的特点——Apple 制造硬件，Google 是一个搜索引擎，Amazon 有书店，Facebook 是一个社交网络，但移动设备改变了这一切。

所有这 4 家公司目前正在将移动技术应用到通信、广告、当地营销、零售、娱乐、音乐、游戏、出版和云存储。移动正在破坏固定（PC）设备的概念，代之以强大、成熟的掌上电脑。因为这一转变，产生了两个重要的事实：

（1）这些移动设备与个人用户紧密相连。不像在家庭被共享的电脑，这些设备定义单一用户的行为、口味和偏好，它们在口袋或提包里，被随身携带。

（2）这些移动设备产生了大量用于定义个体的数据，这就是为什么移动分析是这 4 家公司竞争领域的未来。每一家公司和他们的合作伙伴将受益于这种移动设备扩散转移——一个将产生巨大收益、现金储备、市值的转变。

Amazon、Apple、Facebook 和 Google 都转向移动领域。这样，它们将影响许多行业，包括的市场领域如下。

- ❑ 移动：Apple 公司有 iPhone 和 iPad；Google 拥有摩托罗拉设备；Amazon 有 Kindle Fire 和 KindleMobile；Facebook 与 HTC（http://www.htc.com/us/）合作，在其设备中将广泛的社会网络功能集成在一个 Android 修改版本中。受到影响的硬件公司，主要是宏基、华硕、戴尔、惠普、联想、LG、微软、Nokia、RIM、三星和东芝。

- ❑ 娱乐：YouTube 和 iTunes 正在突飞猛涨；Google 和 Apple 公司继续在网络电视设备上工作；而 Amazon 与 Facebook 已经集成了 Hulu 和 Netflix。每个公司都已经推出了一个基于云计算的流媒体音乐播放器。游戏在所有项目中都是首选的应用。受四大巨头影响的公司有 Comcast、DirectTV、DishNetwork、迪士尼、新闻集团、时代华纳公司、维亚康姆、EMI、潘多拉、SonyMusic、Sporify、WarnerMusicGroup、UniversalMusic、动视暴雪、暴雪、EA、Microsoft、任天堂、Rovio、索尼、Zynga。

- ❑ 媒体：目前，Apple 是一个书商，Amazon 是一个出版商，Google 正在数字化地球上每一本书和所有的主流杂志，如主要出版物《华尔街日报》等都有 Facebook 版本。受影响的公司有《纽约时报》、新闻集团、皮尔森、兰登书屋、学术、维亚康姆和阿歇特。

- ❑ 技术：4 家公司都提供某种形式的云计算存储服务。受影响的公司有 Box.net、Dropbox、EMC、Rackspace、Salesforce.com 和 VMWare。

- ❑ 广告：4 家公司都有算法驱动的国际和地方广告网络，都使用了移动搜索、社交媒体和基于位置或者兴趣的行为分析。受影响的公司有 Interpublic 集团、Omnicom Group、Publicis Groupe、Starcom、Foursquare、Groupon、OpenTable 和 SuperMedia。

- ❑ 零售：4 家公司都提供强有力的、时间和地点的专有折扣，在 1400 亿美元的本地广告市场中竞争。它们都有移动在线校验和点击付款钱包。受影响

　　　　的公司有百思买、eBay、RadioShack、Target、沃尔玛、美国运通、万事达
　　　　和 Visa。

　　4 个竞争者都清楚地意识到，这些移动人群可以通过时间、兴趣、位置、匿名人
类和设备统计的因素进行三角定位，如数字指纹和其他移动跟踪机制。企业、零售
商、品牌和营销人员需要关注移动网站，定制应用程序和移动分析。他们必须通过
快速的交互式通信与广告、交易、竞赛、游戏、优惠券、报价等来接触消费者，在
传输过程中，与这些移动的移动设备的使用方式保持一致。

第 5 章 移 动 分 析

5.1 挖掘移动设备

经过多年的发展，移动设备已经变得越来越智能，并且无处不在。显然，营销技术的发展趋势是在移动设备上，它可以随身携带，并不断地传播人们的兴趣和位置。对移动开发者、品牌和市场营销人员来说，更重要的是，网站和应用程序把移动设备变成了强大的数据聚合器以及分析建模和实时广告的交付平台。移动设备数据挖掘涉及的知识包括有效过程的识别、法规以及潜在的可理解的移动行为模式和关系。

移动设备数据挖掘有双重任务：预测和描述。预测选定变量的未知或未来价值，如移动设备的兴趣或位置，以及对于人类行为模式的描述。描述涉及获得对移动行为的"洞察"，而预测则涉及品牌、营销人员和企业决策的提升。这可以包括销售建模、利润、营销努力的有效性以及应用和移动设备网站的普及。关键是要意识到正在聚合的数据，同时，不仅要意识到如何创建和发布移动活动指标，更重要的是，要知道如何利用它通过移动设备的数据挖掘来提高销售量和收入。

多年来，零售商一直在测试新的营销和媒体活动、新的定价推广和新产品免费赠品及半价销售的促销计划，以及所有这些活动、计划的组合，目的就是提高销售和收入。移动设备的出现让为挖掘和精确校准消费者行为而生成数据和指标变得越来越容易。人类的习惯难以捉摸、令人费解并且根深蒂固，它们使消费者的大脑排除一切，并倾向于它们。

如今，人们的移动设备是一个鲜明的风向标，指示出消费者在何时何地有何需求。使用移动分析的品牌和公司更善于识别、选择、塑造消费者的行为模式，从而增加利润。找出如何诱发新习惯的品牌和移动营销人员可以提升自己的价值。基于移动设备位置提供优惠券或交易，就可以引进新的习惯循环，用于推广新产品、服务和内容。

全世界每天有数十亿人在使用移动设备访问互联网，这为企业向消费者宣传产品和服务提供了许多机会，无论消费者身在何处。然而，广告商接触移动客户时会遇到很多技术挑战，包括移动碎片、帖子点击的参与和消费者使用行为。移动营销广告平台，如 MobiVite.Net（http://www.mobivite.net/welcome），已经引进计划帮助互动机构和移动广告网络克服客户的技术障碍。

根据分析者关于 AdMob、Millennial Media 和 Apple's iAd 市场份额的报道，全球范围的 CRM（客户关系管理）应用市场达 182 亿美元，移动广告市场预计价值将达数十亿美元。多项研究表明，移动营销预算将大幅增加，因此，消费者对于如何与所选择的业务互动的期望也随之增加。

然而，由于移动带来的专有技术、集成和消费者体验的挑战，许多品牌广告商和中小型企业（SMBs）正在寻求一种有意义的方式，努力整合移动营销活动。这对于互动机构和移动广告网络提供高度相关的广告和端到端的营销活动，是一个极好的机会。

Facebook 通过"like"的形式了解其用户，并收集用户信息，因此，这个社交媒体巨头知道针对个体使用哪种类型的广告。面对如此多的平台——从 iPhone 到平板电脑，再到 Android 的众多机型——很难建立一个确保有效的广告。然而，新的规范通过实时竞价和适应性，正变得大众化，这将有助于解决这些问题，并首次将移动广告支出机构大规模地引入市场。

例如，Flurry Analytics 为移动应用程序开发人员提供一种免费的分析工具，现在已经支持 HTML5，可以集成到 Apple、Android、BlackBerry 和 Windows 这些主流操作系统移动设备的应用程序中。该分析工具可以收集匿名、聚合用途和性能数据，并已经被 150000 个应用和 60000 家公司使用。对于 HTML5 标准的新增支持意味着，Flurry 可被用来跟踪运行在任何移动设备浏览器中的富媒体内容，而不只限于专门为每种类型设备开发的专用应用程序。

5.2　挖掘移动网站

对于创业者来说，需要的是移动网站的体验分析，这种分析很少包括涉及移动网站体验质量的指标，Forrester（Forrester.com）的一份报告指出，这是一种截然不同的概念，缺少这种指标会产生严重的错误：没有专门的客户体验指标，品牌、营销人员、公司就不知道哪种移动网站体验更好，也不知道这种体验质量的变化是如何影响网站业务性能的。以下是一些实践总结，可以有助于解决以上问题。市场研究公司 Forrester 发现，Web 客户体验（WEM）专业人士至少应该跟踪以下移动设备客户所考虑的因素：

- ❑ 移动设备整体访问体验和满意度是最常见的指标。判断方法包括基于信号或情绪的调查。
- ❑ 当评估一个移动网站时，访客倾向于关注 3 项基本属性：实用性、易用性和舒适性。指标应该用完成率和调查问题衡量这些指标。
- ❑ 品牌和公司应该使用观察性研究，找出客户认为"好"访问的网站，并且每个准则至少包括一个度量的标准。例如，金融服务网站的访问者可能会期望网站是安全的并且是最新的。在这种情况下，客户体验的优点需要一种方法来衡量，访客是否觉得这个网站符合那些描述。

随着越来越多的企业将更多的预算分配给移动广告，尤其是开发移动网站，移动设备将成为主流营销媒介。就移动互联网使用的爆炸式增长而言，这是一件好事。事实上，Google 的一份报告（Google.com）表明，许多行业源自移动搜索查询的比例在持续增长。

- ❑ 餐饮：29.6%。
- ❑ 汽车：16.8%。
- ❑ 电子：15.5%。
- ❑ 金融/保险：15.4%。
- ❑ 美容/人事：14.9%。

这些数字只是冰山的一角。移动网站分析有助于品牌和企业解开移动消费者如何参与以及与其网站互动之谜。第一法则就是，不要认为传统网站在智能屏幕上的效果也很好。像 MobileMoxie（http://www.mobile-moxie.com/）这样的工具，可以展示移动网站如何通过手持设备显示——决定是否需要进行移动修复，很可能都需要。在进行任何更改之前，都需要反复检查传统网站的分析，弄清移动用户的数量，这样做的目的是让开发人员能够更好地为特定的移动体验定位移动网站设计、内容和优化工作。

访问/新访问：如果品牌或公司注意到其移动访客的整体流量比例很高，就能够断定应该尽快开发一个友好的移动网站。如果移动访客的比例超过 20%，这将清楚地表明移动网站是必要的。如果有更高的移动设备流量，如超过移动搜索的 40%，大多数是本地搜索，这至关重要，因为根据 Google 的研究（Google.com），超过 61%的消费者会坚持完成类似通话这样的即时活动，58%的消费者会在店内访问。

　　考虑到这一点，可以将基本业务和联系信息前置来设计移动网站，并且为之提供点击呼叫、地图和导航信息。随着移动设备普及率和移动努力的改善，访问量增加，提供呼叫提示也是需要关注的事情。

　　每次访问页数：移动用户在网站内导航的程度如何？由于较小的屏幕尺寸和敏感的触摸屏，移动用户不像桌面用户那样点击频繁。同时，桌面用户通常平均访问 5 个页面，而移动的访问者只能查看至多两个。正因为如此，移动网站应该将其产品和服务描述得简洁、突出重点，避免过多的滚动和点击。如果点击是必要的，确保链接、导航和按钮可以访问并且足够大。

　　网站跳出率/平均时间：如果消费者在移动设备上有糟糕的购物体验，约有 80%的人会立即取消购物。无论从内容还是功能的角度，平均时间和跳出率都可以作为移动网站的指标，来衡量移动设备表现或客户期望。

　　下面是移动网络分析是如何实现的简短分析，对象是选自 Alexa（Alexa.com）排名的几个顶级网站：

- □ Amazon 使用内联 JavaScript 构建分析信标的 URL，简化代码和总长度，包括 script、noscript、img 和 div 标记，总共 5KB。
- □ eBay 和沃尔玛似乎没有在客户端发送任何形式的分析代码，可能是在服务器上完成某种形式的跟踪，而对客户端是透明的。
- □ 百思买直接在页面嵌入 Omniture 信标，没有额外的 JavaScript 下载和执行，并且还有一个嵌入的 Atlas 信标图像。
- □ Groupon 为增强和精选的设备提供不同的网站，都运行 rum.js，这是一个为 Google 分析生成 URL 信标的 3KB 脚本。
- □ 宜家有自己的分析代码，捆绑在一个 50KB 的 JavaScript 压缩文件中。分析代码最小为 67KB，然后使用 gzip 方式压缩为 22KB。
- □ Target 使用 Omniture 进行追踪，在页面中包括一个 47KB（gzip 方式压缩为 17KB）的 JavaScript 脚本。有趣的是，其分析脚本的大小超过 JavaScript 的两倍，而压缩后只有 0.5KB。

❑ 戴尔也使用 Omniture，下载了一个 50KB（gzip 压缩为 19KB）的 JavaScript 脚本。

❑ IBM 向 unica.com 发送一个信标。URL 信标由下载的 JavaScript 文件建立，文件大小是 18.6KB（gzip 压缩为 6.8KB）。

❑ Microsoft 直接使用一个链接到 webtrends.com 的嵌入式信标图像。

❑ Apple、SAP、佳能、华硕、东芝、富士通和宏基没有为移动设备提供优化的内容。

5.3 移动分析指标

以下是移动设备数据挖掘过程的一些数据挖掘关键方法和目标，可能来自使用应用程序、站点分析或深层次机器学习过程，但是都有共同的目标。

（1）模式：关于移动数据集描述事实的表达式。

（2）关系：移动数据属性或模式的关系描述。

（3）过程：包含数据准备、清洗、挖掘等的多步过程。

（4）附律：探索关于移动行为的未知知识发现。

（5）可理解的：品牌和营销人员可以掌握和使用的知识。

以下是移动设备数据挖掘和知识探索的一些关键步骤。

（1）开发清晰的移动数据集，明确归纳与演绎数据分析的目标。

（2）创建目标数据集或子集。

（3）通过清理进行数据预处理：删除离群值，处理缺失值。

（4）通过降维进行数据转换，找出有用的特性。

（5）选择数据挖掘任务：集群、文本挖掘、分类。

（6）选择数据挖掘算法：自组织映射（SOM）、决策树。

（7）执行移动挖掘分析。

（8）解释探索挖掘模式或隐藏的关系。

（9）巩固形成的知识。

请牢记，数据挖掘的主要任务是预测和描述，通常包括从移动设备行为数据进行模型拟合或确定模式。这通常被称为数据的知识发现（KDD）过程（如图 5.1 所示）。

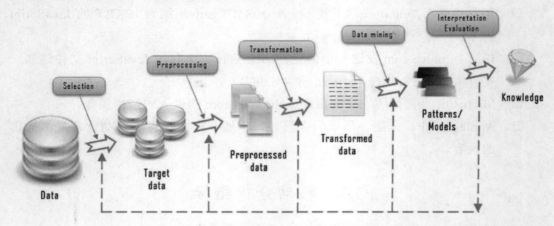

图 5.1　按次序排列的知识发现过程

　　传统的数据挖掘过程包括几个步骤，其中一些涉及广泛的归纳、演绎技术和软件。移动设备数据挖掘还涉及对移动数据如何被应用程序、移动网站创建和捕捉的深刻理解。还需要了解如何准备数据以及对于给定的任务使用何种技术，如何使用工具和技术，如何验证结果，最重要的是，如何进行结果部署，以改善业务流程、提高销售和收入或是提高品牌和客户忠诚度。

　　请牢记，数据挖掘已经发展多年，软件工具已经非常健壮且成熟。要获取更多相关工具和技术信息，可以访问网站 KDnuggets.com，该网站致力于数据挖掘、大数据和分析软件、就业、咨询、课程、白皮书等。

5.4　Google 移动分析

　　网络正在朝移动浏览方向发展，它不以人的意志为转移。伴随着越来越多的人购买移动设备，并且可以从任何地方访问网络，了解人们想用移动友好的方式浏览一个什么样的页面至关重要。Google 已经将移动追踪直接集成到其新的分析平台，当然，数据是必不可少的。

　　Google 分析（如图 5.2 所示）通过在每个设备上应用二次搜索维度，或作为通过先进分段的一个总流量的总百分比，使得移动网站信息轻松被访问。再次，使用复杂的自定义段准确跟踪关键字，可以向品牌或公司展示访客是如何通过关键字找到一个移动设备网站的。

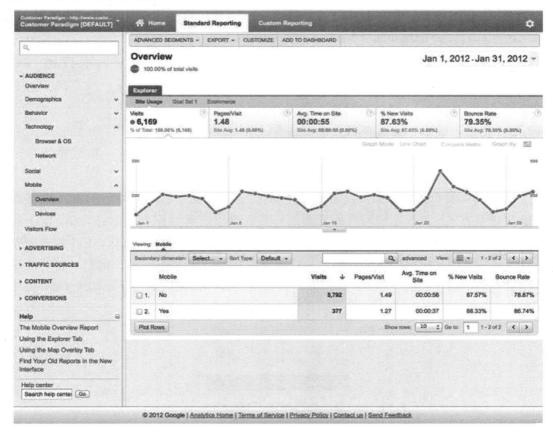

图 5.2 移动活动的 Google 分析总览

该工具还可以报告访客正在运行的操作系统，如 Apple 或 Android，以及访问网站所使用的移动设备型号。再次，除了明显的数据挖掘能力，客户管理受该新集成的影响也非常大。分析工具支持品牌和公司看到移动用户的去向和停留时间。

该工具即刻演示了两件非常有趣的事情。网站总流量比例的 6.11% 来自移动平台，如果网站开发人员点击子设备，他们可以看到设备具体访问的网站。大约 6% 的网站总流量足以保证调查这些访客的去向，并考虑是否为这些页面建立一个移动页面。

5.5　人工智能（AI）应用程序

移动分析深深植根于人工智能技术，如集群 SOMs 和决策树。例如，Apple 的语音识别应用 Siri 就是建立在人工智能的基础上。目前，还有另一个应用程序 Evi（http://www.evi.com/）也基于人工智能。它的回答不同于 Siri，有一种不同类别的智能和口音。目前 Evi 通过自己的"会话搜索"移动应用，发布了下一代人工智能。

Evi 使用自然语言处理和语义搜索技术，来推断用户问题的意图，然后它从多个来源收集信息，进行分析并返回最恰当的答案。它通过超越词匹配、取代评论和比较事实，为用户分离出新的信息。

用户可以发布指令，如"我需要一杯咖啡"。Evi 会告诉用户附近的咖啡店以及地址和联系方式。Evi 理解用户的意图，只提供给用户真实需要的信息。Evi 旨在利用目前包含在其"真正知识"数据库的近 10 亿事实数据。除了数据库，Evi 的知识库通过流行的 API（应用程序编程接口）连接进行扩展，如 Yelp.com，例如，当用户要寻找附近的中国餐馆时，Evi 可以帮助用户在应用程序内预订座位（如图 5.3 所示）。

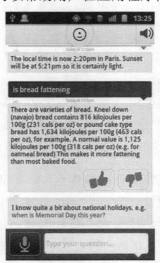

图 5.3　Evi 的简洁界面

与主要用于语音电话控制和额外搜索功能的 Siri 相比，Evi 旨在"将搜索带出搜索",通过利用真正知识专有的人工智能技术,用简洁和相关的格式提供经过过滤的情报。Evi 可以在 Android 市场和 iTunes 应用程序商店中免费下载,售价 0.99 美元,其中包含了语言处理许可费用成本。

5.6 移动设备聚类

数据挖掘设备的首要任务之一是聚类,它使用 SOM 软件把移动数据集自动自主分成"相似"数据子集,不存在分析师对于这些子集属性或实体的偏见或先验知识。这种类型的数据挖掘分析也称为无监督学习,因为 SOM 程序将数据集划分成类似子集的集群。例如,聚类分析可以以访客抵达移动网站落地页的表现方式,自主发现相似的访客行为。或者分析师使用 SOM 程序,可能会发现下载并安装应用程序用户的不同聚类。

聚类是数据集分成相似数据子集的分区,不使用这些子集属性或实体的先验知识。例如,移动网站访问者的聚类分析,可能会发现 Android 设备的高倾向性相比 Apple 移动设备会导致较高的移动设备购买。聚类可以互斥(分离的)或重叠,聚类可以导致典型客户档案的自主发现。

聚类检测即发现相似移动行为的模型创建,这些相似的团簇可以在移动数据集(如图 5.4 所示),使用探索先前未知模式的 SOM 软件被发现。不同于预测移动行为分析的分类软件,聚类软件在数据上是"使松散"的,而且没有目标变量。相反,它是关于自主知识发现的探索。聚类软件本身以数据为中心自动完善,目标是发现一些有意义的移动行为隐藏结构和模式。该类型的聚类可被用来发现关键词或移动消费者集群,并且它是挖掘移动设备非常有用的第一步。它可以使移动设备映射分成不同的组,而不带有任何的主观偏见。

在 5.9 节中将论述分类和聚类的差别,即挖掘并不依赖于一个预定义的类,也就是说,买家与非买家。这种聚类分析类型并非始于目标预测。相反,数据集是在自相似性或唯一集群的基础上被组合在一起。聚类通常表现为使用分类分析的前奏,它使用规则生成或决策树软件为移动设备行为建模。

这种不定向知识发现类型的常见应用就是"购物篮分析",它试图回答"哪类物品可以一起出售"或"为什么一些移动设备表现出同样的方式?"。一旦数据被分为关键段或集群，分析师或市场营销人员可以在不同子组探索有趣的移动行为模式的过程。以下是一些进行聚类分析的关键步骤：

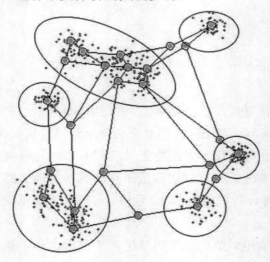

图 5.4　SOM 发现的团簇

（1）从应用程序用途到移动网站流量，识别最感兴趣的移动行为。

（2）使用 SOM 软件构建聚类模型，自主发现数据子集。

（3）评估重要集群结果，如样例的数量及其中值范围。

（4）使用文本挖掘和分类软件，深度发现自主聚类的关键"属性"。

不定向知识发现是移动设备挖掘的一个良好开端，移动设备挖掘者、分析师、开发者和营销商利用这一步，产生可以被监督学习方法识别的想法。购物篮分析可以引出一系列问题，涉及特定产品为什么同时销售，或者谁正在购买特定产品和服务的组合，什么时候确定购买趋向。聚类分析可用于发现哪些移动设备响应了特定出价、交易或者优惠券。因为它是自我组织，在知识发现的过程中并没有引入人类的偏见。

如前所述，这种不定向、无监督类型的知识发现，是使用神经网络 SOM 软件的最佳表现。Viscovery SOMine®（http://www.viscovery.net/somine/）就是此类程序，即一种探测数据挖掘、可视化聚类分析、统计概要分析和分段的软件。这种软件可用于执行移动设备购物篮分析，来发现谁购买了什么，何时购买以及基于他们的位置或兴趣在何地购买，并确定移动设备的行为和属性。

在市场营销商和品牌商想知道什么项目或移动行为会一起发生，或是在一个特别序列或模式情况下发生，使用 SOM 的购物篮分析是有效的，其结果具有很强的知识性和可行性，因为他们可以引导出价、交易或者折扣的组织，并且提供先于未知分析的新产品或服务。

聚类分析可形成这类问题的答案，如为什么产品和服务打包出售，谁在购买产品或服务的组合。他们同样可以规划何时购买什么。当一个聚类与另一个做对比并且形成新观点时，无监督知识发现就会发生。例如，SOM 软件可用于发现位置、兴趣、模型、操作系统、移动网站访问者和应用下载的群聚，因此，营销商或开发者就能发现不同移动设备分组消费者的独特属性。

5.7　挖掘移动邮件

comScore®（http://www.comscore.com/）报道了移动电子邮件的一个惊人趋势。其中，有关电子邮件的使用还有一项更具说服力的统计，其统计对象的年龄区间在十几到二十几岁。根据这份报告，12~17 岁之间的人群基于网络的电子邮件使用率下降了较多，而 18~24 岁人群的使用率有一个更大下降。毫无疑问，其中一些原因可以归咎于 Facebook 和其他电子邮件替代品，但一个重要因素是移动设备上电子邮件使用的增长。在这方面，这两个年龄段都有两位数的增长，18~24 岁之间人群的移动电子邮件使用率增至 32%。

然而，前几年的绝对增长，并不怎么符合平板电脑增长的轨迹。另一个有相当大增长的领域是数字下载和订阅，如电子书，并领先于其他领域的电子商务。所有这些趋势都表明，移动挖掘人员和营销人员需要战略性地规划未来。

5.8　移动设备文本挖掘

另一种可用于移动设备数据挖掘的技术是文本挖掘，即从非结构化内容派生、提取和组织高质量信息的过程，如文本、电子邮件、文件、消息、评论等。文本挖掘意味着，从社交媒体以及客户在移动网站和应用中关于品牌或公司的评论中提取有意义的信息。

这是聚类程序的不同变种。文本挖掘软件通常用于整理非结构化内容，这些非结构化内容驻留在数以百万计的电子邮件、聊天软件、网上论坛、短信、微博、博客等中，每日在移动网站和移动服务器不断积聚。文本分析一般包括以下任务，如分类法的分类，概念的聚类，实体和信息提取，观点分析，总结，以及本体的自主创建。

　　文本挖掘（如图 5.5 所示）对移动设备数据挖掘非常重要，因为越来越多的公司、网络、移动网站、企业和应用程序服务器正在积累大量非结构化格式的数据，这些不可能手动分析和分类。文本挖掘是指，通过聚类模式划分，从非结构化内容使用机器学习算法为关键概念组织提取移动趋势，导出认识的过程。

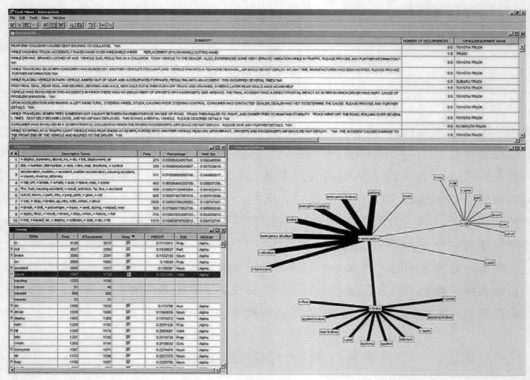

图 5.5　　一个文本挖掘分析的结果

　　文本挖掘的过程通常涉及构建输入文本，一般通过解析，以及添加一些派生的语言特性和移除其他特性，随后插入一个结构化格式，如一个数据库，导出评价及描述的集群和模式。文本挖掘通常指的是某种相关性、新奇性和趣味性的组合。典型的文本挖掘任务包括非结构化内容和概念的分类及聚类，最终产品是某种颗粒分类、观点分析、文档摘要和实体关系建模。

　　文本挖掘可用于获得源自多数据源、非结构化内容的新见解，如移动站点社交网络或应用程序平台。文本分析工具可以转化非结构化内容，通过分类软件将其解析成适合移动设备数据挖掘的结构化格式。例如，移动网站每天积累所有的日常电子邮件或访问，可以组织成几个分组，如移动搜索信息、服务支持或特定产品、服务或品牌的投诉。文本挖掘还可用于衡量对品牌或公司的观点。

　　文本分析软件可以使分析师和营销人员缩小一组电子邮件、短信、微博、博客或其他移动设备生成的内容，并自主组织成多个类别，如极好、不错、很好、好或者还可以。文本挖掘涉及将计算密集型算法应用到大量的非结构化内容。除了组织关键概念，移动设备也可以通过服务和产品线，由文本挖掘软件形成关键观点。例如，移动站点访问者或应用程序下载可以分成对体育、电影、书籍、游戏、金融、音乐或其他感兴趣的主题类。

　　文本分析也可以为移动挖掘人员、开发人员、分析师或者营销人员发现关键指标，组合成一个对品牌口碑、品牌信心和激情强度的直观形象。来自电子邮件、即时消息、聊天、移动设备短信、Twitter 和其他信息的词汇自主聚类，可以用于关键消费者类别词汇矩阵的创建。文本挖掘的真正价值在于，它可以为数据挖掘移动设备进行清晰和简明分类，加快非结构化内容的分析（如图 5.6 所示）。

图 5.6　数据挖掘移动设备

移动营销人员、开发人员和品牌需要考虑如何将时间、人口结构、位置、兴趣和其他移动可用变量纳入分析模型。聚类、文本和分类软件可以为各类营销和品牌目标完成这项任务。聚类软件分析可用于发现和货币化移动人群。文本软件分析可以发现重要的品牌价值以及在社交网络被窃取的观点信息。最后，分类软件可以准确地指出可盈利和高忠诚度移动设备的重要属性。分类通常包括使用移动数据行为分段的决策树规则生成程序。

案例研究：Placecast

Placecast（http://placecast.net/shopalerts/payments.html）通过其 ShopAlerts®服务与许多品牌合作，这是一个基于位置的移动营销解决方案，根据用户的位置、时间、偏好和 CRM 数据为每个客户提供高度相关的短信定制服务，以下是一些客户。

- ❑ The North Face：Summit Signals，North Face 基于位置的消息传递程序，可以使品牌的粉丝们关注最新装备、当地活动、赞助体育活动和户外活动的技巧。
- ❑ 白宫黑市：Fashion Alerts，白宫黑市是基于位置的移动应用程序，为该品牌的客户提供独家供应、促销以及新产品上市的内幕新闻和 VIP 店铺活动。
- ❑ Sonic：SONIC®Drive-In 客户使用餐厅的 Sonic Signals 程序，当他们进入SONIC 餐厅附近的地理围栏范围时，会收到特殊的促销和推荐。
- ❑ O2：Placecast 与英国第二大移动运营商 O2 合作，使 ShopAlerts 直接共享运营商的 20 多个品牌、广告客户和超过一百万的订阅者。

5.9　移动设备分类

移动设备数据挖掘的分类有两个主要目标：描述和预测。描述是一种对移动设备行为模式和获得见解的理解，例如，对一个移动网站和应用程序开发人员来说，哪些设备是最可能盈利的。另一方面，预测是支持、改进、自动化决策模型的创建。例如，通过移动网站或应用程序，在广告营销活动中锁定什么样的高盈利移动设备。描述和预测都可以使用分类软件来完成，就像规则产生器和决策树项目。这种类型的数据挖掘分析也被称为监督学习。

基于学习的数据挖掘机器软件使移动行为的描述和预测成为可能。机器学习是人工智能的一个分支，它是一门学科，可以使软件对基于实证的移动行为进行预测。这些移动行为可以从移动网站或下载的应用程序聚合，这些应用包含来自访客或应用程序用户信息的使用。在移动设备分类中，历史的三角测量服务器数据用于构建预测模型，可用于提高消费者忠诚度和增加销售以及移动网站或应用程序开发人员的收入。

随着时间的推移，移动分析师或营销人员可以多次利用分段移动行为的主要特征，发现隐藏的趋势和采购行为模式。机器学习技术可以通过自动学习来识别复杂的模式，并且基于移动数据做出明智的决策，来发现移动设备的核心功能，例如什么、何时、何地、为什么某些移动设备有一个购买或下载一个应用程序的倾向，而另一些则没有。

分析师或市场营销人员的战略是收集消费者移动数据并建模，使这些设备的营销更私人、相关和全面。这需要捕捉、分析和作用于移动操作，并利用这些行为吸引应用的下载、调整产品或服务价格、提供折扣——此类应用有很多（如图 5.7 所示）。

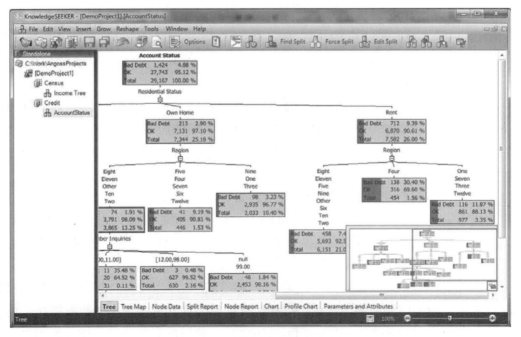

图 5.7 决策树分割能力案例

　　通过在移动网站的精确消息或定向邮件、文本或在应用程序中创建重要功能，移动设备分类激活了合适的产品、服务或内容的定位。移动设备挖掘的成功涉及战略规划和多种类、可预测、进化模型的测量改进。

　　营销人员或开发人员需要使用称为规则生成器或决策树程序的分类软件。在互联网上，下载演示和实际程序的一个很好的来源，是前面提到的 KDnuggets。

　　这种类型的软件通常是基于一种行之有效的技术，包括分类和回归树（CARTs）、C4.5，以及卡方自动感应（CHAID）算法，这些算法在市场上已经存在多年。机器学习软件可以使开发人员和营销人员执行移动设备分段、分类和预测。这些类型的程序可以生成图形决策树以及移动行为分类的预测规则。

　　决策树是强大的分类和分段程序，它使用一个决策树状图和可能的结论。决策树程序提供一种计算条件概率的描述性方法。结合历史数据样本，这些分类程序可以用来预测未来的移动行为。它们在一个或多个移动数据领域，把"训练"数据集中的这些记录分为不相交的子集，每个子集都由一个简单的规则描述。例如：

IF　　　　　　　Model：　　HTC EVO 4G LTE

AND　　　　　　OS: Android 4.1，　Jelly Bean

AND　　　　　　Geolocation：　El Paso，　TX ZIP 79902

THEN　　　　　Offer: Torta coupon

　　将决策树看作输入一个目标，如提供什么类型的应用程序，被一系列来自历史移动行为或条件的属性描述，如地理位置、操作系统和设备模型。这些移动属性可以用于预测，如提供给一个特定移动设备什么类型的应用程序。预测还可以是一种连续价值，如预期的优惠券销售，或为应用程序提供什么价格。

　　当开发人员或营销人员需要基于几个消费者因素做出决定时，如消费者的位置、使用的设备、总登录时间等，决策树有助于识别要考虑的因素，以及每个因素如何与先前决定的不同支出联系在一起，例如，随着时间的推移，基于观察到的行为模式，特定的移动设备有可能购买什么产品或服务（如图 5.8 所示）。

　　决策树软件是一种关键技术，这是一种递归分割技术，用垂直于坐标轴的决策超平面将数据空间递归分割成子区域。例如，决策树可以分析一个水果的数据库，提出像颜色、大小、形状这样的问题。它可以确定哪个是最重要的分类属性，比如说，是 Apple 还是香蕉。通过测量每个属性的值，例如颜色（绿色），它可以优先考虑使用什么属性来区分这些不同的水果。颜色可能是最密集的信息,其次是大小和形状。通过这个机器学习疑问的过程,可以使用决策树为移动行为和概要文件分类。

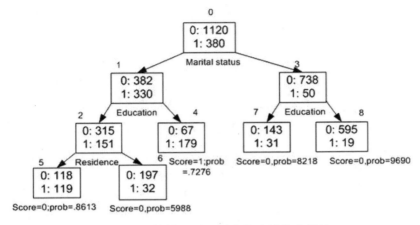

图 5.8 决策树可用于划分移动消费者属性

现代分类决策树工具是非常直观的。它们的界面易于浏览和使用,其分段结果来自预测规则,为获得快速洞察,图形树可以很容易地被移动市场商和品牌检查。这些工具的价值在于,图形和规则可以很容易地被理解,并且应用于移动营销目标。例如,预测假如一个移动设备中会产生购买行为,决策树可以检查多个因素,如移动网站访问的数量、付款方式、设备的操作系统,浏览的产品或移动设备的三角定位位置。

分类决策树经过成千上万独立属性的迭代,例如移动设备位置、每天的时间、移动模型等,代表了移动行为和根据"获得信息"被测量的特性。对于移动市场商和开发人员,它们自动识别与销售相关的关键设备变量、潜在的未来收入和消费者忠诚度。几乎总是决策树生成影响模型,使用少数的条件规则,为预测消费者行为识别最有价值的属性。它们是移动市场商"信息压缩"的一种形式。

通常,使用决策树的一个优点是为预测消除大量噪声预测和无效的消费属性,也就是说,"高客户忠诚度"或"可能购买"模型。开发人员和市场商可以从来自多数据源的、数以百计的移动设备属性开始。当它们属于来自特性和行为的高忠诚预测或潜在收入增长时,为了只关注那些最高信息增益,通过决策树的使用,可以消除其中许多无效信息。

这些分类预测工具都易于使用和理解，同样，预测设备行为的计算价格也很低。还有来自 Zementis（http://www.zemenris.com/）的软件即服务（SaaS），它提供了一个托管在云的、随需而变的预测分析决策引擎。随着情况的变化，完成和利用这些预测模型的框架应该灵活且持续。

案例研究：BayesiaLab

BayesiaLab 提供贝叶斯分类算法，自动将移动设备行为变量进行聚类，划分为不同的消费群体。贝叶斯网络是一个图形的概率模型，通过它用户可以获取、利用和开发知识。特别适合于考虑不确定性，贝叶斯网络或信念网络是一种概率图形模型，表示一组随机变量及其条件的依赖关系。

例如，一个贝叶斯网络可以代表某些移动设备和消费者偏好之间的概率关系。鉴于这些偏好，网络可以用来计算 Apple 或 Android 移动设备存在的概率，以及被零售商或品牌提供的特定产品或服务。贝叶斯网络用来分析数据，以诊断集群和这些影响产生的概率分布。贝叶斯网络是一个图形化模型，在兴趣变量中编码，并且有一些优点，有助于数据挖掘移动设备隐藏关系的发现。

使用贝叶斯网络软件还有几个优点。首先，因为模型在所有变量中的编码依赖关系，它容易处理一些数据条目缺失情况，这是在挖掘移动零售数据时常见的难题。第二，贝叶斯网络可以用于学习因果关系，因此可以用来获得对问题域的理解，并预测干预的结果，例如，给什么移动设备，提供或交易什么。最后，由于模型同时具有因果和概率语义，这是在大型数据集结合先验知识挖掘移动设备的一种理想表示。换句话说，那些分析师或市场商知道如何解释贝叶斯网络的这一结果（如图 5.9 所示）。

软件涵盖范围广，需要全面关注，所有可能性都考虑到。BayesiaLab 是一种理想的工具，用于客户群使用情况和态度的分析、满意度调查问卷分析、品牌形象分析、客户或产品的集群和分组，相对于新产品和多个移动设备的亲和力以及评估分数。BayesiaLab 市场模拟器是一个程序，通过该程序，移动开发人员或市场商可以比较定义移动人群、消费行为和分组的一系列竞争活动影响。

关于移动用户的数据库可使用数据挖掘方法，用于详细描述框架。这些框架可以给营销部门带来目标信息。也可以通过选择具有高概率积极回复的最合适前景，用来减少移动广告宣传的成本。例如，BayesiaLab 可用于对各种形式银行产品的客户分析。使用的数据库包含描述客户的变量，比如年龄、专长、性别等，它还有银行账户变量，如功能、消费率等，还有银行产品的形式。

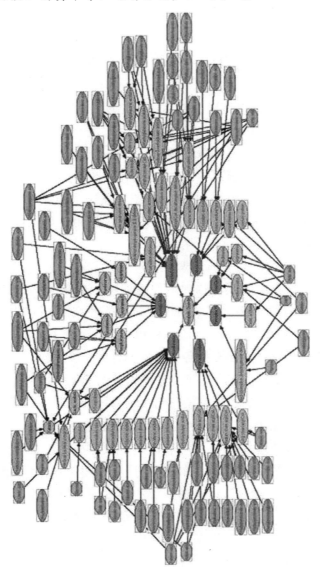

图 5.9　贝叶斯网络

贝叶斯网络代表在一个数据集的所有概率关系。例如，其马尔科夫毯学习算法允许只对真正描述目标变量的变量集中搜索。贝叶斯网络可以用于为新客户预测银行产品。当 BayesiaLab 返回与预测相关的概率时，通过使用该概率选择前景，就可以降低活动的成本。

5.10　流　分　析

移动开发人员和市场商也可以借助演绎和归纳"流分析"软件（它是"事件驱动"），用来链接、监控和分析移动设备的行为。这些相对较新的流分析软件产品实时反映"设备事件"。主要有两种类型的流分析产品。有被用户定义的业务规则操作的演绎流程序，用于监控多数据流，当它们发生时，会对设备事件做出反应，例如，当移动设备进入一个 Wi-Fi 的位置，或者发送了一个短信，触发了一个基于业务规则，由营销人员、品牌或企业创建的营销反作用，如报价、折扣、优惠券、警报、邀请等。

还有归纳流软件产品，它们通过聚类和决策树算法，使用源自数据本身的预测规则。这些归纳流产品从全局模型构建他们的规则，涉及的分段和分析来自复杂的、分布式数据云和设备行为网络。这些演绎和归纳软件产品，可以使用不同的数据格式，从不同的地点、大量的数字数据流，使用多个模型进行实时预测。

这些类型的流分析软件产品支持各式各样的行为、位置、兴趣、人口、生活方式、地理空间、操作等分析过程，还有提供给移动设备的其他个性化信息。实时流成为一个持续和迭代过程，随着时间的推移，营销决策和行为在其中不断细化和完善。

就收入、忠诚度、相关性、满意度、速度和性能而言，所有一切都可以被测量。每一单独的标准都驻留在某些服从细化和改进的数字格式。最后，移动设备数据挖掘将为保留客户和培养忠诚以及向上和交叉销售，提供针对性的相关内容。

重要的是，就总销售额或移动营销人员和开发人员确定的对持续增长和收入最有价值的其他指标而言，这种移动行为的分类是基于测试和测量的分析。挖掘移动设备的静态和流行为分析有很多优点，以下列举几个：

（1）执行多种产品和服务的向上销售和交叉销售。

（2）减少不确定性，预测精度和优化性能。

（3）获得模型和货币化移动行为模式的参考。

（4）为消费者提供个性化服务，同时保留隐私。

（5）通过提升消费者营销，实现更高的利润。

（6）在每个级别的操作，提高效率。

（7）发现新的增长机遇和市场。

（8）增加客户满意度和忠诚度。

移动设备数据挖掘激活了直接来自客户行为、购买的偏好和需求。这些周期性前馈交互可以提供非常重要的商业智能，这是传统营销技术在精度和速度上不能同时匹配的。目前，公司和品牌可以订购或建构，支持移动设备数据挖掘的行为分析系统，使其能够处理其"事件"，并在发生时做出适当的回应，很像过去的社区商，他们知道消费者的口味，为了留住老客户，他们在取悦消费者上煞费苦心。

企业、品牌和营销人员不希望提供给消费者不需要的产品或服务，或不相关的内容，这不仅是浪费，也是一种叨扰。相反，移动设备数据挖掘正在着手使用聚类、文本和分类软件，能够在正确的时间和地点，向正确的移动设备提供正确的产品。必须注意保护消费者的隐私和安全。移动行为是市场营销人员及其客户最有价值的资产，他们需要保护它，避免与他人分享。

5.11　挖掘移动人群

移动设备网站提供了一个设备数据的金矿，涉及的内容从浏览行为模式到人口统计、交易历史、流量来源、搜索和社交营销的有效性、下载量、使用的关键字和交叉销售倾向。移动设备通过每一个事件，与公司和品牌在其移动网站按照其需求和期望沟通。开发人员和营销人员通过移动设备挖掘，可以利用这些事件，这些事件大部分始于他们的网站，但在企业内其他操作系统中大量下滑。其中，许多是不断增加的移动设备，如一个品牌或企业的应用程序。

在一个持续增长的移动网络环境中，品牌的拥护者使营销人员和企业建立了客户忠诚度，为他们提供一个社交平台，可以与朋友就喜欢的产品或服务进行沟通。这些新老朋友可以促进数字口碑营销（WOM）。所以，如果某部分消费者喜欢一个产品或一项服务，他们将通过移动设备与他人迅速分享，并且成为品牌的一部分。

在这种新型的社交网络市场，朋友代表一种通过移动设备互动并且强而有力的新广告模式。挖掘移动设备可以用来识别并锁定产品、服务和内容的关键"影响者"。这种类型的接触营销，是从广播营销信息到消费者的一项基本转变，使通过移动设备在沟通中接触他们。

社交及用户生成的内容，涉及所有类型的移动媒体，如评论、Facebook 中的点赞、Twitter 微博和其他的移动设备推荐。可以使用社交媒体工具和平台来捕获和衡量这些新的参与标准，例如 Bazaarvoice（http://www.bazaarvoice.com/，如图 5.10 所示）用来跟踪和量化产品评级和评论，以及测量上传内容，并且通过移动连接在社交网络共享。Bazaarvoice 使用其 MobileVoice 服务，直接在商店或购物中心给购物者移动设备提供真实的产品评论。

图 5.10　Bazaarvoice 锁定移动购物者

在移动世界传播信息的速度不断加快，使先前模式不能更有效地预测未来。移动营销者寻求新的研究方法，测量移动行为和通信，变得越来越重要。社交媒体研究可以使一个品牌或公司，以较低的投资和更快的转变，研究大量的人机对话。最重要的是，社交媒体研究不是被驱使或援助的，而是基于独立、自主、过滤、自我定向以及发生在消费者和移动设备间产生内容的独立对话。

5.12　挖掘社交移动设备

　　移动营销使用影响指标来衡量消费者通过移动设备鼓励朋友考虑、推荐或购买某一品牌的可能性。在日益增长的移动社交网络世界，文本、调查、问卷、聊天、应用和即时通信平台，为挖掘移动设备提供了新指标和基于这些设备行为的匿名消费者聚类类别。品牌应该聆听消费者的心声。要在社交网站通过消费者的产品评论或意见来发现消费者倡导的品牌，这对移动营销人员和企业至关重要。他们可能会想要争取同行评议者的服务，如 Epinions（如图 5.11 所示）。

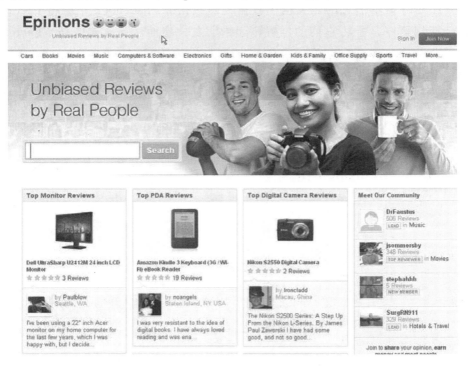

图 5.11　Epinions 网站

　　通过使用移动分析，参与消费者轮廓也可以形成，从被动到半主动参与者，到参与营销的王牌——品牌控。为了吸引更多具有相似偏好和影响的人群，挖掘移动设备需要注重识别这些"品牌控"。在这个社交媒体、短信、电子邮件和其他个人通信爆发的时代，创造了强烈情感和个人联系的品牌，往往有较高的吸引力和客户忠诚度。

挖掘移动设备可以瞄准传道消费者，他们可以作为品牌的共同营销者。通过参与营销的战略使用，公司可以邀请消费者成为移动营销活动的联合制作人，如特定的口号、设计、部件、视频和其他病毒式促销广告。

对移动营销人员和开发人员来说，利用社交网络的沟通和影响力是一项重要的渠道。随着在朋友间交流和分享信息的方法，可以由移动市场商通过专注于社交媒体活动和指标的广告机构量化，社交网络的地位日趋重要。

Factual^{TM}（http://www.factual.com/，如图 5.12 所示）就是这么做的。他们从那些主要关注业务基本信息的非结构化数据构建数据库。Facebook 正在将 Factual 植入其 Places 应用程序，并将它们的位置传递给朋友。然而，更重要的是，Factual 正在从这个"非结构化数据"创建一个本体，作为在互联网上社会媒体信息的发现，自动查找和整理这些数据到分段类，然后为急于购买移动营销应用程序的公司提供这些分段类。

图 5.12　Factual 数据网站

Factual 的 iPhone SDK 可以帮助开发人员和营销人员，迅速将其 iPhone 应用程序连接到 Factual 的数据集。Factual 对于利用大规模聚合和社区交换的应用程序开发人员来说，是一个开放的数据平台。例如，数据集包含数百万国内外的本地业务和兴趣点，以及关于娱乐、零售、健康和教育的数据集。

Factual 为开发人员构建移动应用程序提供了一套简单的数据 API 和工具。在某些情况下，使用 Factual 创建应用程序的开发人员，甚至可能从他们的用户众包数据得到报酬。Factual 就是原始的 Applied Semantics，它使用自然语言创建匿名消费者类别。他们还开发了 AdSense，被 Google 收购的上下文关联广告平台。

5.13 人工智能移动设备

SohoStarCorporation（http://sohostar.com/main.html）推出了一个网络和具有人工智能功能的产品，完全重新定义了"智能"移动设备的含义。SohoStar 的母公司是一家先进智能网络公司，发布了一个为移动设备和各种数字通信设备开发的高可扩展操作系统——David^{TM}。David 利用人工智能技术，从用户个人请求来"学习"，并创建一个用户配置应用因素，如年龄、兴趣、知识等。David 在本地保留了数据，并且服务于社交媒体、图片、内容和电子邮件，只对那些指定的用户提供个人信息。

David 激活了一个虚拟形象，具有来自其他 David 设备蜂巢的援助，提供 VoIP 统一通信、网络和文本通信、会议和多媒体流，以及能源管理和控制。David 提供反盗版内容服务，收取使用费并且遵循信息租用加密协议。

有了严格的保护，David 内置模板从任何地方的任一 David 节点激活正在运行的应用程序——真正的云计算定义，软件即服务（SaaS）。软件库分享信息，并保护整体数据库免受网络攻击。David 使用的存储固件只有 200KB，可以独立管理一台设备或与 Linux 共存。为了使之像云一样直接连接，David 开通了 Android 的 Java 扩展。

SohoStar 打算通过其国家特许经营网络提供全球传播服务。其第一个成立的公司是 SohoStarRwanda，由众筹支持。David 是一个由大约 10000 行 C 语言代码编写而成的面向对象实时操作系统。最初是为非常大的电话事务处理系统而设计的，David 包含一个具有多个词法分析器工具的完整 LALR 解析器和一个独特的跟踪检测系统。David 设计用来激活逻辑还原算法，以动态生成运行的解析器规则，并修改解析器。这可以从对话分析中激活生成应用程序。

　　David 包含一百多个内置数据类，其中包括 X.208/X.209 ASN.l 类。David 用对象定义结合架构定义形成完整的数据库能力，并不需要 xSQL 的完全支持。有了 URI 的门户界面，David 可以利用其他系统 xSQL 资源。David 利用支持多编程语言定义的 AINC 神经元编译器，合并用 Java、Ruby、Smalltalk、C++、PHP 和其他面向对象语言编写的应用程序。

　　David 为 N+1 容错设计，允许多系统协调以及加载共享的应用程序和服务。David 架构允许热备份和分布式应用程序资源恢复，特别是对关键服务系统，如 9-1-1 开关。

　　David 编程体系结构涉及热交换现场应用的能力，包括支持小区切换的 VoIP（互联网协议语音）处理转移。

　　David 应用程序安装界面提供了完整版本、编辑和资源管理，来搜索和解决数据定义、类和应用问题，并确保连接是明确定义的。本质上讲，如果安装程序不能解决所有数据定义、库函数和应用程序接口问题，应用程序本身来完成。

　　不管是不是成功的加载，David 都支持多常驻库函数的固有版本。如果应用程序工作正常，在修订更新期间它永远不会降级。因为该系统打算用于现场网络访问，系统总是与其他 David 设备交流，分享定义、应用、接口和蜂巢内服务。私密性和稳定性对 David 的设计至关重要。多种强加的政策限制了用户、系统、程序和全局数据的方方面面，还有需求和升级对评估场景造成威胁，使必要的行动和访问受到限制。

5.14　企业对企业（B2B）营销分析

　　企业惊人的移动设备使用率——据 Strategy Analytics（Strategicanalytics.com）统计，2011 年，世界范围内的使用量达 1.74 亿台——B2B 营销者需要花更多的时间，专注于自己的移动设备营销策略，特别是与通过数据挖掘移动设备的其他行业相比，B2B 移动电子邮件打开率最低时。移动设备激活的邮件不能作为标准通信的更小版本，它仍然有效。当相应调整活动时，营销人员必须了解移动用户的细微差别。当通过电子邮件和分析进行 B2B 营销时，以下 5 点是主要考虑的。

　　（1）可读性：电子邮件在移动设备上应该易读。然而，由于大多数电子邮件包含链接和推荐，开发人员和品牌必须确保其目的地页面是移动设备优化的。没有什么比点击链接然后打开一个标准 Web 页面，更令读者沮丧的。典型后果是放弃和品牌腐蚀。

（2）时间：公司和品牌可能已经根据最佳开放/点击率，检测和识别了发送电子邮件的最佳时间。但是，随着移动设备的高度普及，他们可能看到那些比率在下降。为什么？因为很多企业用户不会在移动设备上打开不必要的邮件，或者用计算机打开。品牌和公司可能会发现，当移动设备用户在非工作时间去查看他们的收件箱时，他们更容易成功。要不断地测试，来为移动设备或"混合"活动确定最优时机。

（3）内容：目前，具有独特、相关的内容要比以往任何时候都重要，因为用户是在多个平台被同一消息轰炸。通过发送过多、无关紧要、冗余内容，移动设备市场商可以"击退"消费者。而产生新内容是极具挑战性的，让一个客户在移动设备频道参与非常重要，这是直接而残酷的。

（4）分析：明确地说：知道哪些客户在使用移动设备。这一信息可以帮助品牌和企业调整他们的营销策略，并决定其预算的去向。

（5）测试：撇开其他不谈，在移动设备即时启用的世界，计划和测试每一件事至关重要，品牌和公司必须衡量每件事。使用人工智能工具，建模并预测移动设备及其使用者，如何响应内容、节奏、时间，并不断基于这些结果优化推荐和内容。

5.15　映射移动设备

正如前面提到的，这种不定向、无监督知识发现的类型最好用神经网络 SOM 程序执行。多年来，SOM 软件一直用于市场购物篮分析，发现谁、何时、何地买什么。然而，这些软件从来没有用于活动着的移动设备营销。这是移动设备数据挖掘的首要任务。自主聚类是一种数据挖掘分析，由数据驱动，而非营销人员或品牌驱动。以下是在人工智能领域，一些最先进的聚类数据挖掘公司。

❑ BayesiaLab：该公司提供贝叶斯分类算法，来自动聚类移动行为变量到不同的消费者群体。贝叶斯网络是一个图形化概率模型，用户可以通过它获取、利用和开发知识，特别适合于考虑不确定性因素，贝叶斯网络或信念网络是一种概率图形化模型，代表一组随机变量及其条件依赖关系（如图 5.13 所示）。

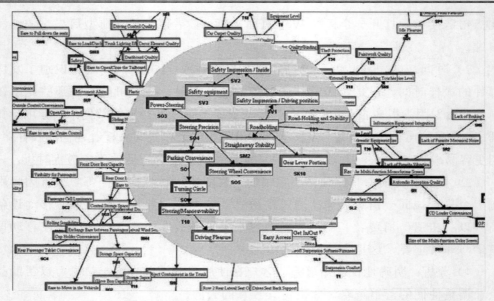

图 5.13　　贝叶斯网络分解移动设备的输入属性

　　例如，一个贝叶斯网络可以代表某些移动设备和消费者偏好之间的概率关系。鉴于这些偏好选择，网络可以用来计算 Apple 或 Android 移动设备和由零售商或品牌提供的某些产品或服务的存在概率。贝叶斯网络是用来分析数据，以诊断聚类和这些影响的结果概率分布。贝叶斯网络是一个图形化模型，表明了位置和兴趣变量中的概率关系，这对于挖掘移动设备的隐藏关系发现，有许多优势。

　　使用贝叶斯网络的软件有几个优点。首先，因为模型在所有变量之间存在编码依赖关系，它容易处理一些数据条目缺失的情况，这是一种数据挖掘零售数据的常见困境。第二，贝叶斯网络可以用于学习因果关系，因此可以用来获得对问题域的理解，并预测干预的结果，例如，对哪些移动设备提供或交易哪些内容。最后，由于模型既有随机语义又有概率语义，这是在大数据集结合先验知识挖掘移动设备的一种理想表示，换句话说，分析师或市场营销人员知道如何表述一个贝叶斯网络的结果。

　　该软件范围广泛，不容忽视，所有的可能性都要考虑。BayesiaLab 是一种理想的工具，可以用于分析一群客户的移动设备使用情况和态度，还可用于满意度调查问卷分析、品牌形象分析、分段、消费者或产品的聚类和划分、与新产品和多部移动设备相关的亲和力分数评估。BayesiaLab 市场模拟器是一个程序，通过该程序，开发人员、品牌或营销人员可以比较一组竞争的影响，该影响与移动设备、消费行为和分组的定义人口有关。

- ❏ Viscovery（http://www.viscovery.net/）：是世界上最好的神经网络 SOM 聚类科技公司，同时也是最强大的无监督知识发现程序之一（如图 5.14 所示）。

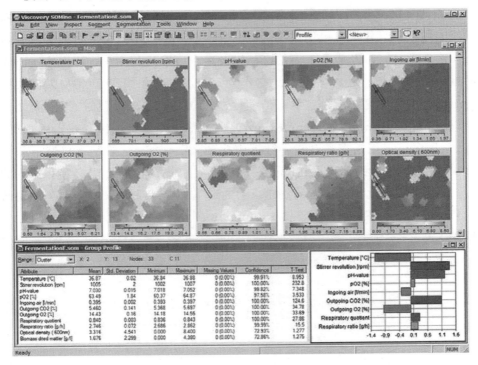

图 5.14　Viscovery SOMine 可以用图像为移动挖掘者显示资金分布

移动设备挖掘者可能不了解公司的业务，以及其创始人克雷默博士的贡献。这样，会使他们在与对手的竞争中处于劣势。来自 Viscovery 的 SOM 软件可用于挖掘移动设备，主要针对目标群体规范和基于历史移动行为的活动设计。该程序可用于客户划分和评分、流失预防、移动关键性能指标分析、用户移动分析和经验数据的集成。Viscovery 提供其 Austrian 软件的免费评估。

- ❏ PolyAnalyst（http://www.megaputer.com/site/polyanalyst.php）：是来自 Megaputer 的一种基于俄语的软件，提供了基于一种异常（LA）定位算法的聚类分析。此软件中提供几乎比业内任何人更多的数据挖掘算法，包括 SPSS（现在的 IBM）和数据分析巨头 SAS。Megaputer 有一款动态软件产品，称为

X-SellAnalyst[TM]，可以使移动设备网站向移动设备访客实时推荐新产品。

X-SellAnalyst 提供符合个人访客需求的产品或服务，建立客户忠诚度。

　　X-SellAnalyst 在可用的业务数据上自我训练，开发和存储一个"推荐过滤器"，可用于快速计算最具吸引力的交叉销售机会。一旦被训练，X-SellAnalyst 可以作为一个智能的顾问，只建议有最佳被购买机会的产品。X-SellAnalyst 可伸缩性强，可以在数据上快速训练，涉及成千上万的产品以及数百万客户和交易。X-SellAnalyst 可以很容易地集成到任何移动设备网站。它作为一个组件对象模型（COM）模块打包。X-SellAnalyst 的特点之一就是它的可伸缩性。10 万件产品的计算时间只有一个毫秒。

❑　perSimplex（http://persimplex.biz/）：是基于模糊（连续）逻辑的聚类软件。该程序可以用来在移动设备数据中找到隐藏连接。这是基于自然形态分析的软件——模糊逻辑。perSimplex 能够通过可视化设计处理交互和行为数据，来影响移动设备营销者的决定。它通过生成曲线造型来实现，在移动设备活动中澄清隐藏关系（如图 5.15 所示）。

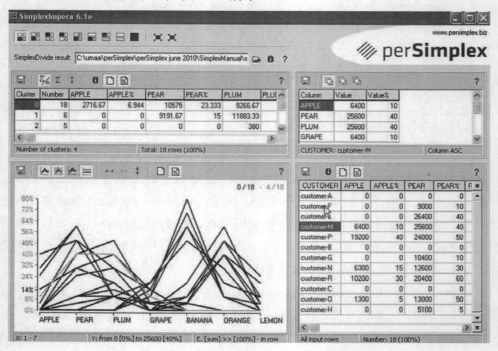

图 5.15　perSimplex 移动设备映射团簇

perSimplex 从大量数据源中选择相关的信息，并使用模糊逻辑技术创建基于数据曲线自然形状的聚类分析。模糊逻辑是一种近似行为推理的形式，而非固定逻辑或精确图形。它粗略估计来复制人类推理方式，而不是通过直接的黑色或白色推理。它是一种连续逻辑。

perSimplex 快速、简单，能够识别自然数据集群和数据异常。模糊逻辑软件可以识别适当的集群，有能力区分相似度，并且可以通过其专有扁平化的集群算法，为线性计算的复杂性，识别异常的输入数据。换句话说，通过使用这种程序，应用程序用户或移动站点访问者的划分可以被开发人员、营销人员或品牌，以一种非常细粒度的、高度精确的方式估算出来。

案例研究：移动分析

❑ ShopkickTM（http://www.shopkick.com/）：是第一个对购物区域内用户提供奖励和折扣的移动设备应用，其他功能可以使客户通过扫描产品和试穿衣服来获得额外奖励。这是一种零售商熟知的激励活动方式，可以促进现场购买。对于应用程序的推出最有意义的是已经背书公司的全明星阵容，梅西百货、百思买、美国鹰牌服饰和 Sports Authority 都在他们的商店推出了 Shopkick，还有美国最大的购物中心业主西蒙地产集团。

Shopkick 活跃于纽约、洛杉矶、旧金山和芝加哥的大约二十多个西蒙购物中心。西蒙计划在其一百多处地产中推出该应用。该应用开发的目的是为了鼓励更多的店铺访问。要使用 Shopkick 的商店需要在现场安装位置设备，当安装了移动设备应用的客户进入商店时，该设备可以发出无声的音频信号。在西蒙地产，该设备被安装在商场的入口，以及美食广场和公共区域。Shopkick 音频发射器比标准的 GPS 技术精确度高许多，安装成本不到 100 美元。

❑ Usablent：为改造和优化移动设备网站内容和应用程序，Usablenet（http://usablenet.com/）提供了一个领先的技术平台。以下是它们的一些客户。

➤ 费尔蒙特酒店：根据定义，费尔蒙特酒店（http://www.fairmont.com/）的客户是旅行者。重要的是能够在移动设备上与客户接触，与其建立更紧密的关系，在查询和预订的鸿沟间搭建起桥梁。费尔蒙特酒店与Usablenet 签约开发一个应用程序，能使常客和首选客户用幻灯片的形式浏览费尔蒙特酒店的实景照片。可以通过主题，搜索酒店套餐、预定或更改预订，并了解酒店周边的景点和活动。

> 石榴山（http://www.garnethill.com/）：开始只是一个英国的法兰绒床单进口商，现已发展成为一个杰出的品牌和多渠道市场商。在其推出移动网站之前，80%的受访用户表示无法完成一个产品购买，其中，45%的客户由于网站无法加载而放弃了交易。石榴山推出了由 Usablenet 建立的移动商务网站。两个月内，公司的移动销售增长了 300%。

> PacSun（http://www.pacsun.com/）：一个领先的乐享服装和饰品的主要供应商。在许多方面都走在前列，成为时尚男女的首选。公司通过一个优化的移动商务网站销售其产品，与 Usablenet 合作创建一个全功能的应用程序，可以使顾客在应用程序内购买任何产品。

❑ Placecast（http://placecast.net/）：通过其 ShopAlerts 服务与许多品牌合作，这是一种基于选项、地理位置的移动营销解决方案。它根据客户的位置、时间、用户偏好和 CRM 数据，为每个用户提供高度相关的短信定制服务。其客户如下。

> 北面：Summit Signals，北面基于位置的消息传递程序，可以使品牌的粉丝们保持联系，了解最新装备、当地活动、赞助体育活动和户外活动的技巧。

> 白宫黑市：Fashion Alert，白宫黑市基于位置的移动程序，为该品牌的客户提供专享服务和产品推广，以及新产品独家内幕和 VIP 商店活动。

> Sonic：SONIC Drive-In 客户使用餐厅的 SonicSignal 程序，当客户进入创建的 SOMIC 餐厅附近地理围栏区域时，会收到一个特殊的促销活动和折扣信息。

> O2：Placecast's 与英国第二大移动运营商 O2 合作，使 ShopAlerts 直接被运营商使用，为二十多个品牌和广告客户以及一百多万个订阅者服务。

❑ MobilePosse：MobilePosse 最近与福特合作，在其 Taurus 模式下，通过移动设备来帮助驱动兴趣，推出了待机画面广告。待机画面广告的平均点击率达到 20%，取得了骄人的业绩。福特还与移动营销服务供应商 MobilePosseInc 合作，为其 Taurus 移动网站增加了购买考虑和相关消费者。在其移动网站，客户可以查看产品视频，寻找经销商，以及获得更多的信息。

- Medialets: Medialets 与几个客户合作推出了流动富裕媒体营销活动。其客户如下。

  - HBO: 该创新应用广告利用一种戏剧性的方式，推广 HBO 的"真爱如血"系列。采用触觉特性，用血腥的指纹作为用户与屏幕的交互。接下来是一个透明的叠加层，显示血滴下来的效果，还有预告片的视频链接。在"真爱如血"粉丝和广告社区使用创意非凡的嗡嗡声，这是公认的优秀流动富媒体。对于移动设备来说，这是一个关键的营销策略，涉及社交媒体、娱乐，年轻消费者对热播剧的震撼。

  - 摩根大通: Medialets 创建和建立了一个富媒体移动广告，设计了一个 Chase Sapphire 卡。当倾斜时，会"溢出"奖励并链接到移动网站，用户可以了解更多关于奖励和卡片的信息。

  - BayesiaLab: 与客户相关的移动数据库，可以使用数据挖掘方法精心配置。这些配置可以给营销部门带来客观的信息。通过选择具有高可能性的积极回报前景，它们同样可以被用于降低活动的成本。BayesiaLab 用于分析多形式银行移动设备产品的客户配置。使用的数据库包含描述客户的各种变量，如年龄、社会专长、性别等。它也有银行账户变量，如透支功能、消费率等，还有其他银行产品的形态。

贝叶斯网络代表可以包含在一个数据集的所有概率关系。例如，其马尔科夫毯学习算法只允许集中搜索描述目标移动设备的变量。贝叶斯网络可以用来为新客户预测银行产品。当 BayesiaLab 返回相关的概率预测时，通过使用最可能输出的目标移动设备，使用其概率有可能降低营销活动成本。

案例研究：移动设备银行

根据总部设在波士顿的分析公司 Celent 的报告，越来越多的银行正在寻求利用数据分析为客户提供更完整视角的核心系统。该报告题为"中型银行核心银行解决方案：全球视角"（http://www.celent.com/reports/core-banking-solutions-midsize-banks-global-perspective-0），调查了资产在 10～200 亿美元之间银行的核心解决方案，他们的未来就在不断增长的移动领域。

除了增加的分析功能，Celent 发现银行也在寻求一个多渠道、集成的核心银行解决方案。这份报告指出：多渠道选项，如 ATM、移动设备、网络和 IVR（交互式语音响应），对吸引和服务客户至关重要。核心银行解决方案也将促进产品开发，并提供灵活的自定义功能。

该报告还提到了一个内部实现的"主要偏好"。特别是在发展中国家，银行更倾向于托管实施的内部实现。Celent 指出：在许多情况下，指定的国家并没有托管选项。同时也注意到，在当前的经济形势下，移动设备核心银行置换需求的减少。转向核心银行解决方案的银行，在南亚、中东、亚洲和非洲占比例相对更高。然而，它们并没有通信基础设施，但移动设备可以轻松介入。移动设备将是未来的主要趋势，世界上的绝大多数人将会用它来检查支票账户余额，查看他们的抵押贷款和储蓄账户。

□　CART®

舰队金融集团，是总部位于波士顿的金融服务公司，其资产超过 970 亿美元。目前，该公司正在重新设计其为客户服务的基础设施，包括一个价值 3800 万美元的数据仓库，以及营销自动化软件投资。这个高价值信息存储库中有 1500 多万个客户，它可以从中获利。Fleet 分析师使用加州信托银行索尔福德系统（http://www.salford-systems.com/en/products/randomforests）来了解其客户，更好地锁定产品促销活动，就像信贷资产净值越来越倾向于移动设备一样。

为此，Fleet 需要了解客户的财务状况和购买习惯，以便为公司的第三季度房屋净值产品推广锁定邮件列表。建模过程的第一步是收集历史数据，来创建数据挖掘模型。团队选取了一个约有 20000 客户的样本，Fleet 都有他们的反馈记录，包括过去 100%盈利的受访者，以及过去 2%的非受访者。

然后，数据集被转移到 CART 来显示数据的交互。当数据反馈到 CART 时，软件自动生成决策树的分支或节点，并显示二进制数据分割的层次结构，还有数据集的无数变量及其交互作用。该分层将近百个预测变量简化为 25 个更紧凑的数字。此外，CART 节点提供了可能性比率，可以用来理解为什么一个分段会比另一个更灵敏（如图 5.16 所示）。

通过预测，他们将执行信用额度的预期平衡点，以及从另一额度的转移量，CART 模型说明了某些"最好"的受访者特征。此外，CART 结论描述了受访客户的主要特征。这些预期要么不可能回应 Fleet 产品报价，因为他们有大信贷额度的需求，要么同等重要，他们会做出回应，但随后信贷额度的使用将不会使银行盈利。Fleet 继续使用 CART 更深入地了解顾客，这样，信息可以应用于分类和分段应用程序。

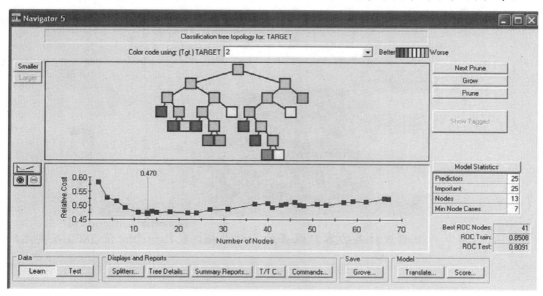

图 5.16　操作中的 CART

❑　STREAMBASE

BlueCrest 资本管理公司总部位于伦敦，是欧洲先进的对冲基金公司，管理的资产超过 150 亿美元。他们组建了一个团队，开发最先进的市场数据管理系统。BlueCrest 跨多市场大范围使用数据消息，每天 24 小时均可交易，一周工作 6 天。当优化必要的数据来源许可证管理时，BlueCrest 需要将数据迅速导入到实时模型。他们使用 StreamBase（http://www.streambase.com/，如图 5.17 所示），结合了快速上线的事件处理，设计了一个解决方案。

Visipoint 是自主聚类和可视化的 SOM 软件。除了组织关键概念，该聚类软件可以用来自我组织移动设备行为。移动设备也可以通过文本分析软件，被聚类到服务和产品线的关键段。例如，移动网站访问者可以分为那些对体育、财经、音乐或其他主要热门类感兴趣的群组。

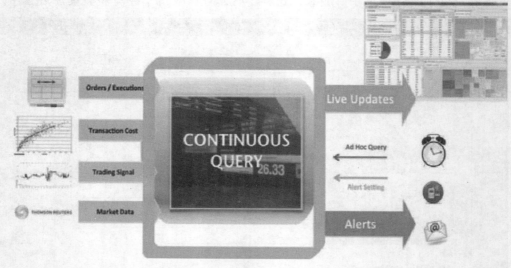

图 5.17　移动数据的流分析

5.16　文　本　分　析

　　文本分析，有时也被称为数据文本挖掘，是指从非结构化内容提取高质量信息的过程，如微博、电子邮件和在线评论。通常是通过模式和趋势的设计，通过像统计模式学习这种手段来提取高质量的信息。文本分析通常包括构建输入文本的过程——一般通过添加一些提取的语言特性和删除其他的特性来解析，随后插入到数据库——在一个结构化数据集中导出模式，最后对输出做出评价和诠释。

　　文本分析通常是指来自移动行为和偏好的某种相关性、新奇性、兴趣度的组合。典型的文本挖掘任务包括文本分类、文本聚类、概念/实体提取、粒度分类、分段分析、文档摘要和实体关系建模（例如，命名实体之间的学习关系）。文本分析包括信息检索、词法词频分布分析研究、模式识别、标记/注释、信息提取，而数据挖掘技术包括链接和关联分析、可视化以及预测分析（如图 5.18 所示）。从本质上讲，其总体目标是通过应用自然语言处理（NLP）和分析方法，将文本转换为数据来进行分析。

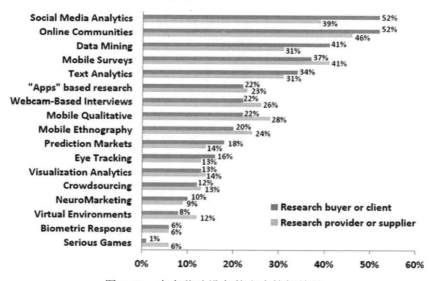

图 5.18 来自移动设备的文本挖掘结果

一种典型应用是扫描一套文本、评论、博客或自然语言编写的文档，既为预测分类目标的文档集建模，也填充数据库或用提取的信息搜索索引。以下是一些主要的文本分析软件，这些软件使用起来相对简单，通过对消费者分段分类、情感品牌、社交和移动信息的收集，执行非结构化内容的数据分析，可以为移动设备挖掘文本产生重要的结果。

❑ ActivePoint@（http://www.activepoint.com/）：交互式搜索和产品建议的文本挖掘软件，其专利 TX5 系统是一种语境对话型自然语言系统，该系统与利用基于规则推理和算法的引擎结合。TX5 系统能够使移动设备网站自动化。该软件的独特之处在于，它不仅有找到产品的能力，还可以引导、说服、建议相关产品、回答消费者问题、比较产品、处理异议，并提供替代方案。它可以鼓励移动设备购买，就像现场销售助理。

❑ Aiaioo Lab（http://twitter.com/aiaioolabs）：文本分类和情感分析软件。移动
设备评论和产品或服务的信息，常常表达积极或消极情绪，这对收集和总结
很有价值。该任务需要将产品或服务表达转化为积极、中性或负面话语的分
类。该任务被称为情绪分类。这就是软件对移动设备做的事。

❑ Attensity（http://www.attensity.com/home/）：可以从文本直接提取"谁""什
么""何地""何时""为何"，以及彼此之间的关系。Attensity 提供了一
套集成的应用程序，允许挖掘移动设备来提取、分析、量化，并按照来自非
结构化内容的客户对话采取行动。公司提供承载、集成和独立的文本分析解
决方案，从模拟移动设备的非结构化数据（如图 5.19 所示），来提取事实、
关系和消费者意见。

图 5.19　Attensity 的消费者文本挖掘分析报告

❑ Clarabridge（http://www.clarabridge.com/）：可以执行意见和概念提取。它
可以从应用程序或移动设备网站，将基于文本的内容转换为定量且易消费的
报告和分析。Clarabridge 提取语言内容、分类，并分配意见评分，来区分"谁"

"什么""何地""如何""为何"的客户体验，使数据在市场商和品牌的
各种界面上更易理解。

❑ ClearForest（http://www.clearforest.com/）：从移动设备网站、博客、微博、
电子邮件、短信等归纳出语义。其 OneCalais 算法使用自然语言处理（NLP）、
文本分析和数据挖掘技术，从非结构化信息归纳语义。软件使用具有隐藏代
码的数据流和社交标签，为每一块内容分类。联邦调查局使用该软件为反情
报分析监控移动设备。

❑ Crossminder（http://www.crossminder.com/）：分析移动网站、短信、电子邮
件的一种自然语言处理工具，可以在语言和非结构化内容含义发挥核心作用
的地方帮助自动化流程。该软件还可以识别市场趋势，解释和预测移动设备
行为，开发词汇术语的类别，如那些相似和非相似的。

❑ dtSearch@（http://www.dtsearch.com/）：快速索引、搜索和检索软件，可以
组织数以百万计的文本。dtSearch 产品线可以在移动设备网络和移动设备网
站即时搜索 TB 级的文本，并为市场商对其进行有见地分类。

❑ Lexalytics（http://www.lexalytics.com/）：为社交网络监控进行非结构化文本
转换。该软件可以自动提取公司和品牌，理解直接指向它们的情绪（语调）。
它通过任何文本的类型来实现。Lexalytics 使用主题分析，理解其在对话中
出现的概念。它使用这些主题来理解人们自然地用来表达他们对品牌看法的
语言。在成千上万的概念和会导致对潜在偏差语义映射更大理解的实体中，
机械处理情感。软件可以被集成到移动设备应用程序和网站，来获取关于品
牌忠诚度的指标。

❑ Leximancer（https://www.leximancer.com/）：其软件作为一个"概念映射"
描绘主要概念及其关系，可以在主题或者概念中被查询。情感正在成为移动
设备市场商的一个关注焦点，特别是在当今互联环境中。它可以回答关于品
牌移动设备在说什么和为什么的问题。

❑ Nstein（http://www.nstein.com/）：移动设备网站内容管理的语义网站。其文
本挖掘引擎（TME）有助于从内容中提取价值，并使其最大化，同时减少内
容相关的成本。用其专利算法，Nstein 为简单识别、联想创建一个"语义指
纹"，来为品牌识别内容中的细微差别和意义。

❑ Recommind[@]（http://www.recommind.com/）：该工具可以使用概率潜在语义算法进行自动分类。Recommind 由其语境相关性优化引擎（核心）平台加强，这是一种完全集成的技术，可以交付最准确的信息、不同的语言、信息类型，或者概念搜索和分类的量。这种类型的软件可以被具有国际移动网站和应用程序的品牌使用。

还有为消费者设备分段、分类和预测的机器学习软件，这些类型的程序可以生成图形决策树，以及移动设备行为的预测规则。以下小节包含一些最强大且有效的行为、演绎、预测、建模和极其精确的分类软件。

5.17　行　为　分　析

尽管移动设备销售被认为是新残局，该市场也将从 Facebook、Twitter、Square和其他社交媒体参与者中获得极大的增长。虽然预测者之间存在差异，但移动交易显然已经成为品牌、零售商以及产品、服务提供商的一个重要收入来源。根据comScore（comScore.com）统计，在线假日消费激增 15%，超过 350 亿美元，整体零售电子商务增长 13%，达到 1615 亿美元。这是由消费者移动设备比价和付款应用程序使用的加速所驱动。

这项活动由 Square 推动，通过充当商家和支付网络（信用公司和银行）之间的媒介，利用所有的移动设备逐步促进移动消费者交易。除了确保消费者个人信息安全和提供有效的用户折扣优惠，Square 还创造性地使用基于本地和社交媒体应用程序的组件，这些正在驱动大量的竞争性移动支付解决方案。

据 Wedbush Securities（Wedbush.com）估计，移动设备交易机会巨大，Square的 4 支付网络（Visa、万事达、AmericanExpress 和 Discover）的交易量超过 6 万亿美元。

难怪 Facebook 和 Twitter 积极抢占移动广告市场，以寻求更大的发展。社交网络把这作为交易终端的一种手段。

Facebook 使用"喜欢"和"拥有"按钮以及新的时间轴，将特色故事（或相关营销激励帖子）插入到移动设备新闻中，直接面向其 4.25 亿活跃移动设备用户。Facebook 最近宣布了一项与英国移动计费和分析供应商 Bango（http://bango.com/）

的合作，被认为是超出其 Facebook 信用卡项目，朝其基于浏览器的移动平台货币化和扩张迈出的一步。

美国国内移动设备广告市场估值达 20 亿美元，这是通向一个较大的移动交易市场的跳板，并可以逐步被所有竞争者共享。Facebook 公布了其美英在线显示广告收入的份额以及对小型企业的依赖。它必须在移动交易中扮演重要角色，来证明其提出的 1000 亿美元公共价值。

移动设备交易市场的数据挖掘竞争来自各个角落，包括 Twitter，它宣布与美国运通合作扩张其自我服务广告计划。它的目标是吸引中小型地方企业，这样移动交易和营销对所有相关方才会实现双赢。另外，该程序将向所有信用卡用户开放。

基于位置的互动将广告和营销转化为安全单击销售的前奏。

当越来越多的市场商意识到交易收益可以衡量 ROI（投资回报率）时，由 Facebook 保护和挖掘的直通消费者途径将会占一点优势。扬基集团最近的一份调查显示，消费者价值银行业务与交易应用仅次于移动设备中最重要的社交网络应用程序。一个简单而令人印象深刻的迹象是，他们已经使用这些强大的口袋电脑（移动设备）从容而又安全地进行个人交易。

这是下一阶段增长的力证。迄今为止，我们所见的只是，所有消费者在生活中学着使用移动设备而即将展现的是消费者利用连通性使其生活方式货币化。一个小的新经济领域竞争正在进行。以下是一些移动设备数据挖掘的软件工具。

- ❏　AC2：AC2 是建立决策树的一种图形工具。它可以创建分段模型，生成分类报告和交叉表。软件生成数据变量间依赖关系的实用动态措施。它把相似的个体重新划分成移动设备行为的特定类型分类，并与大量数据集做对比，做出移动营销预测（如图 5.20 所示）。

- ❏　Angoss KnowledgeSEEKER：多分支树和规则生成器分段软件，这是市场上最强大、最古老、最健壮的分类程序之一。对移动设备营销人员或开发人员来说，这是一个非常有效和精确的移动设备挖掘工具。它使用基于 CHAID 和 CART 算法变种的 4 种算法。软件有一个先进的算法控制和用户首选项来调节树生长，并可以用结构化的英语、泛型、SAS、SPSS、SQL、Java、PMML 和 XML 生成代码。代码可以被纳入到应用程序和移动设备网站，来提升相关性、收入、忠诚度和品牌。

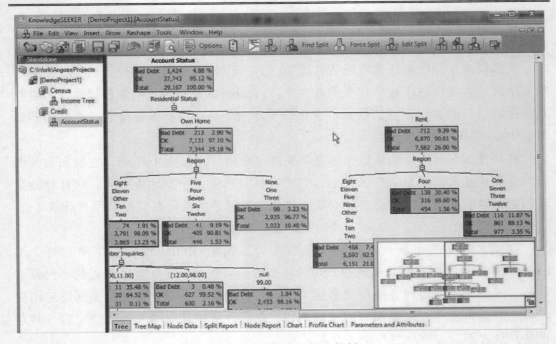

图 5.20　目标移动的决策树

❑ **C5.0**：构造决策树形式的分类器和预测规则。该程序引进了"信息增益"算法，设计分析数字、时间、日期或名义上的字段。它由 ID3、C4.5、FOIL 和 C5.0 算法的作者罗斯·昆兰博士创建。

❑ **CART**：为移动设备行为预测模型创建简洁的决策树。这是健壮的、易用的决策树软件，可以为应用程序和移动网站的预测模型自动筛选大而复杂的数据库，搜索和隔离重要模式和关系，例如，通过移动行为发现最好的前景和客户。

❑ **DTREG**：可以生成分类和回归决策树，作为一个整体合并起来，形成一个"决策森林"（如图 5.21 所示）。决策森林生长出许多并行独立树。其模型具有较高的精确度，无法用单一树模型获取。决策森林可以在机器学习和人工智能领域，构建现行最精确的模型。

❑ **PolyAnalyst**：由 Megaputer 开发，包括信息增益决策树和其他算法。它通过预测、建模、分类、聚类、关联分组、链接分析、多维分析和移动行为交互式图形报告，来支持数据预处理。

DTREG

Software For Predictive Modeling and Forecasting

DTREG offers the most powerful predictive modeling methods:

- Multilayer Perceptron Neural Networks
- Probabilistic Neural Networks
- General Regression Neural Networks
- RBF Neural Networks
- GMDH Polynomial Neural Networks
- Cascade Correlation Neural Networks
- Support Vector Machine (SVM)
- Gene Expression Programming - Symbolic Regression
- Decision Trees
- TreeBoost — Boosted Decision Trees
- Decision Tree Forests
- K-Means Clustering
- Linear Discriminant Analysis (LDA)
- Linear Regression
- Logistic Regression

图 5.21　DTREG 的多种算法

5.18　流　分　析

移动设备数据挖掘需要使用演绎和归纳"流分析"软件，由事件驱动，来链接、监控并分析移动行为。这些新的流分析软件产品对移动设备消费者事件做出实时反应。以下是流分析产品的两种主要类型：

（1）演绎流程序基于用户定义业务规则的操作，用于监视多个流的数据。当消费者事件发生时做出反应。

（2）归纳流媒体软件产品通过聚合、文本和分类算法，使用源于数据本身的预测规则。这些归纳流媒体产品基于全局模型构建其规则，模型涉及源自多分布式数据云和网络的分段与分析。

这些演绎和归纳软件产品可以在不同的地点，使用不同的数据格式，从大量的数字化数据流，使用多个模型进行实时预测。

❑　Progress@：当移动设备交互发生时，可以激活调节器。出入移动网站或企业的移动设备事件流进和流出很巧妙，如一个应用程序进入 Wi-Fi 热点，或者是当移动设备进入商店或购物中心的地理围栏时就被定位。对这些消费者移动设备事件的实时反应能力，可以为营销人员、零售商或品牌带来了竞争优势。

广告速度和不断变化的营销环境意味着，传统处理移动设备行为数据的方法已经落伍。面对人类消费者的现有营销解决方案之所以过时，是由于为移动设备提供的目标信息相关性太小。Progress®Apama®事件处理平台使用仪表盘，使关键性能指标（KPI）即时形象化，还可以监控移动设备的活动。这种流分析软件可以为移动着的设备生成产品和服务，实时查看操作活动。处理平台监控快速移动的事件流，检测并分析重要模式，并在毫秒级的时间做出反应，不论是基于位置还是兴趣。有了这种类型的流媒体软件，移动设备事件营销可以被分析，提高决策到新的水平，并显著提高移动设备数据挖掘的精度。

❑ Splunk 是一种流分析软件，收集、索引并利用所有应用程序、服务器和设备生成的快速移动数据——物理的、虚拟的和在云中的。它负责解决应用问题，并在几分钟调查安全事故，而不是几小时或几天，避免服务退化或中断。以较低的成本满足合规性要求，并获得新的商业信息。

战 略 构 想

移动风靡一时：风投们已经开始行动，投入大笔资金到以移动为中心的公司。不仅仅是移动领域，移动商业市场领域的淘金热潮也正在兴起，从移动支付到移动优惠券，到基于位置和兴趣的折扣，再到 MoLoSo 模型 —— 集成移动设备、位置、社交的技术。对于首席执行官、品牌和其他企业来说，大问题是他们目前真正需要了解数据挖掘移动设备的哪些方面。下面列出基本的需要考虑的问题。

首先，品牌和开发人员应该知道移动商业已经摆在眼前。根据 eMarketer（eMarketer.com）统计，超过 50%的美国人持有移动设备，Apple iOS 和 Google Android 平台的市场份额最大。

而这对"新兴的"市场是一个惊人数字。请不要忘记，移动商业仍只占零售总额的 0.5%。移动商业和革新还处在初级阶段。"应用程序"概念的提出还不到 5 年。尽管技术和市场屡战屡捷，它仍然是一个有待提升的早期市场，包括品牌和市场商的移动设备数据挖掘。

这些移动设备功能强大，消费者随身携带并可以用它们做出购买决定。已经有79%的消费者使用移动设备来辅助购物。未来几年，该数字将呈现指数级增长。例如，星巴克在移动支付、交易和金融方面都是世界领先的。星巴克的 iPhone 和 Android 应用程序，可以使顾客检查账户余额，使用任何主要信用卡在应用程序上充值，并查看之前的交易记录。客户也可以从移动设备下订单，在设备上接收条形码。商家扫描条形码来完成注册支付，越来越多的零售商将使用这种零售模式。

"使用移动设备购买咖啡"这种看似简单的事务，已经向人们全面展示了移动商业。购买咖啡并不是进行移动商业尝试的唯一途径。购物者浏览货架时，也会使用移动设备来辅助购物。超过 31% 的男性和 23% 的女性移动用户表示，他们过去 12 个月的移动商业消费已经超过 500 美元，这听起来有些不可思议。

Zaarly（Zaarly.com）对超过 2000 个在线购物者进行的调查显示，从未使用移动设备购物的不到 25%。类似星巴克这样的公司会不断推介使用移动设备支付真实商品或服务的概念，伴随着越来越多的消费者使用，并且能获得更多的购物体验，预计这些数字将会大幅增加。

对许多新的移动设备购物者来说，移动商业仍然会是一种新奇的事物，但希望看到更多的消费者完成由新手向普通移动设备购买者的转变。支付巨头有 Visa、Ame 等，科技巨头有 Google、贝宝和 Intuit，还有初创公司，如 Square 和 Dwolla。专家发现，Path 访问移动设备通讯录，并将这些信息从移动设备传输到服务器。为了维护声誉，Path 迅速反应，在问题发生的第一时间更新了其应用。但 Path 面临的问题正变得常态化，出现许多类似公司——从 Facebook 到 Google。但是要做好心理准备，还会有一个与当今在线广告平台不同的新世界：有很多参与者，不太透明又缺乏分析，还有模糊的 ROI。

很多公司希望以移动广告为中心，建立起自己的帝国。这就像有关移动的一场不同球赛，它混合了应用、移动网站和传统网站，结合了移动设备上的各种不动产。但要从"咨询顾问"或"聚合器"意愿寻求合作和更多的建议，通过各种移动渠道帮助构建、跟踪和优化移动广告。

"移动商业"已经来临。随着品牌和市场商明白其真正意义所在，未来将是移动市场的天下。移动设备是否扮演了一个新钱包或新购物伴侣的角色，可以玩游戏、查看邮件，并与朋友约会吗？聪明的 CEO 和品牌需要介入移动业务，为美好未来明智地下注。

Splunk 是一种流媒体软件，它收集、索引和利用所有应用程序、服务器以及移动设备生成的高速运动机器数据——物理的、虚拟的和在云中的。Splunk 是一家领先的操作智能软件供应商。其软件可用于监视、报告和分析实时机器数据，以及位于本地或在云中的 TB 级历史数据。使用 Splunk 的百强企业几乎达到了一半，还有2300 多家企业、服务提供商和政府组织也在使用，范围覆盖 70 多个国家。他们使用 Splunk 改善服务水平，降低运营成本和安全风险，并推动操作可见性达到新的水平。Splunk 旨在使机器数据通过组织可访问，并识别数据模式，提供指标、诊断问题，为业务操作提供信息。Splunk 是一种横向技术，用于应用程序管理、数据安全保障和数据法规遵从，以及业务和移动分析。Splunk 的注册客户超过了 3700 家。

　　Sybase Aleri 流媒体平台是一种流分析软件，支持来自用户定义规则的事件驱动分析。条件变化的延迟响应，可能意味着从流入移动设备的行为流错失了机会。Sybase Aleri 流媒体平台激活了实时营销应用程序的快速应用开发和部署，从流媒体事件的移动数据获得信息，对不断变化的环境做出即时响应。Aleri 流媒体平台由一个高性能的复杂事件处理引擎和 Sybase Aleri Studio 组成，用于快速应用程序开发和一系列集成工具，包括适配器和 APIs。

　　Streambase 是另一个复杂事件处理（CEP）平台，可以快速开发、部署和修改应用程序，这些程序分析和处理了大量实时流移动数据。CEP 是低延迟过滤、关联、聚合和计算真实世界事件数据的一项技术。该软件可为创建微秒级营销系统，快速构建分析、处理实时流移动数据的系统。

　　Palantir 是另一家流媒体公司，具有高性能的分析平台，可以同时扫描多个数据库。还是政府官员和企业用来解决复杂问题的一种工具，尤其针对在不同数据库、网络和云的数据挖掘移动设备。Palantir 不用于社交游戏。它既不分配日常交易，也不接受移动支付——当然，它肯定也不"发微博"。

　　这是一种含糊而又难于解释的产品，主要用于华盛顿反恐。其业务的 70%来自政府，其余的来自私人金融机构。这听起来枯燥无味，但 Palantir 的用户友好分析程序在战争中扮演重要角色，它主要针对网络间谍活动、刺激支出问责、欺诈检测、医疗保健，甚至自然灾害，如海地地震等。但其真正价值在于流媒体数据挖掘移动设备。

　　Wavii 为名人、公司、政客和其他主题，自动生成状态更新。Wavii 用其专有的NLP 技术完成这项任务，该技术可以在网络上读文章和发博客，减少每个故事的重复，勾画出这些主题的变化。这是一种流分析文本软件（如图 5.22 所示）。例如，发布一场政治胜利、解体、收购或新产品的信息。

图 5.22 Wavii 的社交流媒体移动数据

InferX 是由多个分布式数据源规则创建的归纳流媒体软件。该软件可用于从多个不同的远程数据库、服务器和网络挖掘移动设备，要使用软件代理访问、分析和执行实时预测分析。该软件可在多种数据格式下工作，涉及网络环境中的许多独立建模代理（MAs）操作。每个 MA 操作在其自身本地数据库，负责分析数据集包含的数据。

分布式数据分析通过协作服务器（CS）环境简化 MAs 的一个同步协作获得。该过程致使每个 MA 的部分贡献生成一系列整体规则，并通过 CS 通信机制组装。集体决策也同样通过协作决策代理（DAs）独立操作其数据。

Metamarkets 是另一家事件驱动的公司。公司正在产生大量基于事件的数据，如显示（广告的显示次数）、推文、签到、购买、操作、交易、支付和其他有意义的事件。分析和理解这些数据流可以增加收入，提高用户参与度，增强运营意识。

　　然而，很少有人能够抓住这个机会。大多数公司缺乏高技能数据科学家，他们需要把数据变成有用的信息。Metamarkets 的任务是，通过对每个人提供简单、直观且强有力的分析，使数据科学民主化。公司的领先分析平台可交付实时见解。客户能够迅速上手，并且可以大规模地轻松使用 Meramarkets 基于云的解决方案。

　　Metamarkets 分析解决方案（如图 5.23 所示）是建立在处理、查询、可视化大容量高频事件流的大数据堆栈基础之上。其组件如下几种。

- 数据管道：为并行数据处理定制 Hadoop 管道。
- Druid：其分布式内存数据引擎可以比传统磁盘后备数据库快 1000 倍的速度，划分、切割和操作数据。
- DVL：其动态可视化 LEGOs 是一个交互数据可视化的 JavaScript 框架。

图 5.23　Metamarkets 流分析

5.19　移动网站分析

在移动网站，设备行为的报道和分析越来越多，这对品牌和市场商至关重要。

网站分析软件可以帮助企业在其网站监测移动设备流量和行为。移动网站分析提供了访客数量、移动网站页面浏览量及其访问路径的相关信息，有助于监测流量，分析流行趋势，这对数据挖掘移动设备非常有用。以下是一些最流行的移动网络分析软件产品和服务。

❑ AlterWind：搜索引擎优化和网站推广的日志分析器。充分考虑每个搜索引擎的专长，对于每个搜索引擎，该软件有自身独特 URL 的分析代码。这将帮助移动营销人员收集有效的信息，更清楚地了解移动网站访问者的兴趣，并获得额外的网站搜索引擎优化数据。其专业版有超过 430 个搜索引擎的数据库，还有来自 120 多个国家的目录。

❑ Google 分析：移动网站的免费日志和电子商务分析器，可提供大量的流量和营销效果见解。该服务可以跟踪移动设备访客、销售和兑换，还可以测量管理员、开发人员、营销人员和品牌定义的网站参与目标阈值水平。分析服务可以跟踪交易活动和关键字，可以生成忠诚度和潜在指标。

该服务可以用行业平均水平与网站使用指标做出对比，也可以为移动网站跟踪Flash、视频和社交网络。Google 分析支持预先分割、灵活定制和电子商务跟踪。移动网站分析可以发现趋势、模式，并与可视化漏斗和动态图表进行关键比较，该分析工具还补充了一套与 Google 相关的产品，如 AdNet、DoubleClick、Google+网络。

❑ Nihuo：显示移动设备网站访客行为，如"谁、何时、何地、做什么以及如何做"。该日志分析器对与中小型移动网站来说，足够快速和强大。它可以报告网站访问者来自哪里，哪个页面最受欢迎，哪些搜索引擎短语能把访问者带到网站。该软件可以分析由 Apache 日志、IIS、Ngnix 和 lighttpd Web服务器产生的日志。

❑ SAS：世界最大的网络分析和报告统计公司。其移动网站分析器是一个可伸缩的服务器解决方案，可以实现 iPhone、iPad 和 BlackBerry Torch 或 Bold设备的数据交互视觉报告和业务报告，但它不支持 Android 移动设备。

❑ Webtrends：可以监测发生在移动网站上的任何事。它可以从 Facebook 和Twitter 导入数据，可以在所有支持的主流移动设备上比较应用程序和移动设备网站。Webtrends 提供移动网站页面的排名，并增强应用程序测评。它可以为长期趋势以及 iTunes 应用程序商店的下载和收入形成报告，监测

Facebook 的数据存储。该软件可以监控数以百万计的博客、微博、视频分享网站、Facebook 和其他移动网站活动，来发现与对话相关的品牌（如图 5.24 所示）。

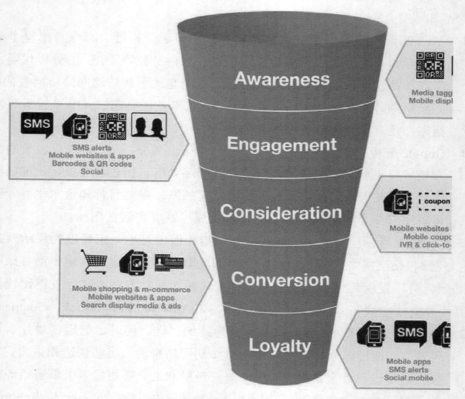

图 5.24　Webtrends 移动交易多类型报告

- ❑ SeeVolution：一家热图技术移动设备网站分析公司。点击热图是用于分析人们在移动网站如何点击，反映出网站最热门和活跃的部分。该软件使用 Google 分析生成移动设备访问者活动热图的可视化报告。
- ❑ ClickTale：提供了打破移动设备交互和行为的热图。热图用一小段 JavaScript 代码复制到一个移动网站，捕捉每一个鼠标移动、点击、滚动和击键动作。整个过程对终端用户是完全透明的，对网站性能没有明显的影响。还有日志分析服务，如 Clickdensity 和提供托管热图解决方案的疯狂鸡蛋（Crazy Egg）。

5.20　移动社交咨询公司

移动营销参与平台使用影响指标来衡量消费者鼓励朋友（通过他们的移动设备）考虑、推荐或购买一个品牌的可能性。在移动社交世界，关于品牌或公司的对话为营销人员和企业提供一种新的衡量标准。挖掘移动设备会促进消费品牌个性的塑造。以下公司可以帮助移动挖掘者和营销人员，利用这些新的社交互动，提供重要的策略、活动和指标。

❑ **TNS Global**：一家围绕特定行业领域客户提供定制报告的市场研究公司，涉及 80 多个国家的移动活动。它们在每个国家结合各行各业的收益，研究专业知识交付营销见解。其技术团队有 500 多位研究人员，来自 60 多个国家。TNS Global 通过识别分类动态、品牌定位和消费者需求，帮助客户定义品牌战略，品牌从激烈竞争中脱颖而出。

❑ MotiveQuest（http://www.motivequest.com/）：就"品牌共振"监测和报告，了解客户的动机（如图 5.25 所示）。他们专注于研究前景和客户，这样可以通过客户增加其市场份额。社会研究方法称为"在线人类学"。客户可以使用其 MotiveQuest 框架来发现移动设备群体的动机，以及把将其转化成品牌和公司拥护者的方法。

❑ Attensity：一家软件开发和营销咨询公司，专门使用先进的文本挖掘算法，从事对社会信息的分析和报告。先进品牌认识到客户对其产品和服务都是充满激情，直言不讳的。在社交网络上，他们每天使用移动设备对话并分享经验。Attensity 提供了文本挖掘技术，通过移动网站和应用程序来获取发生的非结构化数字对话（如图 5.26 所示）。

为锁定、招募和留住更多有价值、有相似兴趣和偏好的"传教士"，移动数据挖掘者与品牌需要使用聚类和分类软件，创建产品和服务"个性"的框架。移动营销者、品牌和企业需要通过挖掘移动设备，关注、识别这些"品牌狂热者"，以便吸引更多具有相似偏好、人口特征和影响的客户。

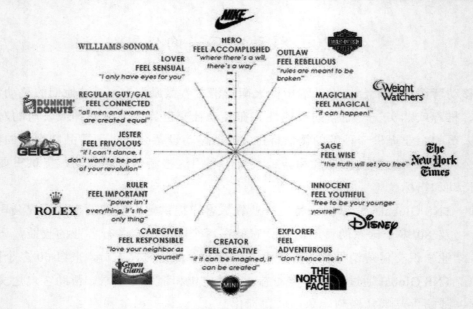

图 5.25 MotiveQuest 品牌动机映射

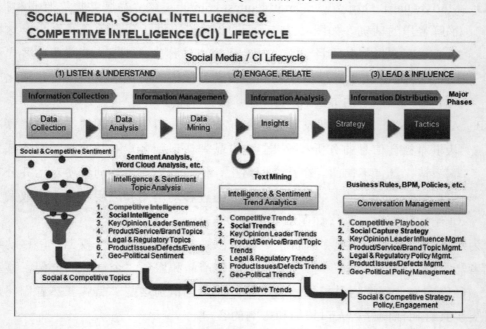

图 5.26 Attensity 过程

移动市场商和开发人员要把他们品牌或公司的宣传者当作共同营销者。通过使用市场营销参与战略，公司和品牌可以邀请消费者成为营销活动的联合制作人，如创建口号、设计、应用、微博、小部件、视频以及使用移动设备的其他类型病毒通信。当通过社交网络邀请其他人时，需要鼓励和奖励这些共同营销者。

5.21 移 动 分 析

未来，移动分析将逐渐变化，由简单的移动设备行为建模，向涉及与设备交互的方式转变，当然，不会涉及敲键和刷屏。移动设备是一个关于如何、何时、何地以及人类想要什么的传播工具。目前，美国人花在移动设备上的平均时间不少于其他任何形式的媒体。

移动分析公司 Flurry（Flurry.com）发布的一份报告显示，美国消费者在电视媒体上花费了 40%的时间，移动设备排在第二位，占总时间的 23%。尽管与移动设备的接触增幅巨大，而品牌、公司和营销人员用于移动设备活动的支出仅占约 1%。比较使用和支出的差别，大多数在印刷广告上超支，甚至更严重。报告得出的结论是，在移动广告上的花费较少。重点是，移动设备数据挖掘仍不发达或不存在。

不像印刷广告，移动营销是可以精确测量的，可以通过移动设备的数据挖掘接触和说服消费者。简言之，尽管事实是移动广告正在增长，但与其他的媒体支出水平相比，该平台还有很大差距。尽管许多公司正在开发新的移动分析策略和工具，除移动网站报告和应用下载总量外，确实没有移动设备大数据建模发生。在 Apple 和 Android 应用程序经济的发展过程中，美国广告业和品牌已经开始调整到由客户决定应用，对移动网站也是如此。据 Flurry（Flurry.com）报道，全球超过 12 亿美元的应用程序通过 Apple 和 Android 设备下载，这是该公司（Macys.com）的历史最高记录。

移动设备将逐渐变得更加智能——通过其三角测量能力，足以集成简单的命令，来应对并记住简单的听写，如"回家时，提醒我给妈妈打电话"。该趋势的潜力已经在 Apple 基于人工智能的 Siri 上凸显，它不仅有理解自然语言输入的能力，还能理解语境。移动设备将跟踪时间、地点和之前的调用模式，提前提醒其主人给妈妈打电话。

而语音助理，如 Siri，相比人工智能和新的移动设备交互多峰双曲能力，它的确很简单。移动设备已经集成了许多输入兴趣和位置信息的感应器。下一领域将是使用其摄像头查找公交站或者餐馆——会产生一个公交车行程或者即时交付的菜单。

这些设备中的移动加速器可被训练，用来理解和学习基于手势的命令，所以当用户想离开房屋时，移动设备就像一只杰克拉西尔梗犬一样可以学习，如向前摇，意思是"我们去兜风或发动车"，或者向后摇，意思是"激活房屋警报"。

移动设备的内部传感器，像陀螺仪、GPS、感应器、Wi-Fi 和其他外部设备，还有三角测量技术，再加上人工智能，可以让移动设备学习主人的行为。从而使其能够预测，并为用户生活中的个人选择提供建议，成为用户的个人助理，对"我明天可以去哪吃午饭，而不会长胖？我有 3.50 美元，我只有 20 分钟"这类问题做出回应。复杂的多重数据库被反复填充各类信息，如位置、健康、优惠券，以及在微秒时间内推送到移动设备的廉价美食信息。

并不是所有的数字数据都具有同等价值。大多数人几乎每天都会遭遇营销数据的狂轰滥炸：电视广告、短信、广播、各类平面媒体和即时消息，还有网上的弹出式广告、视频和 sound-bytes。没有人能准确地处理或利用所有的信息，但移动分析数据驱动的应用程序和移动网站自动化决策正是以此为契机。

非常先进的算法，如 SOM 和 CART，既处理结构化数据，可以使开发人员在一个可被实际内容中数据类型组织和搜索的区域，选择基于行和列的信息块，又可以处理不属于数据库的非结构化数据，来识别和分析为决策支持引出目标洞察的模式。这些算法允许品牌和开发商考虑日益增长移动数据的大局，可以以人类的头脑无法理解的方式组织和处理这些数据。

亚里士多德认为，政府是人类最高的成就，因为它运行和控制良好。该逻辑也适用于解释移动分析，这已经成为辅助并做出各种决定的一种普遍适用方法。分析几乎可以在任何领域、学科或行业辅助决策过程，使其成为一种最常用和可依赖的方法，来大范围服务领导层。正因为如此，分析可以成为所有主要世界组织制定自身政策和行动计划的主要方法，这并非不切实际。

这对基于知识的职业、政府和消费者驱动的企业意义非凡。以下文字表述得最贴切：赢得了客户就赢得了一切。无关知识并没有价值。分析可以使企业、政府、品牌根据消费者的期望调整其产品、服务和内容。这是真正的演进，因为移动设备不仅决定他们想要的东西，更需要知道何时、何地想要它。

移动分析被应用于大量的知识领域：商业、生态、医疗、体育、政府政策、城市规划、技术开发、医学研究，几乎涵盖了每一个学术学科。移动分析系统已经在世界范围内应用，来提高效率，并取得了巨大的成功：空中交通控制、疾病控制、水利和公用设施运行、疏散计划、食品和公共设施分配、汽车交通规划、医疗诊断、银行业、抵押贷款——现在是市场营销和广告。

　　理论上，移动设备数据挖掘技术和创建及其编程一样，都需要创造性的使用聚类、文本和分类软件。幸运的是，移动分析领域吸引了一些世界上最杰出的科技人才，为消费者确保准确性和相关性。可靠的研究表明，品牌和企业利用先进的移动分析作为决策的组成部分，大大提高了产量和效益。其他研究已经产生了相似的结果，表明移动分析应用的准确性相当高。

　　当然，没有什么是可靠的，尤其是预测未来。然而预测移动分析已经显示出很高的准确性。一般来讲，移动分析被证实是非常准确的，包括重要的、实用的、要求高精度的应用，如空中交通控制、公用事业、医学应用等。所有这些应用程序都已经取得了巨大的成功。然而，移动营销和广告前景光明，这将是一个数十亿美元的产业。

　　但各种应用程序的移动数据挖掘技术只是所有分析功能的一个方面。当考虑到云分析时，其用途也是通用的。利用基于云的分析系统，用户会有更多的选择，能够得到比以往任何时候都多的保护。用户可以在任何设备中随地完全访问所有服务。他们也摆脱了困扰着传统计算机系统用户的许多问题：有限的内存、有限的存储空间、丢失、盗窃、意外损坏、病毒以及其他各种并发症和灾难。

　　由于企业采用基于云的无线系统，对所有行业来说，全球经济将进入一个更时尚、更快、更多移动设备、更灵活的工作环境。大量信息将通过云系统进行分析，从而使开发人员和挖掘者需要应对比以往任何时候更加复杂、广泛的困难和问题。这种移动挖掘系统的无限变化表明它已经超越了传统的网上冲浪。这种水平的技术是高级研究和思考的一个前奏，达到了前所未有的水平。

　　而"信息时代"提供给人们比以往历史上更大的访问原始数据通道，"分析时代"超越了仅仅呈现混乱的数据，提供更有价值的东西：营销人员和品牌的信息与实际应用。每一个人，从政策制定者和企业主到私人公民，也许很快就能通过移动设备随地登录到任何服务器，定制分析程序来获得生活和工作问题的新视角。

　　分析的功能不可思议。它将大量的原始数据转换成准确的、有用的、适用的见解，代表了信息时代的下一个变革。我们用击键的方式每天从传感器、移动设备、在线交易和社交网络创建 250 亿字节的数据，每月通过 10 亿条推讯和 300 亿块 Facebook 上的内容表达自我。一些人称之为"大数据"，但精明的品牌和企业会意识到，这是一个独一无二的市场机会。

类似软件和硬件技术的出现，能够从传感器、移动设备和网络即时分析人类语言、集群和分段大量各类大数据流，正在帮助今天的数据先锋寻找问题的答案，例如"消费者觉得我的产品如何？""为什么移动设备访问者不停留？""当消费者进入一个地理围栏会发生什么？"这些系统筛选数据，识别模式和趋势动态，然后用易于理解的方式呈现出来。

移动趋势可以反馈到系统进行进一步分析，允许提出新问题，例如"如果我们推出这类产品消费者将做何反应？""在这些新兴市场应用下载将有何帮助？""为什么可持续发展积极影响我们未来五年的移动商业模式？"

随着大数据的来临，数据科学家扮演了新的角色，但忘掉那个科学家穿着白色实验褂的形象，数据科学家是当代数据挖掘者和在商界中的应用程序、移动网站开发人员。他们是公司的个人或团队，筛选来自各地的所有数据，目的是获得消费者分类和其他艰难业务挑战的信息，进而为自己的品牌和公司提供竞争优势。

数据科学家们根据移动的趋势，可以调整消费者的购买方式和可以使一个企业或品牌取得成功的活动。今天，移动信息就是金钱。了解购买偏好和购买意向，可以帮助组织和品牌做出更明智的业务决策，并保持顾客对品牌的忠诚度，通过应用程序和网站，为他们提供正确的促销方式。

数据挖掘面临的最大挑战之一是确定要查看的最重要信息，这可以通过有策略的使用 SOMs 和决策树来完成。过去，企业和品牌从"后视镜"查看，他们从社交媒体网站收集信息，并将其存储在一个数据库中。然后，他们花几周时间分析它，并把这些见解反馈给企业和公司。然而，随着流分析软件的推出，它可以被加速，并在事件发生时实时发生。

当事件发生时，企业可以分析任何信息。他们可以停止观看后视镜，并专注于前方的道路，在移动世界它只是即时的。当他们分享产品、服务、内容的感受和他们的客户体验时，我们正处在公司和品牌可以更好地了解客户的一个独特时间点上。

数据科学家的作用是在组织内部引起转变，通过企业文化发挥最大作用。目前，有大量的职位空缺，范围从当日交易网站，到传统零售商，再到消费品整体分销商，但最重要的是不断扩张的移动世界。

移动数据挖掘者必定会发挥重要作用,不但要处理复杂的移动信息,而且必须要与企业、移动设备和 IT 团队协作。然而,有一些数学、建模和分析背景的确不错,成功的数据科学家可以跨组织工作,影响各种企业和营销实体。正是这种技术工作能力推动了合作,成就了移动数据挖掘人员。

之前已经了解了分析。现在随着大数据和移动技术的发展以及新兴数据科学家的作用凸显,当谈到改善客户服务或提供新产品和服务时,公司必定能在移动世界更好地满足消费者需求。毕竟这种分析将产生更多的消费者信心和品牌忠诚度,然后可以被分析,来为更多收入增长提供参考。

大数据技术和新角色,如"数据科学家",将使公司和员工为业务增长而拥抱移动分析。我们生活在信息时代,趋势隐藏在数据点的流中。那些提出正确的问题、应用正确技术的人才会在大移动数据上有所突破。移动设备是即时的,不允许有数据延迟,其标准是微秒级的营销和精确定位。

伴随着越来越多的设备、电器、家庭、汽车、电视和其他产品获得移动连接,移动分析将一马当先,引领"群集智能"技术和战略,通过数据挖掘来复制生物系统的通信方式并自我组织。移动设备不仅是通信工具,还会成为它们人类主人的指明灯,随时、随地携带的必备品。它们将足够智能地机器学习主人的心理,而成为强有力的个人生活的日记。

2014 年,移动营销收入增长到 580 亿美元(Gartner.com)。2015 年,移动互联网用户超过 PC 用户(IDC.com)。在 2016 年,移动营销在未来 5 年将增长 30%,达到 10470 亿美元(Ovum.com)。在未来 5 年,移动流量将增长 10 倍(Ericsson.com)。思科(Cisco.com)预测(通过视觉网络指数),单独流量将会比今天增加 50 倍。到 2016 年,移动设备数量(100 亿)将会超过地球上的人数(估计为 73 亿)!

移动设备的数据挖掘有前景广阔,所以要抓住机会。祝你好运!